高山峡谷区大型水库岸坡变形破坏机理与防治研究

中国电建集团成都勘测设计研究院有限公司

张世殊　冉从彦　赵小平　祁生文　李攀峰　谢剑明 等　著

中国水利水电出版社
www.waterpub.com.cn

·北京·

内 容 提 要

全书以大型水库遇到的典型岸坡变形问题为研究对象，遵循水库岸坡的不同变形破坏类型—演化机制及失稳机理—灾变评价及防治研究的技术路径，系统归纳了岸坡倾倒变形破坏演化机制、稳定性评价及危害性评估等内容，探讨了地震作用下反倾岸坡的变形破坏模式及稳定性分析方法，对硬壳覆盖层岸坡的变形破坏机制及灾害效应进行了详细的阐述，研究了水库岸坡灾变预警及其防治，并结合每一项研究内容列举了具体的工程实例，为高山峡谷区水库岸坡的稳定性研究提供了参考。

本书可供从事水电、水利、交通、国防、矿山等行业的勘察、设计、施工及科研人员使用，也可供相关专业的大专院校师生参考。

图书在版编目（CIP）数据

高山峡谷区大型水库岸坡变形破坏机理与防治研究 /
张世殊等著. -- 北京：中国水利水电出版社，2019.6
ISBN 978-7-5170-7727-5

Ⅰ. ①高… Ⅱ. ①张… Ⅲ. ①大型水库－岸坡－变形
－破坏机理－研究②大型水库－岸坡－防护工程－研究
Ⅳ. ①TV697.3

中国版本图书馆CIP数据核字（2019）第101398号

书　　名	高山峡谷区大型水库岸坡变形破坏机理与防治研究 GAOSHAN XIAGUQU DAXING SHUIKU ANPO BIANXING POHUAI JILI YU FANGZHI YANJIU
作　　者	中国电建集团成都勘测设计研究院有限公司 张世殊　冉从彦　赵小平　祁生文　李攀峰　谢剑明　等 著
出版发行	中国水利水电出版社 （北京市海淀区玉渊潭南路1号D座　100038） 网址：www.waterpub.com.cn E-mail：sales@waterpub.com.cn 电话：（010）68367658（营销中心）
经　　售	北京科水图书销售中心（零售） 电话：（010）88383994、63202643、68545874 全国各地新华书店和相关出版物销售网点
排　　版	中国水利水电出版社微机排版中心
印　　刷	北京印匠彩色印刷有限公司
规　　格	184mm×260mm　16开本　16.25印张　385千字
版　　次	2019年6月第1版　2019年6月第1次印刷
印　　数	0001—1500册
定　　价	**90.00元**

近年来，随着高山峡谷区大型水库的投入运营，在运营过程中往往伴随着库区水位的大幅升降，其水位高差变化可达 $60\sim80m$，库水位升降过程中出现了加剧倾倒变形、塌岸等库岸岸坡变形问题。诸如溪洛渡库区星光三组岸坡，蓄水 1 个月水位抬升至 510m 时，岸坡中上部高程 1200m 附近出现拉裂缝，此后随着库水位的变化，岸坡变形扩展至高程 1385m 附近；溪洛渡库区黄坪上游堆积体在库水变动过程中失稳；锦屏一级库区尤里坪变形体，变形体形成于第四阶段，并逐步扩展到正常蓄水位高程 80m 以上范围内，影响库岸通行、库区通航及大坝运营安全。

因而，针对水库岸坡的变形问题展开系统的研究是有意义的，而且在长期的水电工程建设及运营过程中，尤其是大型水库的库岸岸坡稳定分析及评价过程中，在高山峡谷区大型水库库岸岸坡变形问题除了常规的滑坡及塌岸外，还有一些特殊的库岸变形破坏现象，如大范围的库岸倾倒变形及胶结硬壳覆盖层库岸破坏等库岸变形问题。同时，考虑到西部地区为地震高发区，地震烈度相对较高，地震作用对岸坡变形的影响显得较为突出，尤其是对高陡的倾倒变形岸坡。

自 2013 年以来，中国电建集团成都勘测设计研究院有限公司结合多年来高山峡谷区大型水电工程的建设，以及电站运营以来的工程实践，开展了"高山峡谷区大型水库岸坡变形破坏机理与防治研究"为课题的科技项目研究，以期对高山峡谷区大型库岸岸坡的变形及防治等方面进行系统的研究和总结。基于此，本书重点围绕高陡岸坡倾倒破坏演化机理、地震作用下反倾岸坡变形破坏机理、胶结硬壳覆盖层岸坡破坏机理、库岸灾变预警及防护等，开展相关论述，以解决工程技术难题，为工程建设与水库运营管理提供技术支撑。

本书由张世殊等多位长期从事水电工程地质勘察工作的同志合作编写。全书共分7章：第1章阐述了水库岸坡问题的研究现状、研究方法及研究目标；第2章论述了水库岸坡倾倒破坏的演化机理、影响因素、稳定性分析与评价和危害性评估等内容；第3章论述了在地震作用因素下，库岸倾倒变形体的破坏机理及稳定性评价方法；第4章归纳了硬壳覆盖层岸坡变形的破坏机理、灾害效应等内容；第5章主要针对库岸岸坡灾变及预警等进行了系统的阐述，如库岸灾变的可能性、灾变的影响评估、灾变的危害性及预警等；第6章主要从库岸岸坡的防护角度出发，系统总结了库岸岸坡的防护措施、勘察技术及设计等内容；第7章对本书的主要研究内容进行了总结。其中，第1章由李攀峰、彭仕雄编写；第2章由张世殊、冉从彦、赵小平编写；第3章由祁生文、胡金山编写；第4章由李攀峰、刘云鹏、吴建川编写；第5章由原先凡、吴建川、刘源编写；第6章由谢剑明、张廷柱、梁宇编写；第7章由张世殊、李攀峰、彭仕雄、冉从彦编写。

在本书编写过程中，中国电建集团成都勘测设计研究院有限公司的领导、专家委员会、科技信息档案部和勘测设计分公司地质处等相关部门给予了大力的帮助，在此表示诚挚的感谢！本书在编写过程中还得到了溪洛渡、锦屏一级及狮子坪水电站等水电工程建设单位的支持和帮助，在此一并致谢！

由于水平有限，本书不妥或错误之处在所难免，恳请读者批评指正！

编者
2018 年 10 月

第1章 绪   论

1.1 研究背景

近年来，我国西部高山峡谷地区一批大型水电工程相继投产发电，这些高坝大库工程在运营过程中往往伴随着库区水位的大幅升降，如溪洛渡、锦屏一级、瀑布沟水电站的水位最大消落幅度分别达到 60m、80m、60m。在如此之大的水位变幅的反复作用之下，某些水库岸坡会发生变形破坏，如溪洛渡库区星光三组岸坡，蓄水一个月水位抬升至高程 510.00m 时，岸坡中上部高程 1200.00m 附近即出现拉裂变形，此后随着水库水位变化，岸坡变形逐渐发展并扩展至高程 1385.00m 坡顶缓台部位（高于正常蓄水位 785.00m），涉及人口 78 户约 270 人，房屋约 11000m²，耕园地约 2800 亩。由于变形范围大、高差大，一旦发生局部失稳，可能对水上交通甚至对岸上田坝集镇造成影响。锦屏一级库区尤里坪变形体，形成于蓄水第四阶段，此后变形进一步发展，高出正常蓄水位约 80m，多条贯通性弧形拉裂缝显著下错，形成高约 5～8m 的阶状陡壁，后缘拉裂缝向上扩展高出正常蓄水位约 130m，对还建水电站设施造成破坏，影响通行、通航安全。针对水库库岸变形破坏现象与规律，近年来开展了大量研究，取得了系列研究成果，代表作品有《水库塌岸预测》《山区河道型水库塌岸研究》等专著。

在高山峡谷区水库蓄水过程中，除了一般的滑坡、塌岸外，还发现了一些特殊的库岸变形破坏现象：①大范围的库岸倾倒变形——典型的有溪洛渡库区星光三组变形体、狮子坪库区二古溪变形体等，在蓄水过程中发生大范围库岸变形（倾倒变形），其变形范围、变形程度等已超出已有工程经验与认知水平；②胶结硬壳覆盖层库岸破坏——典型的有溪洛渡库区黄坪上游堆积体，蓄水过程中突发失稳，产生的涌浪导致金沙江对岸码头施工人员 12 人失踪、3 人受伤。

同时，考虑到西部地区为地震高发区，地震烈度相对较高，地震作用对岸坡变形破坏必然起到恶化效应，尤其是对高陡的倾倒变形岸坡。另外，目前尚缺乏库岸变形破坏防护的系统研究成果。

基于此，以"高山峡谷区大型水库岸坡变形破坏机理与防治研究"为题，重点围绕高陡岸坡倾倒破坏演化机理、地震作用下反倾岸坡变形破坏机理、胶结硬壳覆盖层岸坡破坏机理、库岸灾变预警及防护等，开展相关研究，以解决工程技术难题，为工程建设与水库运营管理提供技术支撑。

1.2　研究重点

本课题的研究重点为：

（1）岸坡倾倒破坏演化机理研究。通过倾倒变形体的发展演化特征，研究倾倒变形体发育的坡体结构特征、变形破坏、破坏机制及稳定性，并对倾倒变形体岸坡的危害性进行分析。

（2）地震工况下层状反倾库岸变形破坏机理研究。地震作用下反倾边坡震动台试验研究及反倾边坡稳定性评价研究。反倾边坡震动台试验研究包括相似模型制作、模型动力响应及地震作用下反倾边坡破坏模式研究。反倾边坡稳定性评价研究包括静力法及数值模拟研究，构建反倾边坡倾倒变形稳定性的综合评判标准，提出地震作用下反倾边坡稳定性评价方法。

（3）硬壳覆盖层岸坡变形破坏机理研究。从岸坡结构特点、变形破坏特点、扰动因素等分析此类岸坡变形破坏机理，针对其破坏突发性特点分析了其灾害效应。

（4）库岸灾变预警研究。从定性、定量角度研究灾变可能性，从影响范围、影响对象、影响程度方面评价库岸灾变的影响，基于灾变可能性与影响程度开展库岸灾变风险评估，并基于风险评估结果开展灾变预警研究。

（5）库岸防护研究。库岸防护工程措施主要包括抗滑桩、挡土墙、护坡等，本课题主要针对这3种库岸防护工程措施进行研究。

1.3　国内外研究现状

本课题的核心研究内容为近年来水库岸坡变形破坏特殊模式——倾倒变形体与胶结硬壳覆盖层的变形破坏机理、库岸防护包括灾变预警与工程防护；其中胶结硬壳覆盖层岸坡变形与破坏为首次开展的研究内容，国内外尚无类似研究成果；而库岸的工程防护主要是总结水电行业已有研究成果与工程经验，实现相关成果的系统化、体系化，为行业规程编纂提供支撑基础。因此，这里重点就倾倒变形体的变形破坏机制及地震作用下的变形破坏、库岸灾变预警等方面的国内外研究现状归纳综述。

近些年来，随着水电工程的增多，在边坡开挖中，常发生由反倾结构岩体控制的倾倒变形破坏现象。比如我国西南地区水电工程中雅砻江锦屏一级水电站左岸板岩、大理岩反倾边坡发生倾倒变形及深部拉裂；雅鲁藏布江加查水电站右岸板岩变质砂岩及板岩反倾边坡和澜沧江苗尾水电站右岸板岩及变质砂岩反倾边坡均在施工过程中发生了倾倒破坏；杂谷脑河狮子坪水库二古溪千枚岩板岩变质砂岩边坡在水库蓄水后发生了连续倾倒变形，造成已有的公路隧道不得不废弃而改线。这些各向异性岩体边坡的变形失稳拖延工程进度，严重威胁生命财产安全，造成不良的社会影响。

一组优势的平行结构面反倾向坡体内部发育时，就形成反倾向边坡结构。最为常见的反倾向边坡通常出现在沉积岩或者副变质岩，这时候优势的结构面通常为层面，若为岩浆岩边坡，也可以为一组发育于岩浆岩边坡中的反倾坡内节理。反倾岩质边坡的变形破坏问题由来已久，而对其系统研究始于 20 世纪 70 年代。De Frietas 和 Watters 在 1973 年明确将倾倒变形作为一种特殊的边坡变形类型；Goodman 和 Bray（1976）将倾倒破坏形式分成了 3 大类，即弯曲式倾倒、岩块式倾倒、岩块弯曲复合式倾倒，并基于极限平衡理论最早提出了倾倒稳定分析方法（简称 G－B 法）。王思敬（1982）在《岩石力学与工程学报》上撰文论述了金川露天矿边坡倾倒变形发生的机理，并指出了反倾造成的反坎现象。Zanbank（1983）、Aydan 和 Kawamoto（1992）、Bobet（1999）等人建立了基于静力平衡方法的倾倒变形破坏问题的分析方法。Cruden、Hu 和 Albcrta（1994）发现了贯通性不连续面倾向与坡向一致但倾角比坡脚要陡的边坡中存在大量的倾倒变形现象，即顺层倾倒，并将其分为块状弯曲倾倒（Block flexure topple）、多重块体倾倒（Multiple block topple）和人字形倾倒（Chevron topple）三种基本类型。王兰生、张倬元等（1981、1985、1994）详细讨论了倾倒变形发育的坡体结构条件及演化发展过程，阐述了其启动机制并建立了相应的失稳判据。陈祖煜、汪小刚等（1996）对 G－B 法进行了改进，并提出了简化分析方法。这些研究极大加深了人们对反倾边坡发生机理的认识，推动了反倾边坡稳定性分析技术的进步。

但是，反倾边坡在地震作用下的变形破坏机理、过程及稳定性分析技术只有零星的研究。见诸文献的有 1987 年王存玉、王思敬用小型振动台研究了反倾结构边坡的地震动响应以及失稳过程。他们发现反倾边坡的地震动响应与水平层状以及顺层状边坡不同，反倾向边坡模型的振动破坏方式主要表现为岩层的倾倒、弯曲和弯折（王存玉、王思敬，1987）。侯龙伟（2011）对陡倾层状岩质边坡进行了振动台物理模拟试验研究。杨国香等（2012）采用物理模型试验，研究强震作用下反倾层状结构岩质边坡动力响应特征及破坏过程，发现反倾层状结构边坡在地震力作用下的破坏过程主要为：地震诱发→坡顶结构面张开→坡体浅表层结构面张开→浅表层结构面张开数量增加、张开范围向深处发展，且坡体中出现块体剪断现象→边坡中、上部及表层岩体结构松动，坡体内出现顺坡向弧形贯通裂缝。黄润秋等（2013）利用振动台试验研究了硬岩反倾斜坡（HAD）为后缘垂直拉裂—中下部平缓剪出型失稳（L 形滑面），软岩反倾斜坡（SAD）为斜坡顶部拉裂—下部剪出型失稳。这些试验研究推动深化了人们对于地震作用下反倾边坡响应的认识。

但是，由于模型试验自身的局限性难以严格满足相似条件，这些基于模型试验的结果只能给出定性的认识，难以给出定量的结果。同时，关于地震条件下反倾边坡稳定性的计算仍然采用拟静力法，完全忽视了反倾结构边坡在地震作用下的变形破坏模式与过程，给出的稳定性分析结果常常会误导设计。至今尚未对边坡倾倒破坏进行数值模拟的成熟方法，数值模拟非常缺乏。因此，开展地震作用下反倾边坡的变形破坏模式及稳定性评价方法研究刻不容缓，不仅具有重要的科学意义，更具有重大的实践价值。

库岸灾变预警研究以滑坡类灾变的研究最为成熟系统，其他类型库岸灾变预警多参照滑坡类预警方法执行。

滑坡预测预警的方法和其他现象的预测预警方法一样，基本上都可以分为3大类：以内因分析为主的方法、以外因分析为主的方法和以监测为主的方法。以内因分析为主的论文较多，但预测预报效果不很理想；以外因分析为主的方法很有发展前景，但还需加强理论和方法的研究；以监测为主的方法的预测效果较好，不过需要具有监测技术条件和足够的经费支持，并具有快速分析能力和保护监测仪器设备的能力，不易实现。

按预警范围差异，可分为区域地质灾害预警与单体滑坡预警。

（1）区域地质灾害预警。美国、日本、委内瑞拉、波多黎各、意大利等国家曾经或正在进行面向工作的区域降雨性滑坡实时预报。1985年，美国地质调查局（USGS）和美国国家气象服务中心（USNWS）联合建立了一套滑坡实时预报系统，该系统是基于1982年1月3—5日在旧金山海湾地区发生的一次特大暴雨引起的滑坡灾害数据库建立的。于1986年2月12—21日在旧金山海湾地区的另一特大暴雨灾害中用于滑坡预报，并得到检验。概括起来，该系统包括一个滑坡易发区划图，一个降雨量与滑坡发生关系的经验模型，实时的雨量监测数据，以及国家气象服务中心的雨量预报。香港是世界上最早研究降雨和滑坡关系并实施预警预报的地区之一，始于1972年6月18日发生的Sau Mau Ping和Po San滑坡的降雨临界值研究。香港政府于1984年启动了滑坡预警系统，它由86个自动雨量器构成，经过调整，确定小时降雨量75mm和24h降雨量175mm为滑坡预报的临界降雨量。

中国大陆地质灾害气象预警预报工作起步较晚，但进展很快，很多方面已接近国际先进水平。代表性成果有：刘传正等构架了区域地质灾害评价预警研究的递进分析理论与方法，简称"四度"递进分析法；该方法在三峡库区和四川雅安进行了应用。刘传正等（2009）综合分析国内外研究与应用现状，将基于气象因素的区域地质灾害预警预报理论原理可初步划分为三大类，即隐式统计预报法、显式统计预报法和动力预报法；并指出未来的方向是探索地质灾害隐式统计、显式统计和动力预警三种模型的联合应用，以适应不同层次的地质灾害预警需求。2003年基于隐式统计预报法构建了第一代国家级地质灾害预警系统（CGWS1.0）；2007年研发完成了基于显示统计预报法的第二代国家级地质灾害预警系统（CGWS2.0），初步满足了2008年国家级地质灾害预警预报升级换代应用服务的要求。在综合吸收美国旧金山和中国香港经验的基础上，创建了中国第一个地质灾害监测预警试验区——四川雅安地质灾害监测预警试验区。殷跃平（2012）等系统研究了区域降雨型滑坡泥石流灾害的预警问题，包括预警指标体系的分类思路、预警关键数据的获取技术，建立了降雨诱发滑坡、单沟泥石流、区域性群发泥石流的预警评价指标体系，介绍了云南哀牢山地区降雨性地质灾害监测预警示范区和闽东南台风暴雨型地质灾害监测预警示范区研究成果。何满潮等（2012）构建了基于滑动力的区域性工程灾害远程监控预警一体化工作系统。唐亚明等（2015）指出区域性滑坡监测思路、方法与单体滑坡有很大差异，在区域尺度上，可通过触发因素（如降雨等）的监测来进行滑坡预警，将滑坡风险区划和降雨（触发因素）临界值耦合以设定区域性的滑坡预警级别。

隐式统计预报法把地质环境因素的作用隐含在降雨参数中，某地区的预警判据中仅仅考虑降雨参数建立模型。隐式统计预报法可称为第一代预报方法，比较适用于地质环境模式比较单一的小区域。显示统计预报法是一种考虑地质环境变化与降雨参数等多因素叠加建立预警判据模型的方法，它是由地质灾害危险性区划与空间预测转化过来的。显式统计预报法可称为第二代预报方法，是正在探索中的方法，比较适用于地质环境模式比较复杂的大区域。动力预报法是一种考虑地质体在降雨过程中地—气耦合作用下研究对象自身动力变化过程而建立预警判据方程的方法，实质上是一种解析方法。动力预报方法的预报结果是确定性的，可称为第三代预报方法，目前只适用于单体试验区或特别重要的区域。分析对比隐式统计预报法、显式统计预报法和动力预报法三类方法，刘传正等（2009）认为，研究内容包括临界雨量统计模型、地质环境因素叠加统计模型和地质体实时变化（水动力、应力、应变、热力场和地磁场等）的数学物理模型等多参数、多模型的耦合。三种模型的联合应用不仅适应特别重要的区域或小流域，也为单体地质灾害的动力预警与应急响应提供决策依据。

（2）单体滑坡预警。单体预警内容主要包括预警指标选择、预警判据确定与预警方案设计等内容。其中预警方案与区域预警原理相同，这里不多赘述。

单体地质灾害预警中最常用的预警指标有降雨量及降雨强度、位移、速率与加速度、位移切线角、下滑力法等。

1）降雨量及降雨强度。降雨量、降雨强度多作为区域地质灾害研究的预警指标，但也有部分研究人员探讨将其应用于单体滑坡预警研究中，如许旭堂等（2015）以福建德化县彭坑滑坡为例，研究滑坡对降雨的动态响应和不同工况下安全系数和位移的关系，提出危险系数概念并建立危险系数与增量位移的关系，实现边坡测点位移变化的阶段式预警。

2）位移、速率与加速度。许强（2009）在研究具有蠕变特点的滑坡不同阶段变形特点的基础上，提出基于加速度的滑坡临滑预警方法和临滑预警指标。张勇慧等（2010）利用拉索触发式位移计进行滑坡表面位移监测，采用数值方法建立滑坡安全系数与表面位移之间的关系，从而通过表面位移量的变化进行阶段式预警，同时，通过电信的 GPRS 公网将位移监测数据实时传输到远程监控中心，实现了监测过程自动化。熊晋（2013）首次成功研制了一种地表微倾无线传感器，采用了地表变形倾角历时曲线临界状态递进法、切线角速率法判别滑坡稳定性，建立了基于地表倾斜变形的铁路滑坡预警方法。陈贺等（2015），介绍阵列式位移计 SAA 新型监测技术应用于高原山区公路滑坡的深部位移监测过程，提出监测孔动能计算方法，并对滑坡从变形启动至整体失稳破坏过程中的位移速率、加速度及动能和动能变化率的变化规律进行系统地分析研究，提出基于动能和动能变化率的临滑预警方法。

3）位移切线角。位移切线角是指位移—时间曲线中某一时刻变形曲线的切线与横坐标轴之间的夹角，其实质就是位移—时间曲线上某一时刻用角度表示的曲线斜率。王家鼎等通过大量滑坡实例的统计分析得出，斜坡在失稳破坏前的位移切线角一般为 $89°\sim$ $89.5°$，并据此作为滑坡的预警预报判据之一。许强等（2009）研究发现同一个滑坡的变形监测资料，如果采用不同的坐标尺度作出位移—时间曲线，所测得的同一时刻位移切线角将会有所差异，即直接采用 S—t 曲线定义位移切线角会存在不确定性的问题，提出了改进的切线角——通过对斜坡累计位移—时间曲线进行坐标变换实现纵横坐标同量纲化，进而求取改进切线角。

4）下滑力法。何满潮院士团队研究发现，位移和倾斜是产生滑坡的必要而非充分条件，即滑坡体产生位移或裂缝不一定会发生滑坡灾害，下滑力才是滑坡发生的充要条件，只有下滑力超过岩体抗滑力，边坡才会发生破坏。单纯的位移监测具有一定的时间滞后性和现象不确定性，很难实现滑坡灾害的超前预警预报。通过研究提出了基于下滑力远程监测预警技术，将下滑力作为预警指标，构建了滑坡地质灾害远程监测预报系统，并成功应用于多个矿山边坡的监测预警。同时也有研究人员在探索采用其他指标开展地质灾害预警。

滑坡预警研究中最为关键的问题是临界预警判据（极限值）的研究和确定。滑坡预警判据是指判定滑坡发生空间和时间范围的各类极限值（临界阀值）或临界标志（现象），这些判据既可能是滑坡发展过程中自身所表现出来的位移（速率）极限值或破裂扩展极限等，也可能是引发滑坡发生快速滑动的外界因素，如临界降雨量（降雨强度）和地震加速度等。滑坡判据可分为单因子（临界）判据和综合判据两大类。单因子判据是指一个变量所表示的滑坡临界变化标志，包括临界降雨量、临界地质加速度、极限位移速率、最大破裂极限等；综合判据则主要指多个变量所表示的滑坡临界变化指标，如将临界变形现象、降雨量和稳定性系数综合判断等。吴树仁等（2004、2013）将滑坡预警判据分为空间识别、状态预警和时间预警判据三个层次。李季等（2008）将滑坡预警判据分为指示性判据和参考性判据两类。指示性判据包括拉张裂缝、监测点位移；参考性判据包括地面或钻孔倾斜、地下水位、其他前兆迹象（边坡掉块、地声和微震等）；并指出滑坡预警判据是一个非常复杂的问题，不是仅靠单一判据就可以预警的。李聪等（2011）建立了有31个岩质滑坡组成的滑坡数据库滑坡实例推理系统，提出了工程类比、实例推理和模糊综合评判相结合的滑坡预警判据研究方法，并应用于锦屏一级水电站左岸边坡预警判据研究。许强（2008）在总结近年来我国数十起重大滑坡灾害监测预警和应急抢险实践经验和教训的基础上，指出正确判断滑坡的变形演化阶段时滑坡准确预警的基础，将滑坡时间—空间演化规律有机结合、综合分析，是进行滑坡准确预警预报的重要保证。张振华等（2009）指出，由于地质和结构特征的不同造成边坡变形破坏机制存在差异，且同一边坡在不同施工开挖阶段的变形规律和量值也存在差别，采用工程类比法获得的单一的、静态的预警指标无法表达施工开挖过程中工程边坡的动态演化特征；针对性地提出了基于安全系数和破坏模式的边坡开挖过程中动态变形监测预警指标的研究思路和方法，并应用与糯扎渡水电站溢洪道消力塘边坡工程实践。谭万鹏等（2010）在动态评估滑坡稳定性评价因子、及时修正计算条件和强度参数的前提下，综合采用宏观评判、监测评判和计算评判的方法，建立了滑坡预警预报全程评价体系。宫清华等（2013）以斜坡单元为基本单元，以气象、水文、人文过程为主要参数，通过分析各参数与灾害形成的内在关系，结合 GIS 技术，构建了气象—地形—水文—地质—人为耦合模型，提高了滑坡灾害预警的空间精度。李元松等（2014）针对单一判据评判公路边坡稳定性状态存在种种不足的现状，研究提出了安全模糊综合预警方法——分别确定公路边坡稳定极限状态的累计位移、降雨量、变形速率和变形加速度阈值，在此基础上确定各判据的权重、构建判断矩阵并经模糊逻辑推理建立综合预警判据；分别开展了单因素、多因素综合两个层次的预警研究。秦荣（2015）以数值模拟的渗流场、应力场、位移场结果为基础，提出了以位移、稳定系数和宏观现象为主要判据的边坡预警预报分析方法。

近年来，一些新的自动监测预警技术引入到地质灾害预警研究或实践中，如 GPS 与 GIS 技术、数据包络分析技术（-EDA）、时间域反射测试技术（-TDR）、物联网技术、测量机器人技术、无线传感器网络技术（-WSN）、视频图像识别技术、地形微变远程监测（-IBIS-L）、合成孔径雷达技术。另外一些分析理论也被引入到地质灾害监测预警研究中，如非线性动力学、可拓学理论等。

1.4 研究方法及技术路线

本课题的主要研究方法如下：

（1）水库岸坡变形破坏地质原型资料搜集、调查研究。

（2）动荷载作用下岩石模型力学特性研究。

（3）动荷载作用下结构面力学特性研究。

（4）边坡大型振动台试验。

（5）原位微震、弱震测试。

（6）室内数值模拟试验。

本书研究技术路线框图如图 1.1 所示。

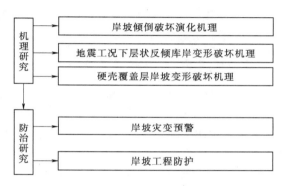

图 1.1 研究技术路线框图

1.5 研究成果及创新点

1.5.1 本课题取得的主要研究成果

（1）岸坡倾倒破坏演化机理研究。通过倾倒变形体的发展演化特征，研究倾倒变形体发育的坡体结构特征、变形破坏、破坏机制及稳定性，并对倾倒变形体岸坡的危害性进行分析。

（2）地震工况下层状反倾库岸变形破坏机理研究：①通过原位工作、资料收集及分析，探讨了反倾边坡的地质演化过程，分析了反倾边坡的类型，总结了反倾边坡的工程地质特征；②通过地震区反倾边坡变形破坏考察、反倾结构边坡相似材料试验及大型振动台试验，结合边坡原位地震动监测，研究了反倾边坡的地震动响应规律，总结了地震作用下反倾边坡的破坏特征和模式；③通过理论推导，提出了地震作用下反倾边坡稳定性分析的极限平衡方法，并给出了适合反倾边坡稳定性分析的数值模拟方法。

（3）硬壳覆盖层岸坡变形破坏机理研究。归纳分析了该类岸坡的基本特点：①分布在陡峻的碳酸盐岩山坡坡脚；②盖层以泥质、钙质胶结为主；③由于表部胶结盖层保护，坡度较一般的崩坡积覆盖层坡度陡；变形破坏特点：由于表层胶结硬壳的保护，覆盖层边坡在破坏前往往不会表现出明显的宏观变形迹象，而一旦覆盖层硬壳被突破，该类边坡的破坏具有突发性，且呈现出一定的脆性破坏特点。变形破坏机理：由于表层硬壳的存在，堆积体坡形较陡，存储了较大势能；在库水作用下，软化后强度降低，在上部堆积体下滑推力下突发失稳，引起堆积体快速下滑导致次生灾害。

（4）库岸灾变预警研究。从定性和定量两方面对库岸灾变的可能性进行了研究。在前人研究的基础上，针对水库岸坡工作精度偏低的特点，提出了塌岸灾变可能性的宏观判别法；同时提出了滑坡灾变预警的标准切线法，克服了变形曲线切线角法、改进切线角法在使用过程中存在的不确定性问题，并建立了基于相对切线角的塌岸灾变可能性判别标准。

在对库岸灾变可能性分析的基础上，从库岸灾变的影响范围、影响对象以及影响程度等方面开展了分析研究。

结合库岸边坡的特点，根据塌岸灾变预警的主要目标——通过调查分析库岸变形破坏现象，分析其灾变可能性及影响程度，并根据影响程度做出预警，为管理单位提供决策支持，以实现防灾减灾目标，梳理出了库岸灾变的预警思路，并据此制定了各环节的具体实施方案。

（5）库岸防护研究。对于每种防护类型的库岸防护工程措施，根据其在库岸防护工程中的运用，分析了其在结构和构造上的特点，及其优缺点。

对于库岸防护工程勘察，针对每种防护措施，分析了其勘察内容、方法、原则和技术要求。对于库岸防护工程设计，针对每种防护措施，分析了设计基本内容、设计步骤和一般要求等。

系统总结了水电行业库岸防护工程措施及其适宜性，以及各类工程措施的勘察、设计等主要技术要点，实现了水电行业库岸防护工程勘察设计的体系化。

1.5.2 本课题的主要创新点

（1）研究了反倾边坡的地震动响应规律，总结了地震作用下反倾边坡的破坏特征和模式。经过研究发现，在地震作用下反倾边坡的加速度放大系数具有随坡高而增大，且越接近坡顶放大越明显的非线性高程效应及越接近坡表放大越强烈的非线性趋表效应。地震作用下反倾边坡的变形破坏模式为：地震诱发→坡顶结构面张开→坡体浅表层结构面张开→浅表层结构面张开数量增加、张开范围向深处发展，且坡体中出现块体剪断现象→边坡中、上部及表层岩体结构松动，坡体内出现顺坡向弧形贯通裂缝→在地震强动力作用下，弧形裂缝内岩体发生溃散性破坏。同时，边坡变形破坏具有分层分带、后缘陡张裂缝以及滑坡"一跨到底"的三大特征。

（2）提出了地震作用下反倾边坡稳定性分析的极限平衡方法，并给出了适合反倾边坡稳定性分析的数值模拟方法。基于 Goodman - Bray 的静力极限平衡方法，考虑块体底部连通率以及动力加速度，推导了适合地震动力作用下的反倾边坡极限平衡方法，并利用离散元方法（UDEC）和耦合离散元-有限元方法（FDEM），分别对动力作用下边坡的稳定性和破坏过程进行了模拟。两种方法均能较好地模拟地震作用下不同结构岩质边坡的稳定性和变形破坏过程。

（3）首次揭示了硬壳覆盖层岸坡的形成条件、岸坡结构特点、变形破坏特点、变形破坏机理及其灾变的突发性，并提出了灾变预警与预防对策。

（4）从岸坡变形破坏演化的角度，研究了水库岸坡灾变及其影响。提出了基于岸坡演化阶段的变形破坏分类方案；指出了岸坡变形、破坏阶段演化特点决定着库岸灾变的直接影响，而破坏后的运动阶段特征则决定着库岸灾变的间接影响。

（5）建立了基于危害性（风险）的库岸灾变预警方案以及相应的工作流程，包括基于灾变条件的综合判断、基于宏观变形迹象的定性评价、基于监测资料的定量评价，可适用于蓄水前库岸灾变初评以及不同工作精度的岸坡灾变预警研究。

（6）提出了库岸破坏的定量判别方法——标准切线角法，并制定了基于标准切线角法的岸坡灾变可能性判别标准。

第2章　岸坡倾倒破坏演化机理研究

2.1　概述

随着越来越多大型、巨型水电工程建设与蓄水运行，高陡岩质斜坡强度及稳定性问题在工程建设中越来越突出。一般而言，在反倾坡内的层状岩体边坡内不会发生大规模的滑坡，反倾边坡通常发生的是浅部的倾倒变形，这种变形的深度最大也就在数十米的范围内，俗称"点头哈腰"现象。但是，近20年来，在中国西南的高山峡谷地区，人们不仅发现和揭露这类坡体所发生的深达200～300m的弯曲—倾倒变形，而且实实在在看到由于这种变形发展的最终结果——大型和巨型的深层滑坡。如四川雅砻江中游的锦屏—三滩河段，沿江两岸长达10km范围内的三叠系变质砂、板岩地层发生大规模的倾倒变形，在锦屏一级水电站左岸揭露的水平深度范围达到近300m，而且在其上游约10km的水文站处，更可见到两岸地层均向河谷倾倒，并在左、右岸分别发育两个由于倾倒变形所导致的大型滑坡、水文站滑坡和胖巴滑坡。同样的大规模倾倒变形现象在澜沧江苗尾水电站坝址区的变质砂、板岩地层中也观察到，岩层的倾角可从原始状态的近直立逐渐变化过渡到40°～50°。其倾倒的发育的水平深度达到约200m，垂直坡面的深度达到约100m，并由于大规模的深度倾倒，而在坡体顶部形成缓坡平台和多级的拉裂塌陷区。另一个大型倾倒体发生在小湾水电站饮水沟堆积体的上部，而其岩性为花岗片麻岩。通常情况下这类变质岩表现为块状或整体块状结构，但是在小湾水电站坝区，由于近EW向的陡倾构造发育，花岗片麻岩被切割成横河陡倾的层状；而在倾倒发生的饮水沟坡体部位，EW向构造多表现为云母片岩夹层或片岩挤压带，加之该部位EW向的F_7断层通过，整个饮水沟坡体部位实际上岩体结构已发生根本性的变化，即原始状态的块状结构花岗片麻岩经构造改造，已经成为含软弱片岩的层状结构岩体。正是上述这些变化因素，才是构成该部位山体发生大规模倾倒变形的地质结构基础。一般而言，倾倒变形属于蠕变，不至于引起坡体的快速变形滑动，但随着时效变形的积累，变形量值达到一定量值后，可能导致大范围的裂隙发

10

育岩体产生拉裂隙、崩塌等不同型式的破坏甚至深层滑坡，从而造成严重的地质灾害。

基于此，本章通过倾倒变形体的发展演化特征，研究倾倒变形体发育的坡体结构特征、变形破坏、破坏机制及稳定性等方面的问题，并对倾倒变形体岸坡的危害性进行分析，以此来总结分析倾倒变形体的破坏演化机制等规律，为水电工程的工程建设、工程运营安全等遇到的岸坡倾倒变形及稳定问题提供理论依据。

2.2　岸坡岩体结构特征

2.2.1　边坡坡体结构分类

坡体地质结构能够较为完整地概况斜坡的岩性组合、岩体结构特征以及边界条件等。坡体结构对于坡体潜在失稳模式有着重要的控制性作用，常见的坡体结构有均质松散坡体、碎裂结构坡体、层状坡体结构、软弱基座坡体结构、板裂化坡体结构、整体状坡体等，其中陡倾层状坡、陡立结构面发育的软弱基座坡体以及板裂化坡体均可能发生倾倒变形。其中，陡倾层状坡体中发生倾倒变形的现象最为普遍，多数倾倒变形体发育在层厚不大的反倾陡立层状坡体中，近些年在陡倾顺层斜坡中也出现了大量倾倒变形现象。这类坡体常由岩性较差的变质岩组成，且结构面发育，层厚不大；具有软弱基座的坡体，其下部软弱岩体在上部岩体的自重作用下发生不均匀压缩变形，导致上部岩体重心外移而倾覆。

此外，人工采矿掏空坡脚或差异风化也容易导致这类倾倒变形的发生。对于这类坡体，常见的情况是上部岩体发育陡立结构面，使之与坡体分离成为孤立的"岩柱"，根脚不稳时易发生向临空面的倒转，如索风营 2 号危岩体、乌江渡水库大黄崖变形体等；板裂化岩体常见于构造运动或卸荷较为强烈的坡体，其原岩一般为强度相对较高的均质岩，如拉西瓦果卜岸坡的花岗岩、如美水电站英安岩以及小湾饮水沟黑云花岗片麻岩等，这类岩体在地质演变的长河中发生变形破坏，形成了陡立的构造或表生结构面，近坡表常发育缓倾结构面，导致坡体发生倾倒变形。

根据倾倒变形斜坡的坡体结构，将其分为陡倾层状斜坡倾倒变形体、软弱基座斜坡倾倒变形体和板裂化斜坡倾倒变形体，如图 2.1 所示。

坡体地质结构指示着斜坡的组成条件，能初步明确岩性和变形边界，因此，通过坡体地质结构来对倾倒变形体进行分类能初步明确一个倾倒变形体的坡体地质结构、岩性组成以及变形失稳的机理。

如上所述，倾倒变形体多见于反倾层状斜坡、板裂化岩体及软弱基座坡体结构。总体来说，倾倒变形体在反倾层状坡体中最为多见，这类坡体一般以陡倾软质岩、硬岩或软硬互层、夹层等型式出现。此外，在板裂化的岩质边坡中也有发育。在坡体陡立，临空条件较好的情况下，坡体在地质构造或漫长的地质演化过程中发生了显著的构造与表生改造，岩体发生板裂形成似层状结构，结合一组倾坡外的结构面可发生倾倒变形。软弱基座坡体是指一类在坡体下部或底部发育有软岩的斜坡。软岩受上部硬岩压覆而发生压缩变形，为上部岩体变形让出了空间，有利于坡体发生倾倒变形。

倾倒变形斜坡多由陡立反倾层状或似层状薄—中厚层岩体组成，层厚一般不大，如锦

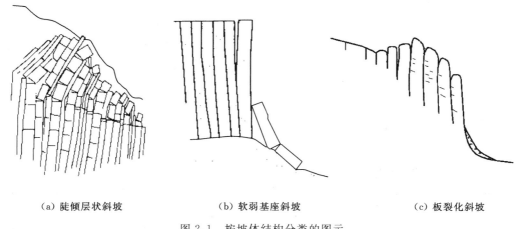

| (a) 陡倾层状斜坡 | (b) 软弱基座斜坡 | (c) 板裂化斜坡 |

图 2.1　按坡体结构分类的图示

屏一级左岸砂板岩多为薄层状；拉西瓦果卜主体岸坡板裂化的岩板厚度不超过 0.8m；小湾饮水沟片岩厚度小者数公分，一般 0.2～0.5m。岩层倾角一般大于 50°，且以 70°～80° 的坡体最为发育。岩体层理或板理发育，近坡表常发育缓倾坡外结构面。岩层走向与坡面走向一致，夹角较小。

　　倾倒变形坡体范围内或附近断裂构造较发育，破坏了坡体的完整性。与坡表走向近于平行的断层若位于坡体后缘，可为倾倒变形提供拉裂边界；位于坡体前缘或中下部的，可作为坡体释放应力的"窗口"，有利于岩体进一步发生倾倒变形；而位于坡体侧面的断层构造，可解除或减小坡体的侧部约束作用，为坡体创造变形条件，有利于坡体发生倾倒变形。

　　常见坡体结构分类如下：

　　（1）按物质组成分类。经现场地质调查及钻孔、平洞勘探，一般变形体浅表部为覆盖层，厚度不大，下部为岩质边坡。

　　（2）按岩层产状与坡向关系分类。斜坡结构主要由岩土体类型、岩层产状与岸坡的关系等所决定。就岩质边坡而言，取决于岩层产状与岸坡走向的关系、边坡外部形态等因素。研究区及附近除了局部少量的滑坡、崩塌堆积体及坡积物、冲洪积物构成的土质库岸段外，以岩质岸坡为主。依据《水电水利工程边坡工程地质勘察技术规程》（DL/T 5337—2006），岩质岸坡结构分类见表 2.1。

表 2.1　　　　　　　　　　　　岩质岸坡结构分类依据

名　称		岩　体　特　征
层状岸坡	顺向坡	边坡与层面同向，坡面与层面走向夹角小于 30°，岩体多呈互层状，结构面发育，软弱夹层和层间错动带常为贯穿性软弱结构面
	逆向坡	边坡与层面反向，坡面与层面走向夹角小于 30°，岩体特征同顺向坡
	斜向坡	边坡与层面斜交，坡面与层面走向夹角介于 30°～60°，岩体特征同顺向坡
	横向坡	边坡与层面斜交，坡面与层面走向夹角大于 60°，岩体特征同顺向
	层状平叠	近于水平岩层构成的边坡，岩体特征同顺向

2.2.2　覆盖层结构特征

据统计（图 2.2），岸坡倾倒变形一般发育于坡度 40°以上，坡高 100m 以上，且岩层倾角在 60°以上，在此条件下的覆盖层一般较薄，主要成因为崩坡积及残坡积，冰水堆积等也有所分布，物质以块碎石土为主，具有结构松散，物理力学性质不均匀等特点。

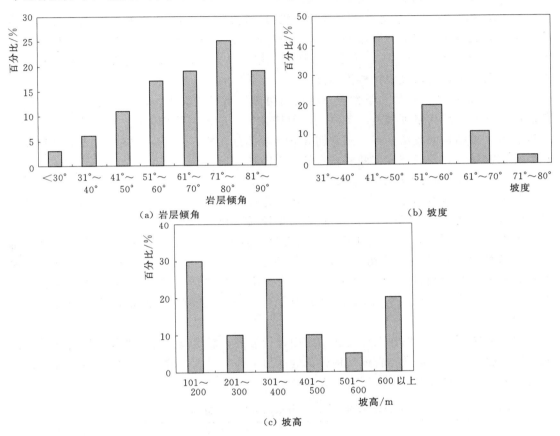

图 2.2　岸坡倾倒变形体发育的几何特征

2.2.3　变形岩体结构特征

岩体结构是指结构面在岩体中的空间分布、组合规律及其所导致的岩体被切割状态，它是反映岩体介质力学性能优劣、完整程度好坏的定性指标，在很大程度上控制着岩体的基本力学性能和力学作用。

2.2.3.1　岩体结构面分类标准

倾倒变形体的结构面分类主要是以结构面的成因以及结构面地质力学特性作为分类依据的。

（1）按结构面成因主要分为 3 类：①原生结构面；②构造结构面；③表生结构面。

（2）按结构面力学特性可分为 3 类：①刚性结构面；②张开结构面；③软弱结构面。

影响结构面的力学特性主要有以下几个方面：

1）结构面充填情况。无充填时结构面表现为刚性接触面；充填少时结构面在剪切变形中呈现部分的刚性接触；充填物较厚时，其抗剪强度就代表结构面的抗剪强度。

2）充填物的组成、结构及状态。充填物可为原状的软弱夹层、错动破碎的角砾岩、构造碎屑物和糜棱岩，或次生的泥质物，它们具有不同的变形和剪切特性。充填物的黏土含量、分布及亲水矿物成分对抗剪强度影响很大。

3）结构面的平整度和光滑度。波状起伏的结构面在剪切变形过程中滑动角可局部增大，形成较大的抗剪阻力；平整的结构面则很少产生滑动角增值的现象，抗剪阻力较小。光滑的结构面在剪切变形中主要发生摩擦力；粗糙结构面除此以外还发生局部岩石的剪断，所以其抗剪阻力较光滑结构面为高。

4）结构面两侧岩石的力学性质。结构面两侧岩石可能同为坚硬的，也可能有一侧是软弱的。在两侧均为坚硬岩石的条件下，剪切破坏一般沿结构面发生。若一侧岩石软弱，强度较低，而结构面胶结良好，则剪切破坏可能部分在软岩中发生。在软岩中的结构面上产生剪切破坏时，常局部伴有两侧岩石的剪切破坏。

2.2.3.2 岩体结构面工程地质分级

各类结构面的力学性状及其对工程岩体稳定性的影响，主要受控于结构面的规模和形状两大因素。结构面的规模不同，其物理力学性质有很大的差异。

大的区域性断裂，不仅延伸长度在数百公里以上，宽度大、由各种构造岩组成，而且工程特性很差，既是区域构造稳定性研究的重点，又是坝址选择中予以避开的结构面；数百米至数公里的断层，由于有一定的宽度和构造岩，常常成为控制岩体稳定性的重要边界。而大量随机分布的硬性结构面——节理、裂隙与层面是岩体结构研究的主要结构面。

如何从规模、力学属性上对上述结构面进行分级，然后以其各自的代表性特征、工程地质特性进行分类，是进行岩体结构评价的前提。孙玉科教授的分级方案具有代表性，可以用于多种用途的岩体稳定性评价（表2.2）。

表2.2   岩体结构面工程地质分级及其特征（据孙玉科）

分级	分级依据	地质类型	力学属性
Ⅰ	延伸数十公里以上，深度可切穿一个构造层，破碎带宽度在数米、数十米以上，在1:20万的地质图上有所体现	主要指区域性深大断裂或大断裂	属于软弱结构面，构成独立的力学介质
Ⅱ	延展数百米至数公里，宽度在1～5m之内，在1:5万的地质图上有体现	主要包括不整合面、假的整合面、原生软弱夹层、层间错动、断层、侵入岩接触带及风化夹层等	属于软弱结构面，形成块裂体边界
Ⅲ	延展十米或数十米，宽度0.5m左右，仅在一个地质时代地层中分布，有时仅在某一种岩性中分布。一般在1:2000地质图上有所体现	各种类型的断层、原生软弱夹层、层间错动带等	多数属于软性结构面，参与块裂岩体切割
Ⅳ	数米至数十米，无明显宽度，在1:2000地质图上无反映，为统计结构面	包括节理、劈理、层理、劈理以及卸荷裂隙、风化裂隙等	硬性结构面，是岩体力学性质、结构效应的基础
Ⅴ	连续性极差，刚性接触的细小或隐蔽裂面，在地质图上均无反映，为统计结构面	包括微小节理、隐蔽裂隙及线理等，也包括结合力弱的层理	硬性结构面，是岩体力学性质、结构效应的基础

2.2.3.3　岩体结构类型划分

倾倒变形体的岩体结构类型划分标准主要在《水利水电工程地质勘察规范》（GB 50287—2006）的基础上进行，根据裂隙间距与岩体完整性系数等控制性指标来划分岩体结构类型，其分类标准见表2.3。

表 2.3　　　　　　　　　　　　　岩　体　结　构　类　型

类型	亚类	岩体结构特征
块状结构	整体结构	岩体完整，呈巨块状，结构面不发育，间距大于 100cm
	块状结构	岩体较完整，呈块状，结构面轻度发育，间距一般 50～100cm
	次块状结构	岩体较完整，呈次块状，结构面中等发育，间距一般 30～50cm
层状结构	巨厚层状结构	岩体完整，呈巨厚层，结构面不发育，间距大于 100cm
	厚层状结构	岩体较完整，呈厚层状，结构面轻度发育，间距一般 50～100cm
	中厚层状结构	岩体较完整，呈中厚层状，结构面中等发育，间距一般 30～50cm
	互层结构	岩体较完整或完整性差，呈互厚状，结构面较发育或不发育，间距一般 30～50cm
	薄层结构	岩体完整性差，呈薄层状，结构面发育，间距一般小于 10cm
镶嵌结构	镶嵌结构	岩体完整性差，岩块嵌合紧密—较紧密，结构面较发育或不发育，间距一般 10～30cm
碎裂结构	块裂结构	岩体完整性差，岩块间有岩屑和泥质物充填，嵌合中等紧密—较松弛，结构面较发育—很发育，间距一般 10～30cm
	碎裂结构	岩体较破碎，岩块间有岩屑和泥质物充填，嵌合较松弛—松弛，结构面很发育，间距一般小于 10cm
散体结构	碎块状结构	岩体破碎，岩块夹岩屑或泥质物，嵌合松弛
	碎屑状结构	岩体极破碎，岩屑或泥质物夹岩块，嵌合松弛

2.2.4　岩土体物理力学特性

对岸坡倾倒变形体而言，其岩土体物理力学特性一般包括岩体及坡表覆盖层的物理力学特性。基于此，本节主要从岩体及土体两个方面来分别归纳总结岸坡倾倒变形体的物理力学特性。

2.2.4.1　岩体（石）物理力学特性

（1）岩体（石）物理特性。岩体（石）的物理特性是指岩石固有的物质组成、结构特征及结构面等所决定的基本物理属性。其主要指标名称及其所代表的物理特性见表2.4。

表 2.4　　　　　　　　　　　　　岩石的物理特性指标

名　称	符号	定义	单位	公　式	说　明
比重	G_s	岩石在 $105\sim110℃$ 温度下烘至恒量时的质量与同体积 $4℃$ 时水质量的比值	—	$G_s = \dfrac{m_s}{m_1 + m_s - m_2} G_{WT}$	m_s—干岩粉质量，g； m_1—瓶、试液总质量，g； m_2—瓶、试液、岩粉总质量，g； G_{WT}—与试验温度同温度的试液比重
				$G_s = \dfrac{m_d}{m_d - m_w} G_w$	m_d—烘干试件质量，g； m_w—强制饱和试件在水中的称量，g； G_w—水的比重

名　称		符号	定义	单位	公　式	说　明
密度	干密度	ρ_d	岩石质量与岩石体积之比。根据岩石含水状态，岩石块体密度可分为干密度、天然密度和饱和密度（湿密度）	g/cm^3	$\rho_d = \dfrac{m_s}{AH}$	m_s—烘干试件质量，g； A—试件截面积，cm^2； H—试件高度，cm
					$\rho_d = \dfrac{m_s}{m_p - m_w}\rho_w$	m_s—烘干试件质量，g； m_p—试件经强制饱和后的质量，g； m_w—强制饱和试件在水中的称量，g； ρ_w—水的密度，g/cm^3
	天然密度	ρ_0		g/cm^3	$\rho_0 = \dfrac{m_0}{AH}$	m_0—天然试件质量，g； A—试件截面积，cm^2； H—试件高度，cm
					$\rho_0 = \dfrac{m_0}{m_p - m_w}\rho_w$	m_0—天然试件质量，g； m_p—试件经强制饱和后的质量，g； m_w—强制饱和试件在水中的称量，g； ρ_w—水的密度，g/cm^3
	饱和密度（湿密度）	ρ		g/cm^3	$\rho = \dfrac{m_p}{AH}$	m_p—试件经强制饱和后的质量，g； A—试件截面积，cm^2； H—试件高度，cm
					$\rho = \dfrac{m_p}{m_p - m_w}\rho_w$	m_p—试件经强制饱和后的质量，g； m_w—强制饱和试件在水中的称量，g； ρ_w—水的密度，g/cm^3
孔隙率		n	岩石中孔隙的体积与岩石的体积之比	%	$n = \dfrac{V_n}{V} \times 100$	V_n—岩石中孔隙的体积，cm^3； V—岩石的体积，cm^3
					$n = \left(1 - \dfrac{\rho}{G_s}\right) \times 100$	ρ—岩石的密度，g/cm^3； G_s—岩石的比重
含水率		w	试件在105～110℃下烘至恒量时所失去的水的质量与试件干质量的比值	%	$w = \dfrac{m_0 - m_s}{m_s} \times 100$	m_0—试件烘干前的质量，g； m_s—试件烘干后的质量，g
吸水性	吸水率	ω_a	岩石在大气压力和室温条件下吸入水的质量与岩石固体质量的比值	%	$\omega_a = \dfrac{m_0 - m_s}{m_s} \times 100$	m_0—试件浸水48h的质量，g； m_s—烘干试件质量，g
	饱和吸水率	ω_{sa}	岩石在强制饱和状态下的最大吸水量与岩石固体质量的比值	%	$\omega_{sa} = \dfrac{m_p - m_s}{m_s} \times 100$	m_p—试件经强制饱和后的质量，g； m_s—烘干试件质量，g
	饱和系数	K_ω	岩石的吸水率与饱和吸水率的比值		$K_\omega = \dfrac{\omega_a}{\omega_{sa}}$	ω_a—岩石吸水率，%； ω_{sa}—岩石饱和吸水率，%
	饱和度	S_r	岩石中孔隙被水占据的体积与总孔隙体积之比	%	$S_r = \dfrac{V_\omega}{V_v} \times 100$	V_ω—孔隙被水占据的体积； V_v—总孔隙体积

名　称		符号	定义	单位	公　式	说　明
透水性	渗透系数	K	在层流条件下，渗透速度与水力坡降的比值	cm/s	$K=\dfrac{q}{i}$	q—水在岩石中的渗透速度，cm/s； i—水力坡降
	水力坡降	i	两点间的水位差与两点间的流线长度的比值	—	$i=\dfrac{\Delta h}{\Delta l}$	Δh—两点间的平均水位差，cm； Δl—两点间的距离，cm
膨胀性	自由膨胀率	V_H、V_D	岩石试件在浸水后产生的径向和轴向变形分别与试件原直径和高度之比	%	$V_H=\dfrac{\Delta H}{H}\times100$ $V_D=\dfrac{\Delta D}{D}\times100$	V_H—岩石轴向自由膨胀率，%； V_D—岩石径向自由膨胀率，%； ΔH—试件轴向变形值，mm； 　H—试件高度 mm； ΔD—试件径向平均变形值，mm； 　D—试件直径或边长，mm； V_{HP}—岩石侧向约束膨胀率，%； ΔH_1—有侧向约束试件的轴向变形值，mm； 　P_e—体积不变条件下的岩石膨胀压力，MPa； 　F—轴向载荷，N； 　A—试件截面积，mm^2
	侧向约束膨胀率	V_{HP}	岩石试件在有侧限条件下，轴向受有限荷载时，浸水后产生的轴向变形与试件原高度之比	%	$V_{HP}=\dfrac{\Delta H_1}{H}\times100$	
	膨胀压力	P_e	岩石试件浸水后保持原形体积不变所需的压力	MPa	$P_e=\dfrac{F}{A}$	
耐崩解性指数		I_{d2}	岩石试件在经过干燥和浸水两个标准循环后，试件残留的质量与其原质量之比	%	$I_{d2}=\dfrac{m_r}{m_s}\times100$	I_{d2}—岩石二次循环耐崩解性指数，%； m_s—试验前烘干试件质量，g； m_r—残留试件烘干质量，g
冻融质量损失率		M	岩石试件在经过多次冻融循环后，试件损失的质量与其原质量之比	%	$M=\dfrac{m_p-m_{fm}}{m_s}\times100$	m_p—冻融前饱和试件质量，g； m_{fm}—冻融后饱和试件质量，g； m_s—试验前烘干试件质量，g
可溶性	溶解度	S	在一定温度下，可溶岩石在100g水溶剂中达到饱和状态时所溶解的质量	g/100g	$S=\dfrac{m_{rz}}{m_{rj}}\times100$	m_{rz}—溶质的质量，g； m_{rj}—溶剂的质量，g； m_{ry}—溶液的质量，$m_{ry}=m_{rz}+m_{rj}$，g
	相对溶解速度	v	单位时间内可溶岩溶解量与标准试样（大理石粉）溶解量之比	g/s	$v=\dfrac{m_{rzk}}{m_{rzb}t}$	m_{rzk}—可溶岩溶解量，g； m_{rzb}—标准试样溶解量，g； 　t—时间，s

（2）岩体（石）的力学特性。

1）岩体（石）的变形指标及特性见表 2.5。

表 2.5　　　　　　　　　　　　岩体（石）的变形指标及特性

名称		符号	定义	单位	公式	说　　明
变形参数	变形模量	E_0	岩石受压变形时，压力与全变形之比值	MPa	$E=\dfrac{\pi}{4}\dfrac{(1-\mu^2)pD}{W}$	E—岩体弹性（变形）模量，MPa；当以总变形 W_0 代入式中计算的为变形模量 E_0；当以弹性变形 W_e 代入式中计算的为弹性模量 E； W—岩体变形，cm； p—按承压板面积计算的压力，MPa； D—承压板直径，cm； μ—泊松比
	弹性模量	E	岩石受压变形时，压力与弹性变形之比值			
	泊松比	μ	岩石在单向载荷作用下横（径）向应变与纵（轴）向应变之比值	—	$\mu=\dfrac{\varepsilon_d}{\varepsilon_l}$	ε_d—横（径）向应变值； ε_l—纵（轴）向应变值
	剪切弹性模量	G	在比例极限范围内，岩石受剪切载荷作用时，剪应力与剪切位移的比值	MPa	$G=\dfrac{\tau}{u_h}$	τ—剪应力，MPa； u_h—剪切位移，cm
	法向刚度系数	K_n	岩石在一定的法向应力和剪应力作用下，相应的法向应力与法向位移的比值	MPa/cm	$K_n=\dfrac{P}{u_v}$	P—法向应力，MPa； u_v—法向位移，cm
	剪切刚度系数	K_s	岩石在一定的法向应力和剪应力作用下，相应的剪应力与剪切位移的比值	MPa/cm	$K_s=\dfrac{\tau}{u_h}$	τ—剪应力，MPa； u_h—剪切位移，cm
	弹性抗力系数	K	使洞室围岩沿径向产生一个单位长度变形时所需施加的压力	MPa/cm	$K=\dfrac{E}{(1+\mu)r}$	E—弹性模量或变形模量，GPa； μ—泊松比； r—隧洞半径，cm
	单位弹性抗力系数	K_0	洞室半径为100cm时的弹性抗力系数	MPa/cm	$K_0=\dfrac{E}{1+\mu}$	E—弹性模量或变形模量，GPa； μ—泊松比

2）岩体（石）的强度指标及特性见表 2.6。

3）岩体（石）的流变性质包括：蠕变、应力松弛、弹性后效、长期变形与长期强度参数等。各指标见表 2.7。

4）岩体弹性波波速值是岩体（石）坚硬程度、完整程度及嵌合紧密程度等工程地质性质的综合指标。弹性波速值的获得采用动力法测试技术。根据工作频率的高低和测试对象，分为超声波法、声波法和地震波法。超声波法（脉冲超声法和共振法）主要应用于岩

表 2.6　　　　　　　　　　　　　岩体（石）的强度指标及特性

	名称	符号	定 义	单位	公式	说　明
单轴抗压强度	天然抗压强度	R_0	岩石抵抗单轴压缩破坏的能力，数值上等于岩石试件破坏时的最大压应力。 根据试件不同含水状态，分为天然抗压强度、烘干抗压强度及饱和抗压强度	MPa	$R=\dfrac{P}{A}$	P—破坏载荷，N； A—试件截面积，mm^2
	烘干抗压强度	R_d				
	饱和抗压强度	R_w				
	软化系数	K_R	岩石饱和抗压强度与烘干抗压强度的比值	—	$K_R=\dfrac{R_w}{R_d}$	R_w—饱和抗压强度，MPa； R_d—烘干抗压强度，MPa
	冻融系数	K_{fm}	岩石冻融试验后饱和单轴抗压强度平均值与冻融试验前饱和单轴抗压强度平均值的比值	—	$K_{fm}=\dfrac{\overline{R}_{fm}}{\overline{R}_w}$	$\overline{R}_{fm}$—冻融后单轴抗压强度平均值，MPa； $\overline{R}_w$—饱和单轴抗压强度平均值，MPa
抗拉强度	天然抗拉强度	σ_{t0}	在瞬时载荷作用下导致岩石黏性破坏的极限压力。 根据试件不同含水状态，分为天然抗拉强度、烘干抗拉强度及饱和抗拉强度	MPa	$\sigma_t=\dfrac{2P}{\pi Dh}$ （劈裂法） $\sigma_t=\dfrac{P}{A}$ （轴向拉伸法）	P—破坏载荷，N； D—试件直径，mm； h—试件厚度，mm； P—破坏载荷，N； A—试件截面积，mm^2
	烘干抗拉强度	σ_{td}				
	饱和抗拉强度	σ_{tw}				
点荷载强度		I_s	岩石受点荷载力达到破坏时的抗拉或抗压强度	MPa	$I_s=\dfrac{P}{D_e^2}$	P—破坏载荷，N； D_e—等价岩心直径，mm
抗剪强度	抗剪断强度	τ'	在法向压应力作用下，岩石抵抗剪断破坏的最大能力	MPa	$\tau'=\sigma\tan\varphi'+c'$	σ—作用于剪切面上的法向应力，MPa； $tg\varphi'$—剪切面上的摩擦系数，即 f'； c'—剪切面上的黏聚力，MPa
	抗剪强度	τ	在法向压应力作用下，岩石抵抗剪切破坏的最大能力	MPa	$\tau=\sigma\tan\varphi+c$	σ—作用于剪切面上的法向应力，MPa； $tg\varphi$—剪切面上的摩擦系数，即 f； c—剪切面上的黏聚力，MPa
	抗切强度	τ	没有法向压应力作用下，岩石抵抗剪断破坏的最大能力	MPa	$\tau=c$	c—剪切面上的黏聚力，MPa
三轴强度	三轴抗压强度	σ_1	在三向压力作用下，岩石抵抗压缩破坏的最大轴向应力	MPa	$\sigma_1=\dfrac{P}{A}$	P—不同侧压条件下的试件轴向破坏载荷，N； A—试件截面积，mm^2
	三轴抗剪强度	f	根据计算的最大主应力 σ_1 及相应施加的侧向压力 σ_3，在 τ-σ 坐标图上绘制莫尔应力圆，根据库伦—莫尔强度准则确定岩石在三向应力状态下的抗剪强度参数 f、c 值	—	$f=\dfrac{F-1}{2\sqrt{F}}$	F—σ_1-σ_3 关系曲线的斜率； R—σ_1-σ_3 关系曲线在 σ_1 轴上的截距，等同于试件的单轴抗压强度，MPa
		c		MPa	$c=\dfrac{R}{2\sqrt{F}}$	

表 2.7　　　　　　　　　　　　　　　　岩体（石）的流变指标

名称	符号	定义	单位	分析方法	说明
压缩蠕变（长期变形模量）	$E_{0\infty}$	当应力不变时，压缩变形随时间增加而增长的现象	MPa	（1）利用试验数据拟合得出流变经验方程及曲线； （2）在对试验曲线进行分析的基础上进行模型识别，确定适合于相应工程的最佳流变模型； （3）进行流变参数的理论反演； （4）进行流变参数的数值反演； （5）数值反演与理论反演结果比较，选取反演计算分析方法； （6）建立适合于相应工程的流变参数计算公式，求取相应的流变参数	模量损失率为模量损失与瞬时模量之比，％
剪切蠕变（长期剪切强度）	f_∞ c_∞	当应力不变时，剪切变形随时间增加而增长的现象	— MPa		强度损失率为强度（f、c）损失与瞬时强度之比，％
应力松弛		当应变不变时，应力随时间增加而减小的现象			
弹性后效		加载或卸载时，弹性应变滞后于应力的现象			

块的测试，声波法（穿透法和平透法）应用于范围较小的工程岩体，地震波法则应用于范围较大的岩体。表征各岩体（石）的波速指标及其特性见表 2.8。

表 2.8　　　　　　　　　　　　　　　　岩体（石）的波速指标及其特性

名称		符号	定义	单位	公式	说明
波速值	岩块声波速度	v_p v_s	岩块声波速度测试是测定声波的纵、横波在试件中传播的时间或共振频率，据此计算声波在岩块中的传播速度及岩块的动弹性参数	m/s	$v_p = \dfrac{L}{t_p - t_0}$ $v_s = \dfrac{L}{t_s - t_0}$ $E_d = \rho v_p^2 \dfrac{(1+\mu)(1-2\mu)}{1-\mu} \times 10^{-3}$ $E_d = 2\rho v_s^2(1+\mu) \times 10^{-3}$ $\mu = \dfrac{\left(\dfrac{v_p}{v_s}\right)^2 - 2}{2 \times \left[\left(\dfrac{v_p}{v_s}\right)^2 - 1\right]}$ $G_d = \rho v_s^2 \times 10^{-3}$ $K_d = \rho \dfrac{3v_p^2 - 4v_s^2}{3} \times 10^{-3}$ $K_v = \left(\dfrac{v_{pm}}{v_{pr}}\right)^2$	v_p—纵波速度，m/s； v_s—横波速度，m/s； L—发、收换能器中心间的距离，m； t_p—直透法纵波的传播时间，s； t_s—直透法横波的传播时间，s； t_0—仪器系统的零延时，s； E_d—动弹性模量，MPa； G_d—动刚性模量或动剪切模量，MPa； K_d—动体积模量，MPa； μ—动泊松比； ρ—岩石密度，g/cm³； K_v—岩体完整性系数，精确至 0.01； v_{pm}—岩体纵波速度，m/s； v_{pr}—岩块纵波速度，m/s
	岩体声波速度	v_p v_s	岩体声波速度测试是利用换能器、电脉冲、电火花、锤击等方式激发声波，测试声波在岩体中的传播时间，据此计算声波在岩体中的传播速度及岩体的动弹性参数	m/s		
	岩体地震波速度	v_p v_s	通常采用人工爆破或锤击的方法，在岩体中激发一定频率的弹性波，在不同的地点用拾震器进行测量，这种方法适用于测试较大范围岩体的平均物性	m/s		

（3）倾倒岩体（石）参数取值。倾倒变形岩体力学参数取值的基本思路为：在对边坡岩体质量特征及结构面特征复核工作基础上，采用多种方法进行参数预测及对比分析。这包括原位试验资料的统计分析、基于岩体工程地质分类经验取值、基于 E_o—V_p 关系的变形参数预测法、基于 H—B 准则的强度参数预测方法等。其中原位测试统计分析依据测得的物理、力学及波速等特征参数，进行数理统计分析可以得出，缺点在于现场原位测试困难及成本高，本节主要介绍岩体力学参数的经验取值及其他方法预测值。

1）基于岩体工程地质分类的力学参数经验取值。基于倾倒变形岩体的编录，依据《水电水利工程坝址工程地质勘察技术规程》（DL/T 5454—2009）的规定，岩体的工程地质分类按表 2.9 执行。

表 2.9　　　　　　　　　　岩体工程地质分类

类别	A 坚硬岩（$R_b>60\text{MPa}$）		B 中硬岩（$R_b=60\sim30\text{MPa}$）		C 软质岩（$R_b<30\text{MPa}$）	
	岩体特征	岩体工程性质评价	岩体特征	岩体工程性质评价	岩体特征	岩体工程性质评价
Ⅰ	Ⅰ_A：岩体新鲜—微风化，完整，紧密，整体状或巨厚层状结构，结构面不发育，延展性差，多闭合，具各向同性力学特性	岩体强度高，抗滑、抗变形状能强，不需作专门性地基处理。属优良高混凝土坝地基				
Ⅱ	Ⅱ_A：岩体新鲜—微风化，较完整，较紧密，呈块状或次块状、厚层结构，结构面轻度—中等发育，软弱结构面分布不多，或不存在影响坝基或坝肩稳定的楔体或棱体	岩体强度高，抗滑、抗变形性能较高，专门性地基处理工作量不大，属良好高混凝土坝地基	Ⅱ_B：岩体新鲜，完整，紧密，整体状或巨厚层状结构，结构特征同Ⅰ_A，具各向同性力学特性	岩体强度高，抗滑、抗变形性能较强，专门性地基处理工作量不大，属良好高混凝土坝地基		
Ⅲ	Ⅲ_1A：岩体弱风化下带，较完整—局部完整性差，较紧密，次块状或中厚层状结构，结构面中等—较发育，岩体中分布有缓倾角或陡倾角（坝肩）的软弱结构面或存在影响坝基（肩）稳定的楔体或棱体	岩体强度较高，抗滑、抗变形性能在一定程度上受结构面控制。对影响岩体变形和稳定的结构面应作专门处理	Ⅲ_1B：岩体微风化，较完整，较紧密，岩体呈块状或次块状或厚层状结构，结构面轻度发育，结构特征基本同Ⅱ_A	岩体有一定强度，抗滑、抗变形性能受岩石强度控制	Ⅲ_C：岩体新鲜—微风化，完整，紧密，强度大于 15MPa，岩体呈整体状或巨厚层状结构，结构面不发育—中等发育，岩体具备同性力学特性	岩体抗滑、抗变形性能受岩石强度控制
Ⅲ	Ⅲ_2A：岩体弱风化下带—上带，完整性差，中等紧密—较紧密，呈互层状或镶嵌状或中厚层状结构，结构面发育，但贯穿结构面不多见，结构面延展差，多闭合，岩块间嵌合力较好	岩体强度仍较高，抗滑、抗变形性能受结构面和岩块间嵌合能力以及结构面抗剪强度特性控制，对结构面应做专门处理	Ⅲ_2B：岩体微风化，较完整，较紧密，呈次块状或中厚层或互层结构，结构面中等发育，多闭合，岩块间嵌合力较好，贯穿性结构面不多见	岩体抗滑抗变形性能在一定程度上受结构面和岩石强度控制		

类别	A 坚硬岩（$R_b > 60$MPa）		B 中硬岩（$R_b = 60 \sim 30$MPa）		C 软质岩（$R_b < 30$MPa）	
	岩体特征	岩体工程性质评价	岩体特征	岩体工程性质评价	岩体特征	岩体工程性质评价
IV	IV₁A：岩体弱风化上带—强风化，完整性差—较破碎，较松弛，呈互层状或薄层状结构或块裂结构，结构面较发育—发育，明显存在不利于坝基及坝肩稳定的软弱结构面、楔体或棱体	岩体抗滑、抗变形性能明显受结构面和岩块间嵌合能力控制。能否作为高混凝土坝地基，视处理效果而定	IV₁B：岩体弱风化，完整性差，较松弛，呈互层状或薄层状或块裂结构，存在不利于坝基（肩）稳定的软弱结构面、楔体或棱体	评价同IV₁A	IVc：岩体新鲜—微风化—弱风化，完整—较完整，紧密—较紧密，厚层或中厚层状，互层状或薄层状结构，强度大于15MPa，结构面发育或岩体强度小于15MPa、结构面中等发育	岩体强度低，抗滑、抗变形性能差，不宜作为高混凝土坝地基，当局部存在该类岩体，需专门处理
	IV₂A：岩体强风化，较破碎，松弛，呈碎裂或块裂结构，结构面很发育，且多张开，夹碎屑和泥，岩块间嵌合力弱	岩体抗滑、抗变形性能差，不宜作高混凝土坝地基。当局部存在该类岩体，需作专门性处理	IV₂B：岩体弱风化，完整性差—较破碎，较松弛—松弛，呈碎裂状或块裂状或薄层状结构，结构面发育—很发育，多张开，岩块间嵌合力差	评价同IV₂A		
V	V A：岩体强风化，破碎，松弛，呈散体结构，由岩块夹泥或泥包岩块组成，具松散连续介质特征	岩体不能作为高混凝土坝地基。当坝基局部地段分布该类岩体，需作专门性处理	岩体强风化，破碎，松弛，散体结构，岩体结构特征同V A	评价同V A	岩体强风化，较破碎，松弛，薄层状，块裂或碎裂结构或散体状结构，岩体结构特征同V A	评价同V A

依据表 2.9 对倾倒岩体进行工程地质分类，然后根据《水利水电工程地质勘察规范》（GB 50487—2008）中的坝基岩体抗剪断强度及变形模量进行取值，见表 2.10。

表 2.10 坝基岩体抗剪断强度及变形模量

岩体分类	混凝土与岩体				岩 体				变形模量
	f'	C'/MPa	f	C/MPa	f'	C'/MPa	f	C/MPa	E_0/GPa
I	$1.50 \sim 1.30$	$1.50 \sim 1.30$	$0.90 \sim 0.75$	0	$1.60 \sim 1.40$	$2.50 \sim 2.00$	$0.95 \sim 0.80$	0	>20.0
II	$1.30 \sim 1.10$	$1.30 \sim 1.10$	$0.75 \sim 0.65$	0	$1.40 \sim 1.20$	$2.00 \sim 1.50$	$0.80 \sim 0.70$	0	$20.0 \sim 10.0$
III	$1.10 \sim 0.90$	$1.10 \sim 0.70$	$0.65 \sim 0.55$	0	$1.20 \sim 0.80$	$1.50 \sim 0.70$	$0.70 \sim 0.60$	0	$10.0 \sim 5.0$
IV	$0.90 \sim 0.70$	$0.70 \sim 0.40$	$0.55 \sim 0.40$	0	$0.80 \sim 0.55$	$0.7 \sim 0.30$	$0.60 \sim 0.45$	0	$5.0 \sim 2.0$
V	$0.70 \sim 40$	$0.30 \sim 0.05$	$0.40 \sim 0.30$	0	$0.55 \sim 0.40$	$0.30 \sim 0.05$	$0.45 \sim 0.33$	0	$2.0 \sim 0.2$

2）基于 $H—B$ 经验准则的岩体强度参数预测。按照 $H—B$ 经验准则预测岩体强度参数的主要公式如下：

在确定了 σ_c、m 和 GSI 值后，就可得出主应力 $\sigma_1 - \sigma_3$ 的关系，即强度包线。也可以按下式计算正应力 σ_n 与剪应力 τ 的关系：

$$\tau = A\sigma_c \left[\frac{\sigma_n - \sigma_{tm}}{\sigma_c} \right]^B \tag{2.1}$$

式中：A、B 为材料常数，具体的确定方法见相关文献；σ_n 为有效法向应力；σ_{tm} 为节理岩体的"抗拉强度"，可由下式确定。

$$\sigma_{tm} = \frac{\sigma_c}{2}\left(m_b - \sqrt{m_b^2 - 4s}\right) \tag{2.2}$$

上述建立在 GSI 基础上的 Hoek – Brown 经验公式中的 m_b、s 和 a 值，可以通过下述公式确定：

$$m_b = m_i \exp\left(\frac{GSI - 100}{28}\right) \tag{2.3}$$

当 $GSI > 25$（非扰动岩体，岩体质量较好）：

$$s = \exp\left(\frac{GSI - 100}{9}\right) \tag{2.4}$$

$$a = 0.5 \tag{2.5}$$

当 $GSI < 25$（扰动岩体，质量很差）：

$$s = 0 \tag{2.6}$$

$$a = 0.65 - \frac{GSI}{200} \tag{2.7}$$

可见，地质强度指标 GSI、岩块的抗压强度 σ_c 和 m_i 是本方法中的三个重要指标。其中，岩块的抗压强度 σ_c，可参照可研试验结果取值；m_i 可参照表 2.11 取值。

表 2.11　　　　　　　　完整岩石常数 m_i　（Hoek & Morinos，2000）

类型	等级	岩组	岩 石 结 构			
			粗粒	中粒	细粒	极细粒
沉积岩	碎屑岩类		砾岩 角砾岩	砂岩（17±4）	粉砂岩（7±2） 杂砂岩（18±3）	黏土岩（4±2） 页岩（6±2） 泥灰岩（7±2）
	碎屑岩	碳酸盐类	粗晶石灰岩（12±3）	亮晶石灰岩（10±2）	微晶石灰岩（9±2）	白云岩（9±3）
		蒸发岩类		石膏（8±2）	硬石膏（12±2）	
		有机质类				白垩（7±2）
变质岩	无片状构造		大理岩（9±3）	角页岩（19±4） 变质砂岩（19±3）	石英岩（20±5）	
	微状构造		混合岩（29±3）	角闪岩（26±6）	片麻岩（28±5）	
	片状构造			片岩（12±3）	千枚岩（7±3）	板岩（7±4）
火成岩	深成岩	浅色	花岗岩（32±3）　闪长岩（25±5） 花岗闪长岩（29±3）			
		黑色	辉长岩（27±3）　粗粒玄岩（16±5） 长岩（20±5）			
		浅成岩	斑岩（20±5）		辉绿岩（15±5）	橄榄岩（25±5）
	喷出岩	熔岩		流纹岩（25±5） 安山岩（25±5）	石英安山岩（25±3） 玄武岩（25±5）	
		火山碎屑岩	集块岩（19±3）	角砾岩（19±5）	凝灰岩（13±5）	

地质强度指标 GSI 确定，主要考虑的因素为岩体结构及结构面表面的特征，其中对岩体结构的描述中，主要包含岩体的完整性、结构面组数、岩块受扰动情况、结构体的形状等几方面内容，而结构面表面特征则主要包括风化锈染、粗糙度、充填物等几方面内容。根据边坡地质编录以及配合精细结构量测数据，按图 2.3 便可确定各个岩级区的 GSI 指标。

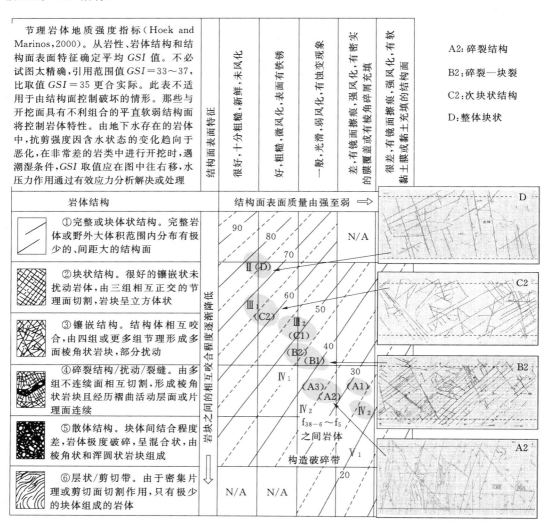

图 2.3 节理岩体地质强度指标 GSI 的确定（Hoek & Morinos，2000）

3）基于 E_o—V_p 关系的岩体变形参数预测。根据完成的变模试验，并筛选出 E_{o50} 与对穿声波 V_{cp} 数据对，建立了 E_{o50}—V_{cp} 关系：

$$E_{o50} = aV_{cp}^b \tag{2.8}$$

单孔声波 V_p 检测数据统计可得到各岩级单孔声波特征值，按照建立的 V_p—V_{cp} 关系，进一步可换算出相应的 V_{cp} 特征值，再按照前面的 V_{cp}—E_{o50} 关系，可得到 E_o 的预测值。

2.2.4.2　土体物理力学特性

1. 土体的物理特性

覆盖层土体物理特性是重要的工程地质性质，它影响着覆盖层的力学性质，主要包括颗粒组成、物理状态和水理状态。

（1）颗粒组成。覆盖层通常由固体颗粒、液体水和气体三个部分组成。固体颗粒构成覆盖层土体的骨架，其大小和形状、矿物成分及其组成情况是决定土的工程性质的重要因素。颗粒组成指按粒径大小分组所占总质量的百分数。

不同类型的覆盖层土体的颗粒组成，采用不同的分析方法测定。对于粒径大于 0.075mm 的粗粒土采用筛分法测定，粒径小于 0.075mm 的细粒土采用比重计法或移液管法测定。

根据测定的颗粒组成可以得到颗粒级配曲线。土的颗粒组成曲线是反映土体基本特性的一种主要方式，也是判别渗透变形型式的主要依据。常用累积曲线和分布曲线来表达土的颗粒组成。

（2）土体的物性指标及特性。

1）基本物理性质指标。土体密度、比重、含水率这三个物理性质基本指标可直接通过土工试验测定，亦称直接测定指标。

土体密度可用试坑注水法、试坑注砂法、环刀法等测定。天然状态下土的密度变化范围较大，其参考值为：一般黏性土为 $1.8 \sim 2.0$ g/cm^3；砂土为 $1.6 \sim 2.0$ g/cm^3；腐殖土为 $1.5 \sim 1.7$ g/cm^3。

土体比重常用比重瓶法或虹吸筒法测定。由于土体比重值范围较小，故可按经验数值选用：细粒土（黏性土）一般为 $2.72 \sim 2.76$；砂类土一般为 $2.65 \sim 2.69$；粉性土一般为 $2.70 \sim 2.71$。

土体含水率通常用烘干法测定，亦可以近似采用酒精燃烧法等方法测定。含水率是标志土的湿度的重要物理指标。天然土层含水率变化范围较大，与土体种类、埋藏条件及其所处自然地理环境等有关，砂土类变化幅度可从 0（干砂）到 40% 左右（饱和砂），黏土类变化幅度可从 30% 以下（坚硬状黏性土）到 100% 以上（泥炭土）。对于同一类土，含水率越高说明土越湿，一般说来也就越软，强度越低。

2）计算物理性质指标。土体计算物理性质指标根据三个基本指标计算得到，主要有土体孔隙比、孔隙率、饱和度、不同状态下的密度与重度等。

孔隙比和孔隙率均表示土体中孔隙的含量。孔隙率亦可用来表示同一种土的疏密程度，其值随土形成过程中所受的压力、粒径级配和颗粒排列的状况而变化。一般粗粒土的孔隙率小，细粒土的孔隙率大。例如砂类土的孔隙率一般为 28%~35%；黏性土的孔隙率有时可高达 60%~70%。

饱和度可描述土体中孔隙被水充满的程度。显然，干土饱和度 $S_r = 0$，当土处于完全饱和状态时 $S_r = 100\%$。砂土根据饱和度可划分为三种湿润状态：$S_r \leqslant 50\%$，稍湿；$50\% < S_r \leqslant 80\%$，很湿；$80\% < S_r \leqslant 100\%$，饱和。

土的密度除了用上述天然密度（ρ）表示以外，工程计算上还常用饱和密度（ρ_{sat}）和干密度（ρ_d）表示。饱和密度为土体中孔隙完全被水充满时的单位体积质量；干密度为单位体积中固体颗粒的质量。工程上常用重度来表示各种含水状态下单位体积的重力，与之对应，饱和重度 $\gamma_{sat} = \rho_{sat} g$，干重度 $\gamma_d = \rho_d g$。除此之外，对于浮力作用的土体，粒间传递的力应是土粒重力扣除浮力后的数值，故另引入有效重度 γ'（又称浮重度）表示扣除浮力后的饱和土体的单位体积的重力。

（3）物理、力学状态。影响无黏性土（砂土、碎石土等）工程性质的主要因素是密实度，影响黏性土工程性质的主要因素是软硬程度（即稠度）。

1）密实度。密实度指土的紧密和填充程度。以细颗粒为主的砂层、粉土密实度由孔隙比 e、相对密度 D_r 和标准贯入锤击数 N 进行评价，以粗颗粒为主的漂卵砾石层、砂卵砾石层的密实度由孔隙比 e、相对密度 D_r 或圆锥动力触探试验评价。

2）稠度。黏性土在含水率发生变化时，稠度也相应变化，有坚硬、硬塑、可塑、软塑和流塑等状态。从一种状态转变为另一种状态，可用某一界限含水率来区分，常用的有液限（w_L）、塑限（w_P）

液限常用液限仪测定。塑限是采用搓条法测定。目前，也常用液、塑限联合测定法测定液限和塑限。

塑性指数 I_P 是指液限与塑限的差值，表示土处于可塑状态的含水率变化的范围，是衡量土体可塑性大小的重要指标。液性指数 I_L 是指黏性土的天然含水率与塑限含水率的差值与塑性指数之比值，表征天然含水率与界限含水率之间的对应关系。

2. 土体的强度特性

土体强度特性，即抗剪强度特性，简称抗剪性。土体的抗剪强度由覆盖层的内摩擦力 $\sigma \tan\varphi$ 和黏聚力 c 两部分组成。

无黏性土的抗剪强度决定于与法向压力成正比的内摩擦力 $\sigma \tan\varphi$，是由土粒之间的表面摩擦阻力和土粒的咬合力形成，故土的内摩擦系数主要取决于土粒表面的粗糙程度和交错排列的咬合情况。土粒表面愈粗糙、棱角愈多和密实度愈大，则土的内摩擦系数大。显然密砂土比松砂土的内摩擦角要大。稍湿的砂土，由于毛细联结的作用，具有微弱的黏聚力，但一般忽略不计。

黏性土的抗剪强度由内摩擦力和黏聚力组成。土的黏聚力主要由土粒间结合水形成的水胶联结，有时由土的胶结联结或毛细水联结组成。由于土粒周围结合水膜的影响，黏性土的内摩擦力较小。随着水量的增多，土粒的抗剪强度降低。

测定土的抗剪强度的设备与方法很多。室内试验常用的有直接剪切试验、三轴剪切试验，野外常用的有十字板剪切试验或者直接剪切试验。

直接剪切试验是最简单的抗剪强度测定方法，可分为原位剪切和室内剪切两种，包括适用于粗粒土的大剪、中剪和适用于细粒土的小剪。直接剪切试验所用仪器按加荷方式不同，分为应变控制式和应力控制式两种。直接剪切试验按固结及剪切速率，分为快剪（Q）、固结快剪（CQ）、慢剪（S）和反复剪（r）四种情况。

三轴剪切试验按固结和排水条件分为不固结不排水（UU）试验、固结不排水（CU）试验和固结排水（CD）试验。

十字板剪切试验是目前国内广泛应用的抗剪强度原位测试方法，适用于饱和软黏土，特别适用于难于取样或土样在自重作用下不能保持原有形状的软黏土。其优点是构造简单，操作方便，试验时对土的结构扰动较小。

3. 土体的压缩特性

土体的压缩特性是指土体在压力作用下体积被压缩变小的性能。土体的压缩，实际上是指土体中孔隙体积的减少。研究土的压缩特性，就是研究土体的压缩变形量和压缩过程，亦即研究土体受荷固结时稳定孔隙比（e）和压力的关系、孔隙比和时间的关系。

土体的压缩性与它的孔隙及结构有关。无黏性土的压缩性取决于粒度成分和松密程度，颗粒越细，密度越小，则压缩性越强。黏性土的压缩性则主要取决于土的联结和密度，联结越弱孔隙越多，则土的压缩量越大。

各种土在不同条件下的压缩特性有很大差别，必须借助室内压缩试验和现场原位测试这两类不同的试验方法进行研究。室内压缩试验有固结试验和三轴压缩试验等。现场原位测试有载荷试验、旁压试验、静力触探试验、圆锥动力触探、标准贯入试验等。

固结试验用于测定压缩系数 a_{1-2} 和压缩模量 E_s 两个指标。压缩系数是指单位压力作用下土的孔隙比的变化值。它是反映土压缩性的一个重要指标，在某压力变化范围内，压缩系数越大，说明土的压缩性越强。地基变形计算多用 E_s，一般讲，E_s 值越大土质越硬，变形性能越小。

现场载荷试验可用于测定承压板下应力主要影响范围内土体的承载力和变形特性，是常用的现场测定地基土压缩性指标和承载力的方法。载荷试验包括浅层平板载荷试验、深层平板载荷试验和螺旋板载荷试验。

旁压试验直接在覆盖层钻孔内进行，具有测试深度大的特点，可以克服现场载荷试验只能在浅表进行的缺点。它是利用可膨胀的圆柱形旁压器在钻孔内对孔壁施加压力，使孔壁产生变形，通过控制装置测出压力和相应的变形，从而得到土体变形和压力的关系曲线，即旁压曲线，根据旁压曲线计算各土层的旁压模量值及极限压力。

动力触探是覆盖层勘察中常用的原位测试方法之一。它是利用一定质量的落锤，以一定高度的自由落距将标准规格的圆锥形探头打入土层中，根据探头贯入的难易程度判定覆盖层的承载力。由于河床覆盖层层次较多，现场荷载试验、室内压缩试验往往只能取在浅表层进行，而动力触探在钻孔内进行，在孔深 20m 内效果良好，如果孔深超过 20m 须进行杆长修正。

4. 土体的动力特性

覆盖层土体动力特性是指覆盖层在冲击荷载、波动荷载、振动荷载和不规则荷载这些动荷载作用下表现出的力学特性，包括动力变形特性和动力强度特性。

覆盖层土体的动力性质试验包括有现场波速测试和室内试验。室内试验是将覆盖层试样按照要求的湿度、密度、结构和应力状态置于一定的试样容器中，然后施加不同形式和不同强度的动荷载，测出在动荷载作用下试样的应力和应变等参数，确定覆盖层的动模量、动阻尼比、动强度等动力性质指标。室内试验主要有动三轴试验、共振柱试验、动单剪试验、动扭剪试验、振动台试验等五种，每种试验方法在动应变大小上都有相应的适用范围，在水电工程应用上常用的是动三轴试验、振动台试验。

现场波速测试应用广泛。为确定与波速有关的岩土参数，进行场地类别划分，为场地地震反应分析和动力机器基础进行动力分析提供地基土动力参数，检验地基处理效果等方面都普遍应用。主要有单孔法、跨孔法和表面波法三种测试方法，在水电工程应用上常用的是跨孔法。跨孔法是在两个以上垂直钻孔内，自上而下（或自下而上），按地层划分，在同一地层的水平方向上一孔激发，另外钻孔中接收，逐渐进行检测地层的直达波。

动三轴试验采用饱和固结不排水剪，适用于砂类土和细粒类土。它是从静三轴试验发展而来的，利用与静三轴试验相似的轴向应力条件，通过对试样施加模拟的动主应力，同时测得试样在承受施加的动荷载作用下所表现的动态反应。这种反应是多方面的，最基本和最主要的是动应力（或动主应力比）与相应的动应变的关系，动应力与相应的孔隙压力的变化关系。根据这几方面的指标相对关系，推求出岩土的各项动弹性参数及黏弹性参数，以及试样在模拟某种实际振动的动应力作用下表现的性状。

振动台试验适用于饱和砂类土和细粒类土，它是专用于土的液化性状研究的室内大型动力试验。它具有下述优点：可以制备模拟现场 K_0 状态饱和砂的大型均匀试样；在低频和平面应变的条件下，整个土样中将产生均的加速度，相当于现场剪切波的传播；可以量出液化时大体积饱和土中实际孔隙水压力的分布；在振动时能用肉眼观察试样。但制备大型试样费用很高，不同的制备方法对试验结果的影响很大。

5. 土体的渗透特性

覆盖层土体是固体颗粒的集合体，是一种碎散的多孔介质，其孔隙在空间互相连通。当饱和土体中的两点存在水头差时，水就在土的孔隙中从能量高的点向能量低的点流动。

土的渗透特性研究主要解决渗流量、渗透破坏和渗流控制这三方面的问题。因此，土的渗透特性重点研究土的渗透性和渗透变形特性。

（1）渗透性。水在覆盖层土体孔隙中流动的现象称为渗流，土具有被水等液体透过的性质称为土的渗透性。现场试验有钻孔抽水试验、钻孔注水试验和试坑注水试验等。抽水试验法适用于地下水位以下的均质粗粒土层。注水试验法原理与抽水试验类似，可以测定地下水位以上土层的渗透性。室内试验有常水头法和变水头法两种，常水头试验适用于无黏性土，变水头试验适用于黏性土。

（2）渗透变形。流经覆盖层土体的水流会对土颗粒和土体施加作用力，称为渗透力。当渗透力过大时就会引起土颗粒或土体的移动，从而造成地基产生渗透变形，如地面隆起、颗粒被水带走等渗透变形现象。渗透变形可分为管涌、流土、接触冲刷、接触流失四种类型。

覆盖层渗透变形特性可用渗透变形试验测定，其目的是测定粗粒土在垂直和水平方向渗流作用下，发生渗透变形的临界坡降和破坏坡降。渗透变形试验可分为现场试验和室内试验两种，根据渗流作用的方向又分别分为垂直渗透变形试验和水平渗透变形试验。

根据渗透变形试验可以计算层流状态下试样的渗透系数。

（3）抗冲刷特性。覆盖层土体由于自身结构、重量等因素抵抗水流冲刷作用的能力称为抗冲刷特性，一般用抗冲刷流速表示。

2.3 变形破坏现象与特征

2.3.1 平面特征与规模

岸坡倾倒变形的平面特征一般呈三面临空，变形体发育深度深，以溪洛渡星光三组倾倒变形岸坡为例（图 2.4），岸坡倾倒变形平面上呈由金沙江、桃儿坡沟及红岩沟组成的三面临空结构，变形体后缘拉裂缝距岸坡前缘坡脚约 2km，高差 600～700m。

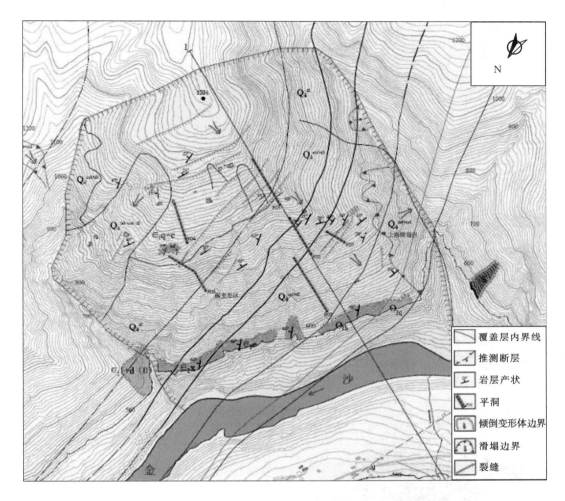

覆盖层内界线

推测断层

岩层产状

平洞

倾倒变形体边界

滑塌边界

裂缝

图 2.4　溪洛渡星光三组倾倒变形岸坡平面特征与规模示意

一般而言，倾倒岸坡在纵断面上多为凸起形，凸起部位多位于坡体中下部，其斜下方没有阻挡，临空条件相对较好，容易发生变形。多数斜坡坡表冲沟发育，坡面完整性较差，在平切面上呈弧形凸出，上下游侧约束作用较弱，应力释放充分，坡体松弛。一些坡体处于河流凸岸，或位于两河交汇的单薄山体处，处于三面临空状态，变形空间较充足。

在水平深度及高程方向上的变形规模：在水平深度发育深度一般为 60～100m，且随着岸坡的坡度及岩性组合的不同，其水平深度发育更深（图 2.5）；在高程上，随着高程的增加，其倾倒变形深度逐渐减小，据统计，倾倒变形体发育的高差以 100～200m 和 300～400m 居多，相对高差在 500m 以上的坡体仅占 1/4（图 2.6）。

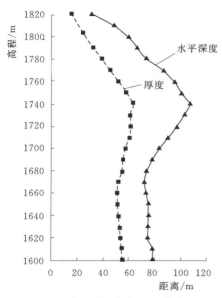

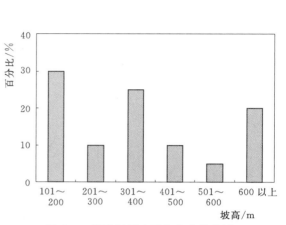

图 2.5　典型岸坡倾倒变形体发育
水平深度及分布厚度

图 2.6　岸坡倾倒变形发育高差统计

2.3.2　变形破坏特征

倾倒变形体岸坡的变形破坏主要包括坡表破坏特征及内部破坏特征，其中坡表变形特征以裂缝及错动为主，坡体内部破坏特征主要有层间错动、层内张拉、切层剪断及折断等。

（1）坡体表部变形破坏特征。倾倒变形体岸坡在坡表的变形破坏特征主要体现在岸坡上的拉裂缝及岩体弯曲折断，具体破坏特征见表 2.12。

表 2.12　　　　　　　　倾倒变形体岸坡主要变形破坏特征

实 际 案 例	表 现 特 征
 陡倾岩体，沿层面，或裂缝拉裂分离	主要发育在块状或厚层状的岩质边坡中，且岩体层面较清晰，且层面间无充填或为泥质充填，地形坡度近直立甚至反倾。陡倾的板状岩体在自重弯矩作用下向临空方向发生弯曲，当岩层所受拉力超过其抗拉强度，岩体就会折断、坠落，在坡脚形成堆积
倾倒弯曲折断	岩体多呈脆性破坏，能明显看出倾倒折断体与母体的产状区别，且折断体一段较为破碎，岩体岩性多为灰岩、变质砂岩、板裂化花岗岩、片麻岩、英安岩，岩体较为陡直，且发育这种倾倒体的坡体一般为反向坡

续表

实　际　案　例	表　现　特　征
 岩体反倾坡外，形成多级折断面	岩体破坏多呈脆性折断，岩层产状发生变化，主要是倾角的变化，且其折断破坏发生不是一次发生，在历史上应发生多次，因此在岩层其底部的岩体为原始岩体，岩体岩性多为灰岩、变质砂岩、板裂化花岗岩、片麻岩、英安岩等，地形度一般大于 40°，岩层倾角大于 65°
 倾倒体上部拉裂缝	在陡倾岩体发生倾倒破坏时，其坡顶上部可能会沿岩层层面或节理裂隙形成拉张裂缝，若倾倒幅度较大裂缝会逐渐发育可能会形成坡体新的临空面
 岩体倾倒弯曲	岩体在地质历史上由于构造作用，岩体从陡倾直立出现"点头哈腰"的现象，但岩体未出现折断现象，这种情况岩体多属于软岩，岩体不会发生脆性破坏，多为柔性破坏，且岩体产状变化是个循序渐进的过程

（2）坡体内部变形破坏特征。根据已有倾倒变形体岸坡地表地质调查和勘探揭示资料分析，岸坡内部岩体倾倒变形主要包括倾倒—弯曲和倾倒—折断组合类型，主要特征见表 2.13。

表 2.13　　　　岸坡内部岩体倾倒变形破坏基本类型特征（星光三组岸坡）

类型	特　征	分布范围
倾倒—弯曲	倾倒岩体发生弯曲变形，岩层倾角变化较大	主要发育于岸坡坡体内部岩性相对较为软弱的地层内，PD02、PD04 和 PD07 平洞的粉砂岩、泥质粉砂岩内较为发育
倾倒—折断	倾倒岩体在弯曲最大部位发生折断破裂，岩层倾角发生突变	主要发育于岸坡表部及坡体内岩石强度相对较高的岩体内，PD01、PD03、PD05 平洞的灰岩、白云质灰岩内较为发育

各变形破坏主要特征如下：

1）倾倒—弯曲。岸坡陡倾薄层岩体在自重弯矩作用下，向临空方向发生悬臂梁弯曲，发生在岩体内部的薄层之间的相互错动随之进一步发展。这类变形在二古溪倾倒变形体上均有发育，一般表现为弯曲变形而不发生连续破裂，岩层倾角虽变化较大，却未出现不连续性突变现象，典型平洞编录如图2.7所示。

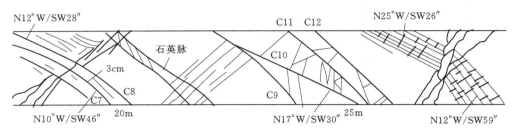

图 2.7　倾倒弯曲变形（平洞揭示）

2）倾倒—折断。在较大的重力弯矩作用下，弯曲部位出现拉张破裂并产生横切弯曲"梁板"的悬臂梁式折断破坏，形成倾向坡外、断续延展的张性或张剪性折断带，岩层倾角发生突变。这类破裂主要发生在地形三面临空、地形坡度变化较大的部位如坡表、倾倒变形岩体的底部、不同变形区分界部附近局部地段亦有所发育，典型平洞编录如图2.8所示。

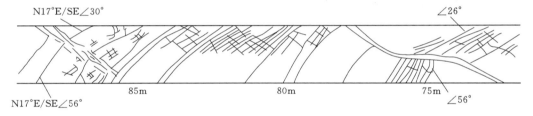

图 2.8　倾倒折断破裂（平洞揭示）

2.3.3　倾倒变形体监测

对倾倒变形体进行监测，是判断倾倒岩体变形演化机制、数值分析及变形预测等方面的基础。目前，针对边坡的监测主要有以下几个方面：地表变形监测、深部变形监测、支护结构监测及巡视监测等，见表2.14。

2.3.3.1　监测方法及适用性

1. 岸坡表面变形监测

据统计，倾倒变形岸坡坡表变形以弯曲折断、张拉裂缝、错动等变形为主。据此，倾倒变形岸坡表面变形测量的方法主要有：大地测量法、GPS法、表面倾斜测量法、表面裂缝观测法及其他表面变形监测新技术等。

（1）大地测量法。大地测量的基本原理是从倾倒变形体变形范围以外的稳定部位上设立一系列基准点，在变形体上设立固定监测点，以基准点为不动点，监测点为运动点，通过观测监测点坐标同初始坐标的差异来确定监测点的运动状态。一般监测点的坐标是通过测量两点间的水平距离、水平角、直线的方向以及监测点的高程。

表 2.14　　　　　　　　　　　　监 测 方 法 一 览 表

监测内容	主要监测方法	主要监测仪器
地表变形监测	大地测量法	经纬仪、水准仪、测距仪
		全站仪、电子经纬仪、测量机器人、光电测距仪
	近景摄影测量法	陆摄经纬仪
	GPS 法	GPS 接收机
	INSAR 法	雷达天线
	表面倾斜测量法	表面倾角计
	地表裂缝观测法	卷尺、伸缩自己仪、测缝计、位移计等
深部变形监测	深部倾斜监测	滑动式钻孔测斜仪、固定式钻孔测斜仪
	内部相对位移监测	钻孔多点位移计
	沉降观测	下沉仪、收效仪、静力水准仪、水管倾斜仪
支护结构监测	支挡结构与坡体接触压力监测	锚杆应力、应变计
	锚索锚固力监测	锚索测力计
	钢筋应力、应变监测	钢筋应力、应变计
	锚杆应力、应变监测	土压力计
	支护结构变形监测	大地测量法、深部位移监测法
巡视监测	宏观地质调查法、简易人工监测及施工进度记录	

主要的观测方法有：两方向前方交会法、双边距离交会法、视准线法、小角法、测距法、几何水准测量及精密三角高程测量法。

传统的大地测量使用仪器主要有：经纬仪、水准仪、测距仪等。

表面变形测量的各种方法中以精密大地测量技术最为成熟，精度最高，是目前广泛使用的最有效的外观方法，可适应于变形体的不同变形阶段的位移监测。传统的大地测量方法投入快、精度高、监测范围大、直观、安全，可直接确定变形体位移方向及变形速率。但受地形及气候条件的影响，大地测量不能连续观测。

（2）GPS 法。GPS 是全球定位系统，可为用户提供全球范围的连续、实时、高精度的定位。设备包括天线、GPS 接收机、计算机、输入输出控制以及显示设备等，其水平位移观测精度可达 ±5mm，高程测量精度可达 ±10mm。

GPS 大地测量法的主要优点：观测点之间无须通视，选点方便，可使用于变形体不同阶段的三维位移监测，可全天观测、可同时确定监测点的三维坐标，对于运动中的观测点，还可测出其速度。

（3）表面倾斜测量法。变形体在变形过程中不仅包括平面上的运动，还包括高程上倾斜的变化。目前针对变形体表面倾斜测量主要是通过检测变形体表面倾斜角度的变化和倾斜方向来实现。

主要仪器设备有美国 Sinco 盘式倾斜仪，灵敏度 $8''$，量程 ±30°，适用于倾斜变化较大时的监测；瑞士 BL－1000 型 Levelmeter 杆式倾斜仪，灵敏度 0.01mm/m，量程±10mm/m；及国产 T 字形测斜仪，灵敏度 $0.6''$，量程 $90'$。其中杆式及 T 字形倾斜仪适用于倾斜变化较小的监测。

对倾倒变形体而言，表面倾斜监测比较实用，能够有效地监测倾倒变形体的变形演化过程，为其变形演化机制分析提供依据。

（4）表面裂缝观测法。对于倾倒变形体，其变形范围较深，在地表延伸有其规律，如星光三组表面裂缝的分布特征。因而，变形体表面裂缝的观测，对倾倒变形体的演化、失稳预测等具有良好的应用价值。

常用的地表裂缝观测仪器有测缝计、收敛计、钢丝位移计和位错监测。

其主要特点有：人工、自动测缝法投入快、精度高，测程可调；遥测法自动化程度高，可全天观测。一般人工、自动测缝法适用于裂缝两侧岩土体张开、闭合、位错、升降变化的监测；遥测法适用于加速变形阶段及施工安全的监测，但受气候等因素的影响较大。

（5）其他表面变形监测新技术。

1）近景摄影测量法。近景摄影量测法的原理是通过把近景摄像仪安置在两个不同位置的固定测点上，同时对变形体的观测点摄影构成立体图像，通过立体坐标仪量测图像上各测点的三维坐标进行测量。一般近景摄影测量法受地形条件约束小，可在临空陡崖等部位进行监测。

2）合成孔径干涉雷达测量法（INSAR）。合成孔径干涉雷达测量法主要用于地形测量、地面变形监测等。原理是以波的干涉为基础，使用平行飞行的两个分离雷达天线所获得的同一地区的两幅微波图像，或者同一个雷达对同一地区重复飞行两次获得的微波图像，如果两幅图像满足干涉的相干条件，可对其进行相位相干处理，从而产生干涉条纹。在原理上，其干涉条纹是因两幅图像对应的地面地形变化、数据获取轨道不同以及其他引起相位发生变化的因素所产生的。通过对干涉条纹的解缠处理，可以解算出每一点正确的相位，然后由解算出的相位，进一步计算得出地面点到雷达的斜距以及地面点的高程。

与传统地面监测方法相比，INSAR通过雷达干涉监测的不仅仅是一个点，而是整个监测区，其监测结果能全面地反映地面变形随时间的动态演化过程。利用INSRA技术进行地面变形三维监测，目前国内可达到厘米级，可初步完成干涉雷达图像数据处理和地面变形三维信息的提取，但其精度及适用性还不能满足高精度倾倒变形监测。

3）三维激光扫描仪。三维激光扫描技术又称实景复制技术，具有高效率、高精度的独特优势。利用三维激光扫描技术获取对象的真三维影像（三维点云）数据，因此可以用于获取高精度高分辨率的数字模型。通过与无人机航测相辅，可快速获得斜坡高精度地形图，二者针对不同环境条件各有优势。

将具有空间面域特征的点云进行叠加比较分析，还可以得到整个扫描对象区域的变形特征，从而从快速捕捉对象区的异常变形。

4）无人机航测技术。无人机航测技术是通过引进航空摄影技术，在小区域和工作困难地区高分辨率影像快速获取方面具有显著优势。其主要特点是通过无人机平台，携带三维激光扫描仪、近景摄像仪及合成孔径干涉雷达等设备，获取变形体变形前后的地形变化。其优点是不受地形等条件的限制，可在倾倒变形体任意部位进行监测。

2. 岸坡内部变形监测

倾倒变形体内部变形监测相对于表面变形监测，能够更深层次地反映变形体的状态，能够比较准确地判断变形体的变形程度、位移量及速率的变化。

内部变形观测的主要方法有：内部倾斜监测、内部相对位移监测、支护结构监测及其他新技术监测方法等。

（1）内部倾斜监测。内部倾斜监测多采用钻孔测斜仪，是用倾斜仪每隔一定时间逐段测量钻孔的斜率，从而获得变形体内部水平位移及其随时间变化的原位移观测方法。其原理是根据摆锤受重力影响，测定以垂线为基准的弧角变化。

倾斜仪监测系统由两大部分组成：

1）仪器系统：一般由传感探头、有深度标记的承重电缆和读数仪组成。

2）测斜导管：垂直埋设在需要监测部位的岩体里面，并与岩体形成一体，导管内壁有互成 90°的两对凹槽，以便探头的滑轮能上下滑动并起定位作用。如果岩体产生位移，导管将随岩体一起变形。观测时，探头由导论引导，用电缆垂向悬吊在测斜管内沿凹槽滑行，当探头以一定间距在导管内逐段滑动测量时，装在探头内的传感元件将每次测得的探头与垂线的夹角转换成电讯号，通过电缆传输到读数仪测出。

常用的仪器主要有伺服加速度计式测斜仪、电阻应变片式测斜仪、固定式测斜仪。其中伺服加速度计式测斜仪较为常用，主要有 Sinco 便携式数显钻孔倾斜仪；国产 CX－01 型伺服加速度计式数显测斜仪。

测斜仪主要特点有：精度高、性能可靠、稳定性好、测读方便，在变形体钻孔内进行内部变形监测，具有很大的应用优势。

（2）内部相对位移监测。倾倒岩体发生倾倒变形时，变形体内部两点间的相对位置会发生变化，可安装仪器测量坡体两点间相对位移或相对沉降。其布置原则，在变形体范围外相对稳定部位设置基准点，在变形体边坡变形明显部位设置监测点，适用于滑坡监测的各个阶段。

相对位移观测一般采用多点位移计进行，可测量变形体沿钻孔轴线的位移变化，是目前工程边坡监测中常用的方法。

（3）支护结构监测。一般支护结构与边坡在变形过程中相互作用，研究支护体的受力和变形可了解支护体的工作状态是否在设计预期的合理范围内，检验支护效果并间接判断坡体的稳定性，同是搜集监测成果，可分析不同支护结构的有效性和作用机理，优化支护设计、完善和改进支护设计方法。

支护结构监测主要内容有：锚杆应力监测、锚索锚固应力监测、钢筋应力—应变监测、支挡结构与坡体接触压力监测及支护结构变形监测等。

对锚杆应力的监测多选用锚杆应力计，安装时将锚杆按安装长度截断同锚杆应力计焊接在一起，连成整体与锚杆同时张拉。当锚杆收到拉力时，锚杆应力计同锚杆共同受力，并得到锚杆受到的张拉。

锚索测力计可对预应力锚索锚固力的变化进行长期的观测，锚索应力计应当和锚索同时张拉。安装时应尽量使锚索测力计的安装基面同锚索钻孔方向垂直，以保证能正确的反映锚索的受力特征。

钢筋计用于观测支护结构内钢筋的受力情况，主要适用于抗滑桩和阻滑键的受力状态监测，一般布置在设计受拉关键部位。

对支挡结构与滑体接触压力的监测可选用压力计和压力盒，一般是按一定的深度迎着倾倒变形方向安装在支护结构与倾倒变形体接触的部位。

对支护结构的变形观测可选用大地测量法和内部位移观测法。

（4）其他新技术监测方法有：①光纤技术监测：作为近年来出现的新技术，可以用来测量多种物理量，还可以完成现有测量技术难以完成的测量任务。目前光纤传感器已经有70多种，大致上分成光纤自身传感器和利用光纤传感器。光纤自身的传感器：光纤自身直接接受外界的被测量，包括外界物理量引起测量臂长度、折射率、直径的变化等，从而使得光纤内传输的光在振幅、相位、频率、偏振等方面的变化。利用光纤传感器：传感器位于光纤端部，将被测量的物理量变换成光的振幅、相位或者振幅的变化，这种光纤传感器应用范围广，使用简单，但精度相对较低。②时间域发射测试技术（TDR）监测。TDR 是一种远程电子测量技术，20 世纪 80 年代以来，TDR 技术广泛应用于岩体变形测量，并取得了广泛为研究成果。作为变形体监测，一个完整的 TDR 监测系统包括 TDR 同轴电缆、电缆测试仪、数据记录仪、远程通讯设备以及数据分析软件等几部分组成。

3. 巡视变形监测

巡视调查法是用常规的地质路线调查方法对倾倒变形体的宏观变形迹象和与其有关的异常现象进行定期的观测、记录，以便随时掌握滑坡的变形动态及发展趋势，是设备监测的有效补充。

常规巡视与地质观测法：定期对边坡出现的宏观变形迹象（裂缝发生及发展、地沉降、下陷、膨胀、隆起、建筑物变形、支挡结构上的裂缝等）和与变形有关的异常现象进行调查记录（如地下水异常等）。

宏观地质调查的内容受变形阶段的制约，与变形有关的异常现象，具有准确的预报功能，应予以足够重视。地质巡视方法的工具有微皮尺、罗盘、照相机等，主要任务为地裂缝的调查与简易观测。作定期与不定期的地质路线巡视检查观测与编录，仔细寻找发现变形迹象及出现的地裂缝的发展变化，现场填写观测记录，并注记于地形图上，分析变形的原因。

2.3.3.2　岸坡倾倒变形监测布置

倾倒变形体监测应根据开挖揭露的地质条件，及既有坡体变形破裂迹象，重点布置在开挖影响较大、坡体结构较复杂的部位。鉴于仪器监测深度和监测对象的不同，变形监测可划分为表面变形监测、浅部变形监测和深部拉裂监测等三方面内容，整体上形成由表及里监控边坡开挖响应状态。

（1）表面变形监测。倾倒体表面变形监测主要通过在坡表重点部位布置大地位移监测点，采用设备定时巡回监测，同时测量坡表水平位移和垂向位移，各监测点监测的变形数据组成监测断面，涵盖倾倒体整个区域，从而反映倾倒体的开挖变形响应及稳定性情况。

三维激光扫描技术作为近些年兴起的新测量技术，其在变形监测领域拥有不可比拟的技术优势。利用三维激光扫描仪对倾倒体进行三维激光扫描，获取坡表真三维影像数据，将具有空间面域特征的点云进行叠加分析比较，得到整个倾倒边坡的变形特征，从而从快速捕捉倾倒体异常变形。

（2）浅部变形监测。倾倒边坡浅部变形监测主要结合倾倒体开挖支护措施，布置在坡表浅表变形较强部位，常用的监测手段有多点位移计、锚索测力计和锚杆应力计，以及锚位计和测缝计等。

（3）深部拉裂监测。倾倒边坡深部拉裂监测的目的是为了了解深部拉裂缝在开挖过程中和蓄水运行期的变形响应，进一步验证边坡整体安全稳定性。其布置主要利用边坡内具备条件的地质勘探平洞及排水洞，对深部裂缝部位的相对位移进行监测。

倾倒体深部变形监测常用措施有石墨杆收敛计、滑动测微计、滑距观测墩、测距观测墩和灌浆体变形监测等。

2.3.3.3　岸坡倾倒变形监测成果及分析

根据实际情况，监测资料需要有针对性的分析。依据其分析阶段可概括为初步分析和全面系统的综合分析两类。在监测过程中，首先通过初步分析对监测成果进行初步验证，在工程出现异常和灾害的时段、工程竣工验收和安全鉴定等时段、水库蓄水、汛前、汛期、隧洞放水工程本身或附近工程维修和扩建等外界荷载环境条件发生显著变化的重点时段，通常需要对监测成果进行系统全面的分析，分析监测资料的变化规律和趋势，预测未来时段的安全稳定状态，为采取工程处理或预警提供数据支撑。

监测成果资料的分析方法可粗略划分为以下几类：①常规分析法。如比较法、作图法、特征值法和测值因素分析法等。②数值计算法。如统计分析方法、有限元分析法、反分析法等。③数学物理模型分析方法。如统计分析模型、确定性模型和混合型模型等。④应用某一领域专业知识和理论的专门性理论法。如边坡安全预报的斋藤法，边坡和地下工程中常用的岩体结构分析法等。

由于常规分析法具有原理简单、结果直观、能快速反应出问题等优点，在工程中得到广泛的应用。监测资料分析常用到的常规分析方法主要有：

（1）比较法。通过对比分析检验监测物理值的大小及其变化规律是否合理，或建筑物和构筑物所处的状态是否稳定的方法称比较法。比较法通常有：监测值与技术警戒值相比较；监测物理量的相互对比；监测成果与理论的成果对比。工程实践中常与作图法、特征统计法和回归分析法等配合使用，即通过对所得图形、主要特征值或回归方程的对比分析出检验结论。

（2）作图法。根据分析的要求，画出相应的过程线图、相关图、分布图以及综合过程线等。由图可直观地了解和分析观测值的变化大小和其规律，影响观测值的荷载因素和其对观测值的影响程度，以及观测值有误异常。

（3）特征值统计法。可用于揭示监测物理量变化规律特点的数值，借助对特征值的统计与比较，辨识监测物理量的变化规律是否合理，并得出结论的分析方法。倾倒变形体的特征值可采用监测物理量的最大值和最小值，变化趋势和变幅，地层变形趋于稳定所需时间，以及出现最大值和最小值的工程、部位和方向等。

（4）测值影响因素分析法。在监测资料分析中，事先收集整理将地震、开挖、蓄水、边坡支护等各种因素对观测值的影响，掌握它们对观测值影响的规律，综合分析、研究各因素对倾倒变形体变形演化、稳定趋势等方面的影响。

本节以星光三组倾倒变形岸坡的监测成果为例，详细分析监测成果的分析与整理。星光三组倾倒变形岸坡自蓄水以来，岸坡变形一直处于变化状态，为研究蓄水对其倾倒变形体的影响，分析其变形演化过程及机制，在星光三组岸坡共布置 3 个监测断面 10 个地表

变形监测点，每个断面 2～4 个测点。本节以布置于岸坡表面变形迹象最大的 B 区监测点
TP01、TP02 及 TP03 的监测成果为例：

区内测点为断面 1 的 TP01、TP02 和 TP03 测点。监测数据成果如图 2.9～图 2.11
所示。

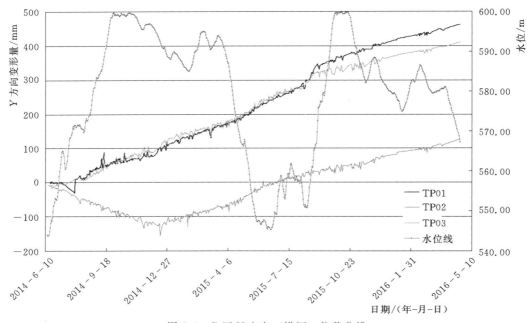

图 2.9　B 区 Y 方向（横河）位移曲线

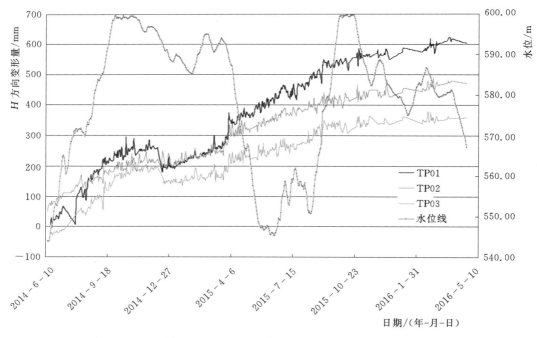

图 2.10　B 区 H 方向（沉降）位移曲线

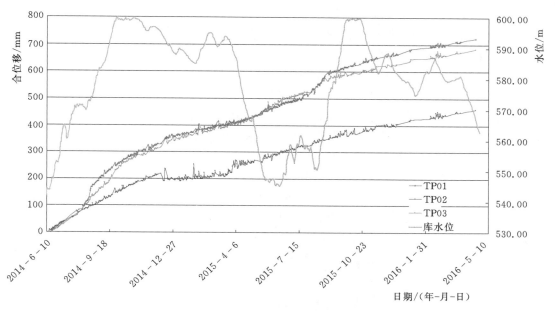

图 2.11　B 区合位移曲线

顺河 X 方向变形量 $-417.3 \sim -569.3\mathrm{mm}$，显示向上游方向变形，最大值在高高程的 TP01 点。日变形率平均在 $0.62 \sim 0.83\mathrm{mm/d}$，其中在第一次蓄水阶段（2014 年 6 月 13 日至 9 月 30 日）变化最大，日平均变形率为 $0.99 \sim 2.34\mathrm{mm/d}$，其后水库在 600.00m 水位附近运行时日平均变形率 $0.48 \sim 0.75\mathrm{mm/d}$，第一次水位下降（2015 年 3 月 21 日至 6 月 14 日）阶段变形速率率为 $0.26 \sim 0.75\mathrm{mm/d}$。库水位下一循环时，变形速率明显减小，一般为 $0.27 \sim 1.18\mathrm{mm/d}$，且三个测点 X 方向位移曲线趋于平行。

横河 Y 方向变形量是 461.9mm、126.8mm 和 410.3mm，显示向临空方向的变形，其中 TP02 测点的 126.8mm 变形与测点靠近桃儿坡沟有关。相应的日平均变形率为 0.68mm/d、0.20mm/d 和 0.63mm/d。其中在第一次蓄水阶段（2014 年 6 月 13 日至 9 月 30 日）日平均变形率为 $0.58 \sim 0.72\mathrm{mm/d}$，其后水库在 600.00m 水位附近运行时日平均变形率为 0.58mm/d、0.07mm/d 和 0.65mm/d，第一次水位下降（2015 年 3 月 21 日至 6 月 14 日）阶段日平均变形率为 $1.13 \sim 1.26\mathrm{mm/d}$，库水位在 540.00m 附近（2015 年 5 月 19 日至 6 月 24 日）时，日平均变形速率为 $0.29 \sim 0.94\ \mathrm{mm/d}$。库水位下一循环时，变形速率明显减小，一般为 $0.26 \sim 1.11\mathrm{mm/d}$，且三个测点 Y 方向位移曲线趋于平行。

沉降变形量（H 方向）分别是 602.6mm、470.0mm 和 357.4mm。相应的日平均变形率为 $0.57 \sim 0.89\mathrm{mm/d}$。其中在第一次蓄水阶段（2014 年 6 月 13 日至 9 月 30 日）日平均变形率为 $1.39 \sim 2.16\mathrm{mm/d}$，其后水库在 600.00m 水位附近运行时日平均变形率为 $0.08 \sim 0.44\mathrm{mm/d}$，第一次水位下降（2015 年 3 月 21 日至 6 月 14 日）阶段日平均变形率为 $0.67 \sim 2.03\mathrm{mm/d}$，库水位在 540.00m 附近（2015 年 5 月 19 日至 6 月 24 日）时，日平均变形速率为 $1.28 \sim 1.79\ \mathrm{mm/d}$。库水位下一循环时，日变形率一般为 0.16 ～

1.18mm/d，且三个测点沉降变化曲线趋于平行。

　　B区合位移 3 个测点的位移量分别为 723.7mm、460.7mm 和 683.47mm，其变形方向均为斜向上游的桃儿坡沟方向。合位移速率 0.679～1.075mm/d，其中在第一次蓄水阶段（2014 年 6 月 13 日至 9 月 30 日）为 1.372～2.390mm/d，其后水库在 600.00m 水位附近运行时日变形率为 0.686～1.074mm/d，第一次水位下降（2015 年 3 月 21 日至 6 月 14 日）阶段日变形率为 0.735～0.951mm/d。库水位下一循环时，一般为 0.461～1.304mm/d。三个测点中，TP02 变形值最大，这与测点所处的位置有关，相对而言，该测点距桃儿坡沟最近。B区各测点变形倾伏角 27°～45°。

　　综上 B 区监测成果，在两侧蓄水周期内，X、Y、H 方向及合位移的量值一直未收敛，但变化总量值呈降低趋势，且合位移方向倾向上游侧桃儿坡沟，与倾倒变形体的倾倒方向一致；比较两次蓄水的变化位移值，B区从第二次水位上升期（2015 年 6 月 25 日至 9 月 30 日）开始，岸坡在 X 方向、Y 方向、沉降（H）和合位移均有所减慢，如图 2.12所示。

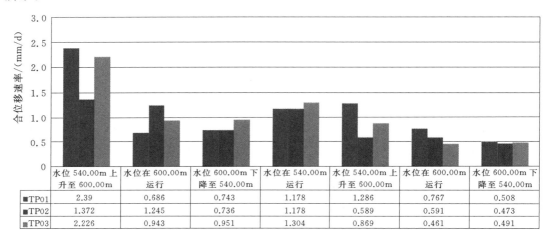

图 2.12　B区不同库水位运行阶段监测点合位移对比图

2.4　变形破坏机制分析

2.4.1　变形破裂类型

　　根据地表地质调查、钻孔、平洞勘探，基于溪洛渡星光三组倾倒变形岸坡、狮子坪二古溪倾倒变形岸坡等工程实例，参考电站枢纽区的地质资料，岸坡变形体内部、底界及后缘深部等部位的变形特征不尽相同。归纳起来有五种破裂类型，见表 2.15。

表 2.15　　　　　　　　　　岸坡倾倒变形体的变形破裂类型

分　类	成因及发育情况
层内剪切错动	成因于构造变形的层内错动带普遍发生倾向剪切错动，层间岩板基本上不产生明显的张性破裂。这类变形在不同倾倒程度的坡体内均有发育

分　类	成因及发育情况
层内拉张破裂	岩体在倾倒变形过程中，不仅沿层内错动带发生倾向剪切错动，而且层间岩板也发生明显的张性破裂。这类变形主要发生于倾倒变形程度较为强烈的斜坡浅层岩体内，并被限制在软弱岩带层或内错动带之间，一般不切层发展
切层张—剪破裂	岩体倾倒变形除了表现为沿层间错动带发生强烈的剪切错动、层间岩体强烈拉张破裂外，岩体内产生缓倾坡外的张性剪切破裂。这类剪性破裂具有强烈的张裂及剪切滑移变形，并表现出显著的切层发展特征。这类变形主要发生于强烈倾倒变形的坡体浅层
折断—碎裂破裂	倾倒岩体发生强烈的折断碎裂变形，局部变形强烈者可沿陡倾坡外的张裂带产生不同程度的碎裂位移。这类破裂现象仅发生在倾倒变形极为强烈的坡面浅表层
剪切—滑移	在倾倒岩体内部某些倾向坡外的缓倾角结构面（断层或裂隙）较为发育部位，上盘岩体在强烈的倾倒弯矩作用下，沿结构面向临空方向发生倾滑位移

岸坡倾倒变形体典型破坏类型示意如图 2.13 所示。

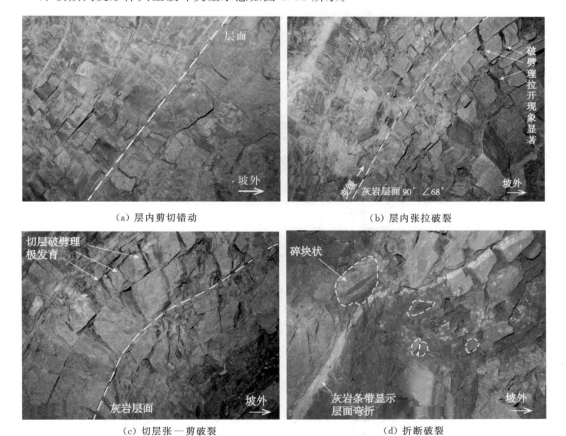

（a）层内剪切错动　　　　　　　（b）层内张拉破裂

（c）切层张—剪破裂　　　　　　　（d）折断破裂

图 2.13　岸坡倾倒变形体典型破坏类型示意

2.4.2　倾倒变形程度分带

目前，关于倾倒变形体倾倒变形程度的划分尚未有统一标准，结合工程实践，一般倾倒变形体按倾倒程度、碎裂程度及风化等特征可划分为以下几个倾倒变形带：

（1）极强倾倒变形带（倾倒坠覆带、岩体松动变形带）：表现出极为强烈的倾倒—折断破裂，岩体强烈拉张破裂、松弛解体，架空现象明显，大量充填块碎石及角砾、岩屑。变形严重者，破裂带以上岩体与下伏变形岩体分离，并可发生重力碎裂位移。这类变形破裂主要分布在坡体的浅表层，属强风化岩体。

（2）强倾倒变形带：岩层普遍发生较强烈的倾倒张裂变形，岩层之间张裂变形、内部拉张破裂，局部折断，岩层发生错位，挤压破碎带集中发育，斜坡浅层部位沿倾向坡外的节理发生明显切层发展的张性剪切变形，一般属弱风化上段。

（3）弱倾倒变形带：岩层发生连续性倾倒变形，张裂变形发生在层内，总体上处于弱卸荷状态，岩体具有相对较好的整体性，层内岩层基本上不发生明显的宏观张裂变形，或形成微量变形的张裂缝。这类变形属倾倒变形程度较弱的情况，一般发生在倾倒岩体的深部，一般属弱风化。

（4）正常岩带：岩层中原有的各类结构面发生局部轻微的张裂变形，岩体未发生倾倒，总体上仍保持较好的整体性，以层状结构为主，一般属微风化—新鲜。

以溪洛渡星光三组倾倒变形岸坡为例。根据地质测绘成果，按岸坡倾倒变形破坏强烈程度的差异将星光三组岸坡倾倒变形划分为极强倾倒变形带（倾倒坠覆带）、强倾倒变形带、弱倾倒变形带和正常岩带，见表 2.16 所示。

表 2.16　　　　　　　　　　　　　星光三组岸坡倾倒变形分级标准表

分级 指标	极强倾倒变形带	强倾倒变形带	弱倾倒变形带	正常岩带
岩体结构及变形特征	表现出极为强烈的倾倒—折断破裂，岩体强烈拉张破裂、松弛解体，岩体原有结构遭受破坏，局部岩体仍保持原始岩体结构特征，浅表层发生崩塌破坏	普遍较强烈的倾倒张裂变形，岩层之间张裂变形、内部拉张破裂，局部折断，岩层发生错位，倾向坡外的张剪性破裂面一般不甚发展或局部发育	岩层发生连续性倾倒变形，岩层内发生张裂变形，总体上处于弱卸荷状态，岩体具有相对较好的整体性	岩体中原有的各类结构面发生局部轻微的张裂变形，岩体未发生倾倒，总体上仍保持较好的整体性
结构类型	碎裂结构为主、局部散体结构	碎裂结构，局部镶嵌结构	镶嵌结构，局部碎裂结构	层状结构
卸荷	强卸荷	总体强卸荷，局部弱卸荷	弱卸荷	局部松弛变形
风化	强风化	总体弱风化	弱风化	微风化—新鲜
地震波波速 V_P/(m/s)	800～1100 或无法测试	1100～1800	1800～2000	>2000

各平洞所揭示倾倒变形岩体特征及分带见表 2.17 所示。

2.4.3　成因机制分析

倾倒变形体是边坡变形破坏中的一种典型现象。其形成机制是（似）层状岩体在自重产生的弯矩作用下，由前缘开始向临空方向作悬臂梁弯曲，并逐渐向坡内发展，最终发生倾倒破坏。基于已有研究成果及工程实例，倾倒变形体的成因主要受地形条件、岩性组合

表 2.17　星光三组岸坡平洞勘探揭示倾倒变形层度度划分表

平洞编号	极强倾倒变形带 洞段/m	极强倾倒变形带 岩体特征	强倾倒变形带 洞段/m	强倾倒变形带 岩体特征	弱倾倒变形带 洞段/m	弱倾倒变形带 岩体特征	正常岩带 洞段/m	正常岩带 岩体特征
PD01	0～30	破劈理发育，岩体破碎、松池、近似散体结构，但仍保持原始地层结构特征。充填次生泥。发育3条剪切地始测地层错动带。无充填。见架空1～14m、19～21m和24～30m顶拱跨塌。0～15m地震波平均波测1060m/s	30～100	破劈理发育，多张开，且见错位和重力分异现象。平洞完工后，至2016年3月26日，沿f₂发生底板形成宽1～2cm，高差约1.0m顶拱跨塌。53.5～55m出现顶拱跨塌。地震波平均波速1550m/s	100～168	岩体结合紧密，裂隙微张，局部发育破碎带里。局部错动带。沿剪切错动带存在剪切错动现象。132m和137m附近出现顶拱跨塌。地震波平均波速1590m/s	168～252.5	段内岩体结合紧密，裂隙张、微张。规模小、延伸顺直。平洞架空，未出现架空板。未出现顶拱跨塌。地震波平均波速2810m/s
PD02	0～24.5	段内岩体破碎，破劈理张开。裂隙张开，一般2～5mm，似散体结构，但仍保持原始地层结构特征。发育4条剪切错动带。裂隙发生5～50cm的错动。0～19.5m顶拱跨塌。其后平均波速930m/s	24.5～145	破劈理发育，裂隙张开、微张。发育24条剪切错动带，多以张起台位。最大约80cm。发育141m岩层折断，倾角由66°变为31°。27.5～31m，141～142.5m和144.5～145m顶拱跨塌。地震波平均波速1500m/s	145～180	段内裂隙不发育，挤压破碎带微张，一般1～3mm。剪切错动带不发育。多张以张～微张。发育（2条）剪切贯通三壁。地震波平均波速1590m/s	180～202.4	裂隙不发育，层夹裂隙局部微张。剪切错动带不发育，形式出现，剪切错动带不发育。未三壁贯通。地震波平均波速1460m/s
PD03	0～25	裂隙发育，多张开。松池、岩体破碎、似散体结构，多保持原始地层结构。发育4条剪切错动带，17～20m顶拱跨塌。地震波平均波速1170m/s	25～87	破劈理发育，宽3～15mm，挤压破碎带发育。发育6条剪切错动带，且见以裂隙带位1～3cm。见架空1～3cm，25～30m顶拱跨塌。地震波平均波速1810m/s	87～301	层面裂隙微张～张开；裂隙微开，结构面错动带不发育。多张以张开。多张隙出现。发育（2条）剪切带。多裂隙贯通，283m J18和287m J19波折断。地震波平均波速1590m/s		
PD04	0～15	岩体破碎、松池，局部严重锈染。裂隙面严重充填泥。剪切错动带。见架空，沿剪切错动带0～14m顶拱跨塌无法测试	15～85	裂隙（层面裂隙～微张。张开为主）剪切错动带发育。宽一般3～10mm，77～79m剪切错动带。82～85m顶拱跨塌。地震波平均波速1440m/s	85～182	岩体结合较紧密，局部破碎，裂隙发育（层面裂隙为主）。该洞段出现4段顶拱跨塌。地震波平均波速1820m/s	182～202	岩体完整性相对较好，裂隙微张～张开。发育2条剪切错动带，顺直。未发生跨塌。地震波平均波速1700m/s
PD05	0～28.5	岩层弯曲现象普遍，岩体破碎、松池，但多保持原始地层结构特征。裂隙发育，张开2～10mm，多充填次生泥。剪切错动带发育，沿层面两侧普遍发育。见架空。地震波平均波速1250m/s	28.5～97	岩体结合～微张，破劈理发育（层面裂隙为主），局部错动带1～3mm，但规模小，连通性较好或以裂隙集密发育。地震波平均波速1830m/s			97～250.5	岩体结合紧密，裂隙多闭合。局部微张，裂隙多以挤压顺合为主。剪切错动带仅6条（39条），剪切错动带有限。连通平均波速2260m/s
PD07	0～42	岩体破碎、松池，岩层劈理弯曲现象发育，岩体破碎、似散体结构，多保持原始地层结构特征。裂隙发育，张开2～10mm，多充填次生泥。剪切错动带发育，沿层面两侧普遍发育。发育2条错位。地震波平均波速925m/s	42～101.5	裂隙张开，裂隙发育，张开2～5mm，附泥膜。多充填次生泥，剪切错动带发育。70m附近的拉张裂缝，宽～5cm，72～76m洞段顶拱跨塌。地震波平均波速1370m/s				

及陡倾的岩层组合三个条件的控制。

（1）地形条件。地形条件为倾倒变形提供了临空条件，以岩层走向与坡面呈近平行最为发育。对于反向坡体，其坡度相对较大，以 $40°\sim50°$ 最为发育；而对于顺向坡，由于岩层倾向坡外，坡面陡立时容易发生顺层滑移使坡度减小，故其坡度一般较小，以 $30°\sim50°$ 较为发育。此外，由于发育倾倒变形的顺向坡岩性较软弱，易遭受风化剥蚀，也难以形成陡立斜坡。倾倒变形体坡高数百米，在纵剖面上多为凸形坡，坡面完整性差。倾倒变形受微地貌影响显著，两侧冲沟发育的孤立脊状山体、河流凸岸、两河流交汇的单薄山脊处均容易发生倾倒变形（图 2.14）。

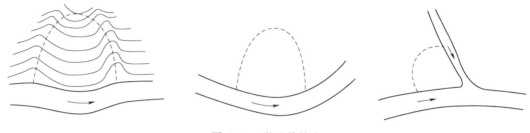

图 2.14　微地貌效应

（2）岩性组合。倾倒变形斜坡多发育在变质岩或板裂化的坚硬岩石中，倾倒体中常见岩性为板岩、千枚岩、片岩、变质（粉）砂岩、泥岩、泥灰岩等，在构造作用或浅表生改造作用下形成的板裂化花岗岩、英安岩、片麻岩、凝灰岩等坡体中也可见倾倒变形，且通常规模较大。倾倒变形体在软岩、似层状脆性岩、软硬互层状或上硬下软的坡体中均有发育，以软硬岩夹层或互层最为常见，这是由其岩性和组合决定的：单一的软弱变质岩容易遭受剥蚀而难以形成高陡坡体，而坚硬的砂岩通常横切结构面发育，难以形成长柱，常见规模较小的倾倒式崩塌，当软硬岩组合时，硬岩可以抵抗风化剥蚀作用而保持坡体高陡，软岩可以防止坡体中快速形成贯通结构面，从而容易形成大型倾倒变形体。

（3）陡倾的岩层组合。倾倒变形体一般发育在层状斜坡、板裂化（节理化）坡体、软弱基座坡体中，在反倾层状坡体中最为常见，这类坡体一般以陡倾软质岩或软硬互层、夹层等型式出现。近年来在一些由软质岩组成的陡倾顺层岩质斜坡中发现有大量倾倒变形体发育，如白龙江流域顺向坡倾倒变形体；此外，在板裂化（节理化）的各向同性坚硬岩质边坡中也有发育，这类斜坡坡体前缘陡立，临空条件较好，坡体在漫长的地质年代过程中遭受地质构造运动或发生了显著的卸荷与表生改造，岩体发生板裂形成似层状结构，在长期地质演变过程中，与倾坡外的结构面组合可形成倾倒变形体，如拉西瓦果卜岸坡、如美水电站岸坡、小湾饮水沟等；对于软弱基座坡体，软岩在上部硬岩重力作用下发生挤压变形，释放坡体应力，压缩过程中又为上部岩体的变形提供了空间，使上部岩体进一步拉裂，有利于岩体发生倾倒变形，如小湾左砂高边坡、乌江渡大黄崖等。

岩体层理或板理发育，完整性差，多为陡立层状或似层状薄—中厚层岩体，顺向倾倒变形体的层厚更小，多为薄层状。岩层倾角一般大于 $50°$，且以 $70°\sim90°$ 最为发育。坡体常遭受较强地质构造，坡体内部挤压错动带较发育，近坡表常发育缓倾坡外的结构面，且岩体较松弛。

　　基于已有研究成果，倾倒变形体的成因过程可分为四个基本发展阶段，各阶段变形有着不同的破裂力学机制和特征变形现象，其发展过程如下：

　　1）初期卸荷回弹—倾倒变形发展阶段。在河谷下切、岩体卸荷—倾倒变形发展的初期，近直立的层状或板状岩体在自重弯矩的作用下，开始向临空方向发生悬臂梁式倾倒，并由坡体浅表部逐渐向深部发展。由于岩体内成因于构造变形的层内错动带发育（这类结构面是在地壳岩体强烈褶皱变形的产物，均有一定的厚度和明显的泥化现象，且抗剪强度一般较低），极易沿其发生倾向剪切滑移 ［图 2.15（a）］。由于此阶段尚属倾倒变形的初期，由倾倒层面倾滑错动派生的层内岩板拉张效应较弱，不具备产生层间拉张变形的基本应力条件，故通常不发生宏观拉张破裂。

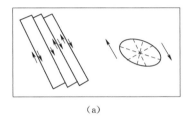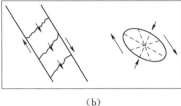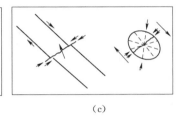

(a)　　　　　　　　　　(b)　　　　　　　　　　(c)

图 2.15　不同倾倒变形演化阶段的破裂型式及力学机制

　　2）倾倒—层内拉张发展阶段。随着岩体倾倒变形的进一步发展，底部滑移控制面开始发生倾向剪切位移。受此影响，前期已经发生倾倒变形的板状岩体，在重力弯矩和底部剪切滑移的共同作用下，"悬臂梁"式倾倒变形加速发展。沿片理面及软弱岩带的剪切作用逐渐加剧，导致层内拉张效应渐趋强烈，错动面之间的岩板承受拉张应力逐步累积增加，当达到或超过岩板的抗拉强度时，产生拉张破裂或沿已有结构面发生拉张变形 ［图 2.15（b）］。

　　3）倾倒—弯曲、折断变形破裂发展阶段。岩体倾倒变形的持续发展，必将导致作用于岩板的力矩随之增大。当作用于岩板根部的力矩超过该部位的抗弯折强度时，沿最大弯折带形成倾向坡外的断续变形破裂带 ［图 2.15（c）］。就力学机理而言，这类变形破裂具有拉张或张剪性质。此时，该破裂面已经开始发展成为控制坡体稳定的张—剪应力集中带。

　　此阶段沿片理面及软弱岩带的剪切作用变得十分强烈。层间岩板除继续承受拉张作用外，剪切效应逐渐增强。破裂型式转变为沿已有的缓倾角节理发生张剪性破裂或倾滑剪切位移，持续发展必然切层。

　　4）底部滑移—后缘深部折断面贯通破坏发展阶段。经过倾倒—弯曲、折断变形发展阶段后，倾倒变形已相当强烈。岩板根部的折断破裂面将持续发展并与后缘拉裂贯通，最终形成统一的张剪性破坏面。此阶段，受这类倾向坡外的破裂面控制的持续倾倒变形，实际上已整体转为"滑移—拉裂型"变形破坏。

2.4.4　潜在失稳模式分析

　　具有不同的坡体地质结构和岩性组成的潜在倾倒变形斜坡，根据岩体变形破裂特征及其组合，岩体倾倒变形的失稳模式具有差异，主要有弯曲—拉裂和压缩—倾倒两大类。

　　根据统计，容易发生倾倒变形的坡体结构主要有：陡倾反向斜坡、陡倾顺向斜坡、板裂化斜坡、软弱基座斜坡。根据坡体地质结构、变形破坏特征，结合岩体变形破裂地质力学机制，将倾倒变形体具体的潜在失稳分为弯曲—拉裂—剪切模式、倾倒—折断—剪切模式、卸荷—弯曲—倾倒模式、压缩—弯曲—倾倒模式以及压缩—拉裂—倾倒模式等五类，见表 2.18。

表 2.18　　　　　　　　　　　　　倾倒变形体失稳模式一览表

失稳模式	坡体地质结构	坡体变形特征	形成机理	典型实例
弯曲—拉裂—剪切	陡倾坡内层状斜坡，由软硬岩夹（互）层组成，层厚不大	坡表形成与岩层走向较一致的裂缝和反坡台坎，岩层倾角从坡表向内逐渐增加，变形整体上呈连续弯曲	自重作用下硬岩发生弯曲拉裂和张剪破坏，裂缝追踪既有裂隙并切穿软岩，形成剪切面，剪切面逐渐贯通形成潜在蠕滑面	锦屏一级水电站倾倒体、苗尾水电站右岸倾倒变形体、乌弄龙倾倒变形体
倾倒—折断—剪切	板裂化硬岩斜坡，结构面近直立，层厚不大	坡表形成与结构面走向较一致的裂缝和反坡向陡坎，岩层倾角从坡表向内增加，根部折断，有倾角突变现象，坡表多形成坠覆体	自重作用下岩层发生脆性折断、张裂，坡体逐渐松弛，裂隙追踪既有裂缝并切层，形成剪切裂缝，裂缝逐渐扩展形成潜在蠕滑面	拉西瓦果卜岸坡倾倒变形体、糯扎渡水电站倾倒变形体、小湾引水沟倾倒变形体
卸荷—弯曲—倾倒	陡倾顺向斜坡，由软岩或软硬岩互（夹）层组成，层厚较小，风化卸荷严重，常发育在河谷快速下切的地质环境中	近坡表的变形岩层倾坡内，变形深度较小的坡体，岩层多在根部折断，倾角有突变；变形深度大的坡体，倾角一般呈连续变化	河谷快速下切卸荷造成岩层向临空方向初始弯曲变形，坡体在时效变形过程中逐渐松弛导致坡脚附近岩层应力集中，发生弯剪破坏，上部岩体在自重弯矩下进一步发生弯曲拉裂或折断	怒江俄米水库 1 号变形体及格日边坡、白龙江流域的顺向倾倒变形体
压缩—弯曲—倾倒	坡体中下部发育软弱岩层（夹层）的反向层状斜坡	下部软弱基座遭受不均匀压缩，近坡表部分变形较大。上部岩层弯曲变形，越靠近坡表变形越大，且上部岩体变形量大于下部岩体	下部软岩在上覆岩体重力作用下发生不均匀压缩，近坡表变形大，导致上部岩层发生弯曲拉裂	紫坪铺水库倾倒变形边坡、小湾左砂高边坡
压缩—拉裂—倾倒	下部发育近水平软弱岩体，上部岩体较完整，其后缘发育近竖直裂缝将上部岩体切割成"岩柱"	下部软弱基座发生压缩变形，靠近坡表部位变形较大，出现挤压破碎现象，岩柱顶部水平位移大于竖直位移	下部软弱基座在上部岩体重力作用下发生非均匀压缩，岩柱背面裂隙发生张拉，上覆岩体遭受倾覆力矩作用	索风营 2 号危岩体、乌江渡大黄崖

　　（1）弯曲—拉裂—剪切失稳模式。弯曲—拉裂—剪切型失稳模式是在倾倒变形体中最为常见的，多发育在具有反倾薄—中厚层状的软硬互（夹）层坡体结构中。这类坡体坡高数百米，坡角常大于 40°，一般由板岩、千枚岩、片岩、泥岩等软弱岩体与砂岩等硬岩组成，岩层厚度不大，倾角一般为 50°~90°。在变形过程中，硬岩发生层内张拉破裂，或沿横切节理张开，软岩由于具有一定的柔韧性可限制裂隙的切层扩展，随着变形的发展，软岩在剪切力作用下逐渐被切穿，坡体发生蠕滑变形。坡体的变形破裂表现为延性破坏的特征，宏观上属于连续变形的范畴。其失稳模式如图 2.16 所示。多数软硬互（夹）层的反倾层状斜坡倾倒变形体都属于该类模式，以锦屏一级水电站、苗尾水电站、乌弄龙水电站

等反倾岩质高边坡较为典型。

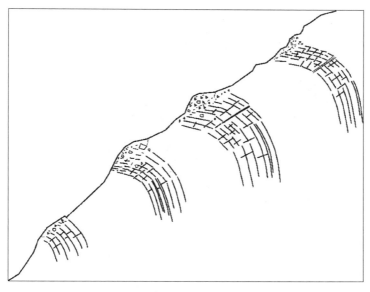

图 2.16　弯曲—拉裂—剪切失稳模式

此类破坏失稳机理为：岩层在自重作用下发生弯曲变形，出现层间错动，坡体内应力调整，使坡脚和硬岩中应力相对集中。硬岩变形协调能力差，从坡脚附近率先开始发生层内张拉破坏，坡脚附近的变形为中上部岩层变形让出了空间，使得层内拉裂破坏现象逐渐向坡体中上部发展。坡脚部位受集中应力作用，裂缝追踪层内拉裂面扩展至软岩中，形成切层的张剪破裂。随着坡体逐渐松弛，张剪破裂向坡内延伸并不断扩宽，形成剪切带。由于岩层和坡度均较陡，在不断变形过程中坡体内可能出现二次折断面，即不统一的"滑面"。

此类失稳模式的岸坡具有反倾层状结构，层厚较小，多由板岩、千枚岩、泥岩、砂岩等软硬岩夹（互）层组成。岩层较陡立，常在 50°以上，且以 70°~80°的坡体最为发育。坡体高陡，两侧受冲沟或河流切割，临空条件较好。

（2）倾倒—折断—剪切失稳模式。倾倒—折断—剪切型失稳常发育在板裂化（节理化）硬岩斜坡中，其岩板变形破裂主要表现为脆性破坏。岩体结构面通常较为陡立，是较完整的坚硬岩在构造运动或风化卸荷等作用下形成的构造节理或表生节理。这类坡体的岩性通常较为坚硬刚脆，通常为板裂化的花岗岩、英安岩或片麻岩等坚硬岩，节理发育密集，板厚通常较小。其变形过程与弯曲—拉裂—剪切型较为相似，最大的不同点在于岩板硬脆，稍有弯曲即发生折断。一系列脆性破坏的薄板在宏观上仍表现为似连续状的倾倒破坏，但在局部可观察到岩板的折断破裂，岩板倾角可发生突变，其失稳模式如图 2.17 所示。这类失稳模式以拉西瓦果卜岸坡、如美水电站、糯扎渡水电站、小湾水电站饮水沟等水电岩石高边坡倾倒变形体为代表。

此类模式失稳机理为：板裂化坡体在时效变形过程中发生应力分异，坡表逐渐松弛，坡脚部位产生应力集中，应力集中带沿垂直岩板的方向向坡内延伸。坡脚部位的岩板在集

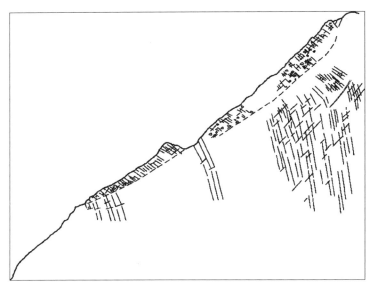

图 2.17　倾倒—折断—剪切失稳模式

中应力和弯曲拉应力共同作用下首先发生张剪破坏，近坡表的岩板破坏后内部岩板临空条件变好，发生"多米诺效应"，依次向坡内发生张剪破坏。与此同时，坡体更加松弛，坡体上部岩板在弯曲变形作用下发生不切层的层内折断张裂，随着变形的进一步发展，某些岩板逐渐发生多段拉裂破坏，且裂缝追踪拉裂缝并切穿相邻岩板，发生切层张剪破坏。坡脚的剪切破坏面在变形过程中逐渐延伸、拓宽，但由于岩板陡立，在折断过程中难以形成相互搭接的剪切带，更倾向于形成多级的不统一"滑面"，故坡体较难发生整体滑移。

此类破坏模式岸坡一般由岩性硬脆的板裂化岩体组成，岩板近直立，厚度较小。坡高较大，通常为数百米，且河流下切迅速，坡度较陡，前缘临空条件较好，岸坡卸荷比较充分，岩体松弛。

（3）卸荷—弯曲—倾倒失稳模式。卸荷—弯曲—倾倒失稳模式常发生在陡倾顺向斜坡中，之所以强调"卸荷"，这跟顺向坡倾倒变形发育的地质环境有着极为密切的联系。顺向坡倾倒变形常形成于"河谷快速下切的强烈卸荷环境"中，这是岩层发生初始倾倒变形的重要原因。软岩在河谷下切过程中发生卸荷回弹，导致岩层发生初始的向坡外的弯曲变形，与此同时坡体逐渐松弛，后缘坡体经长期变形逐渐有滑移趋势，并向前缘陡倾岩层施加土压力，使得已经发生初始弯曲形变的岩层在各种作用下进一步弯曲倾倒。该类失稳模式如图 2.18 所示，以白龙江流域、黄河羊曲水电站、怒江俄米水电站的各顺层水电岩石高边坡倾倒变形体为代表。

此类破坏模式的失稳机理为：由板岩、千枚岩、泥岩等软质岩体组成的斜坡在河谷快速下切过程中，原岩应力快速释放，使得这些被压缩的薄板向河谷方向作悬臂梁式的初始弯曲变形，弯曲过程中坡表一定深度的岩层间相互错动、松弛，坡脚部位岩体在卸荷回弹和岩体自重作用下发生拉剪破坏。随着河流不断下切，坡体进一步松弛，坡体中部岩体在卸荷和重力作用下逐渐发生拉剪破坏，形成缓倾坡外结构面，坡体顶部岩体在卸荷作用下发生拉张破坏。随着变形的发展，坡体更加松弛，坡表形成一系列缓倾坡外的张剪结构面。坡表松弛卸荷导致弯曲形变向深处发展，使得坡体一定深度范围内的岩层发生拉张破裂，形成垂直岩层的裂缝。由于岩层最初是倾向坡外的，当其在变形过程中逐渐翻转到倾向坡内时，其弯折角度已达到很大量值，岩体发生折断。至此，岩体已十分松动，强度强烈降低，碎裂岩体发生坠覆，坡体在重力作用下发生剪切滑移破坏。

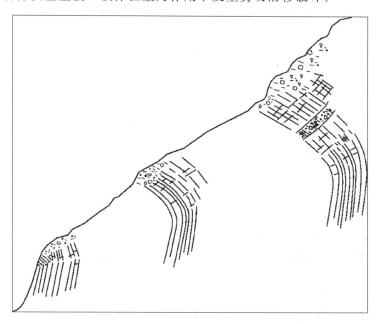

图 2.18　卸荷—弯曲—倾倒失稳模式

这类坡体岩性软弱，在平洞内常能观察到连续弯曲变形现象，但对于倾倒深度较浅的坡体，在露头处能观察到较为明显的折断面，如水泊峡 7 号滑坡和青崖岭滑坡，岩层倾角突变明显，这一点与反倾坡倾倒变形的表现有明显区别。与前几类坡体相似，倾倒变形一般在坡体中上部发育深度较大，坡顶和坡脚深度较小，总体上形成一个弧形的潜在滑动面。

此类破坏模式岸坡一般为顺向坡，坡体高陡，坡高数百米。岩性通常为软弱的板岩、千枚岩、砂板岩互层等，岩层厚度较小，风化卸荷强烈，岩体破碎。岩层倾角较陡立，通常为 60°以上，坡体前缘一般较为陡立，纵剖面呈凸起形，冲沟发育，临空条件较好。河谷快速下切，岸坡强烈卸荷。

（4）压缩—弯曲—倾倒失稳模式。该类失稳模式主要发生在具有软弱基座的倾坡内层状坡体中，下部软弱层状岩体在上部岩体压力作用下发生不均匀压缩变形，导致上部岩层逐步发生弯曲倾倒变形，失稳模式如图 2.19 所示。这类变形失稳模式主要见于岷江紫坪铺进水口、溢洪道边坡等由砂岩和炭质页岩组成的软弱基座坡体、澜沧江小湾水电站左砂高边坡及金沙江虎跳峡龙蟠坝址右岸斜坡等水电高边坡中。

该类破坏模式的失稳机理为：具有软弱基座的反倾斜坡，其下部软弱的岩层在差异风

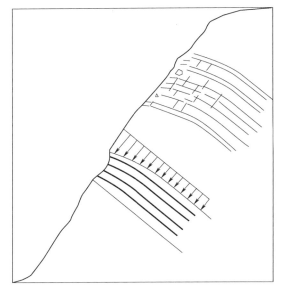

图 2.19　压缩—弯曲—倾倒失稳模式

化、人工采矿等作用下被掏空，或在平行于坡面的最大主应力作用下发生压缩变形（这种压缩变形通常是非均匀的，坡表附近较大），给上部岩层的变形让出了空间。上部硬岩层在自重作用下逐渐发生类似悬臂梁的弯曲变形，使岩层发生层间错动。这种变形使得坡体上部受拉，坡脚受剪。随着变形的发展，硬岩在弯曲拉应力、层间剪切力等作用下发生层内张拉破裂。坡脚部位应力集中，产生剪切裂隙。随着变形持续发展，坡体逐渐松弛，岩层在下滑剪力作用下发生切层破坏，形成倾向坡外的剪切结构面。随着变形的进一步发展，剪切面逐渐相互贯通、拓宽，形成剪切带，岩体可能沿剪切带发生整体蠕滑变形。

岸坡要发生该类倾倒变形，需发育有软弱基座，或坡体下部有采空区等。岩层倾向坡内，且上部岩层厚度不大，岩质较软弱，坡面较为陡立。

（5）压缩—拉裂—倾倒失稳模式。压缩—拉裂—倾倒失稳模式主要发生于下部具有软弱夹层而上部岩体发育近直立结构面的坡体，或竖直结构面发育的"三明治"结构坡体中。软弱夹层的压缩导致上部岩体承受倾覆力矩，有向临空面转动的趋势，进而使背面的结构面承受拉应力而逐渐扩展至软弱基座面，从而导致孤立的岩体根脚不稳而倾倒，失稳模式如图 2.20 所示。这类变形失稳模式见于乌江索风营水电站2 号危岩体以及乌江渡水库大黄崖高陡边坡。

此类破坏模式失稳机理为：软弱岩层受到上部硬岩的压力作用而发生压缩。由于临空条件很好，坡面上几乎没有"侧限"，导致软岩在压缩过程中逐渐向坡外挤出，在挤出的同时使得近坡表部位的软岩压缩变形量更大，从而导致上部岩体承受倾覆力矩的作用。在倾覆力矩作用下，软弱基座进一步承受非均匀的基底压力，继

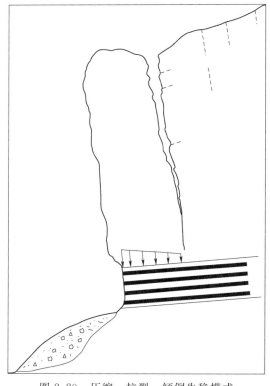

图 2.20　压缩—拉裂—倾倒失稳模式

续发生非均匀压缩变形。底部软弱基座受压缩—剪切作用而发生破碎，其破裂面逐渐向上发展，同时，结构面在端部集中应力作用下不断扩展直到结构面切穿上部硬岩到达软弱基座顶面，至此柱形与山体完全脱离，岩柱在倾覆力矩作用下可能发生倾倒破坏。

一般来说，容易发生该类倾倒变形的岸坡坡面陡立，具有软弱基座，或坡脚部位发育缓倾软弱结构面，且结构面近坡表部位发生风化剥蚀，已部分掏空的情况。岩体背面发育有近直立结构面，使岩体被切割成孤立的岩柱。

2.5　稳定性分析与评价

倾倒变形体岸坡的稳定性分析主要可分为定性分析和定量分析，其中定量分析包括极限平衡分析及数值模拟分析。

2.5.1　宏观地质评价

倾倒变形岸坡稳定性的定性评价主要为宏观地质评价，主要依据岸坡表部及内部的变形特征及程度，对倾倒变形岸坡进行定性评价。本节以溪洛渡星光三组倾倒变形岸坡的稳定性定性评价为例，说明倾倒变形体岸坡的宏观地质评价方法及过程。

2.5.1.1　星光三组岸坡地表变形调查

星光三组岸坡的变形自 2013 年蓄水以来，坡体变形裂缝一直处于变化之中，基于此，对岸坡进行蓄水以来的地表调查及测绘。

1. 溪洛渡水库蓄水过程

溪洛渡水库于 2013 年 5 月 4 日开始蓄水，起始库水位 440.00m。2013 年 6 月 23 日，水库水位蓄至死水位 540.00m，2013 年 7 月至 10 月底，库水位在 540.00m 附近，2013 年 10 月下旬至 12 月上旬，水位逐渐升至 560.00m 汛限水位。2013 年 12 月上旬至 2014 年 4 月上旬水位在 560.00m 附近运行；4 月上旬至 5 月中旬库水位由 560.00m 下降至 540.00m；6 月上旬至 9 月下旬水位由 540.00m 上升至正常蓄水位 600.00m；9 月下旬后水库进入正常运行时段，库水位在 540.00～600.00m 变化。水位上升期，库水位日升幅多在 2m 以上，最大超过 4m。水位下降期，库水位日变幅 0.5～1m。水库蓄水过程曲线如图 2.21 所示。

2. 岸坡 2013 年变形特征

溪洛渡水库于 2013 年 5 月开始蓄水，2013 年 6 月 23 日蓄水至高程 540.00m。2013 年 6 月 16 日，永善县务基镇捏池村星光三组发现土地开裂现象，同期水位 526.70m，库水抬升 126m。

2013 年 6 月调查发现，岸坡分布有三条一定规模的拉裂缝，裂缝延伸方向 N20°E～N10°W，分布位置如图 2.22 所示。

LF_3 裂缝位于胡常银民房后，分布在高程 1060.00m 附近，长约 30～40m，宽度约 1～2cm，呈羽列状断续分布；LF_2 裂缝位于杨家寨堡附近，分布在高程 1150.00～1170.00m 附近，长约 100m，一般宽 3～5cm，最大达 8cm，地面下座约 5cm；裂缝致使民房墙体变形，墙体裂缝由 1.5cm 发展至近 5cm；LF_1 裂缝位于杨万友民房后，分布在高程 1220.00～1230.00m，长约 70m，宽 1～3cm，最宽约 20cm。2013 年 3 月 26 日岸坡

51

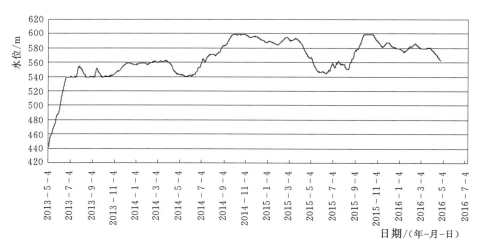

图 2.21　水库蓄水过程曲线

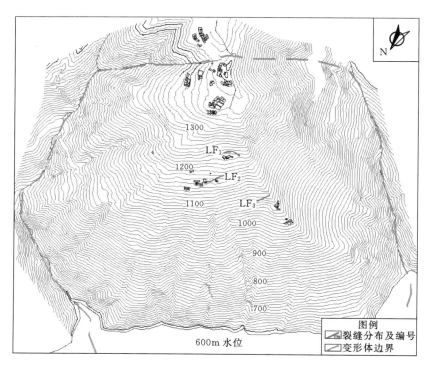

图 2.22　2013 年岸坡主要裂隙分布

主要裂缝变形情况如图 2.23 所示。

3. 岸坡 2014 年变形特征

2014 年 2 月现场调查表明：岸坡变形破坏发生了较大的变化。主要表现为：

（1）变形范围有所扩大。

（2）高程 1365.00m 张家堡堡缓坡平台（星光二组）出现裂缝。

（a）LF₃   （b）LF₂   （c）LF₁

图 2.23 岸坡主要裂缝变形情况

（3）LF₁ 向下游发展至原星光小学附近。

2014 年 3 月调查表明，岸坡发育具一定规模的裂缝 7 条（图 2.24）。分布高程为 1365.00m（缓坡平台 2 条）、1190～1233m、1170～1190m、1130～1190m、1090～ 1130m 和 1050～1100m。其他随机裂缝多处可见。整体上，上述裂缝延伸方向 N20°E～ N10°W，与地层走向呈小角度相交。

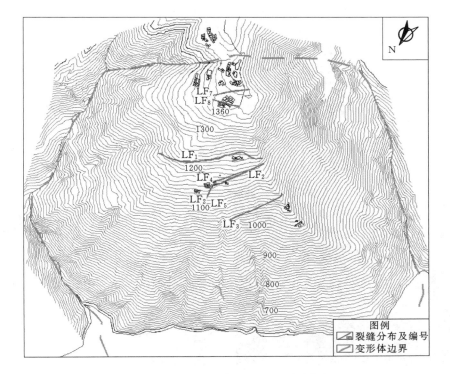

图 2.24 2014 年岸坡主要变形裂缝分布

1）LF₁裂缝：分布高程1190.00~1233.00m，上游起自耳子山山脊，下游止于原星光三组小学附近，长约500m，宽度一般5~10cm，最宽达50cm，裂缝多形成10~20cm高的错台，最高达1.6m，裂缝最大可见深度约1m。裂缝致使岸坡中部引水渠多处断裂，最大宽度约60cm，下游原星光小学墙体和地面拉裂严重。

2）LF₂裂缝：分布高程1130.00~1190.00m，裂缝上游起于山脊左侧，下游止于杨家寨堡以下，长约700m，宽度一般10~20cm，最宽达40cm，错台高度一般10~30cm，可见深度大于2m。沿该裂缝拉裂破坏较为严重，穿越杨家寨堡部位致使房屋倒塌、水窖塌顶，水窖裂缝的深度大于2m。

3）LF₃裂缝：分布高程1050.00~1100.00m。裂缝上游起于胡常银民房后平台，下游止于窝西图沟沟尾，长约320m，一般宽5~10cm，最宽30cm，多处形成反向错台，错台高度20~50cm。裂缝自2013年6月以来变化较为明显，裂缝两侧发育2个近圆形陷坑，分别是直径约1m，深约80cm和直径约60cm，深约1m。

4）LF₄裂缝：裂缝起于杨家寨堡后高程1170.00m附近，向上游延伸至1190.00m止于LF₂裂缝。长约200m，一般宽3~5cm，下游段宽5~10cm，且形成高5~10cm的错台，上游段连续性较差。

5）LF₅裂缝：分布高程1090.00~1130.00m，长约230m，一般宽3~8cm，最宽达30cm，可见深度大于1m，且多形成高约10~50cm的反向错台。

6）LF₇裂缝：裂缝分布于1365.00m平台张家堡堡林万才民房后耕地内，长约170m，宽2~5cm，可见深度30cm。据访，裂缝产生于2014年2月下旬。

7）LF₈裂缝：位于LF₇裂缝外侧约30m，两裂缝近于平行展布，长约120m。裂缝致使地面和房屋拉裂破坏。从围墙上简易监测看，2013年12月底至2014年3月变形量增加了约1cm。

同期，桃儿坡沟沟口山脊高程850.00m以下出现多条裂缝，临沟侧变形垮塌严重（图2.25）；2014年6月开始，在岸坡下游侧红岩沟沟口发生渐进式的垮塌（图2.26），至2015年9月，垮塌高程最高716m，面积约2万m²。另外，在胡常银民房后平台山脊临沟侧发现3条基岩拉裂缝（图2.27）。裂缝以70°~80°倾角纵向延伸，宽4~20cm，可见深度大于1m；外侧两条长度有限，内侧裂缝连通性好，向上延伸与山脊相交。向下在高程1070.00m附近为第四系松散堆积覆盖。

图2.25 桃儿坡沟口的垮塌变形破坏

图2.26 红岩沟沟口垮塌状况

图 2.27　胡常银民房后山脊内侧基岩拉裂缝分布位置

4. 2015 年岸坡变形特征

2015 年 10—11 月，在进行星光三组岸坡工程勘察研究时，对岸坡产生的变形破坏进行了系统的调查。调查表明：在调查间隔时间内（2014 年 3 月至 2015 年 10 月），由于人类活动等原因的影响，岸坡原有地表变形痕迹难以进行全面的对比调查，但从保存的有限痕迹对比看，岸坡仍处于持续变形阶段（表 2.19）。主要表现如下。

表 2.19　　　　　　　　　　　　星光三组岸坡裂缝发展变化对比表

编号	2013 年		2014 年		2015 年	
	长度/m	宽度/cm	长度/m	宽度/cm	长度/m	宽度/cm
LF$_1$	70	1～3（最宽 20）	500	5～10（最宽 50）	—	最宽 110
LF$_2$	100	3～5（最宽 8）	700	10～20（最宽 40）	—	20～30
LF$_3$	30～40	1～2	320	5～10（最宽 30）	—	20～30
LF$_4$	—	—	150	上游 3～5，下游 5～10	—	—
LF$_5$	—	—	230	3～8（最宽 30）	—	20～30
LF$_7$	—	—	100	2～5	—	3
LF$_8$	—	—	50	1～3	—	地面 5 墙体 3～10

（1）高程 1365.00m 张家堡堡平台变形发展状况。

高程 1365.00m 张家堡堡多处存在变形破坏持续发展的趋势。2014 年 3 月，张明发民房地面、围墙 LF$_8$ 裂缝宽 1～3cm。2015 年，地面裂缝最宽约 5.0cm，外高内低；围墙裂缝发展至 3～10cm，上宽下窄，且向上游侧方向错位 1～2cm。民房间小路被错断，裂缝宽 3.0cm 左右，下错高 3～5cm，外高内低。路边未完工的民房地面、墙体均出现新的拉裂变形，宽 0.3～0.5cm。

林万才民房后水泥便道 LF$_7$ 裂缝在 2014 年 4 月宽 2～3cm，裂缝在耕地内断续向上游方向延伸，拉断了所经过的水渠。2015 年调查，水泥便道破坏严重，裂缝宽 3.0cm 左右，下错 5～10cm，外低内高。

同时，在 LF$_7$ 裂缝后部王家堡堡新增了规模较小的裂缝。

（2）斜坡裂缝变形破坏发展状况。

LF$_1$ 裂缝在 2014 年宽一般 10～20cm，下错高度 40～60cm；原星光小学地面、墙体裂缝宽 3cm 左右。2015 年，裂缝最宽达 1.1m，下错高度达 2.5m；原星光小学地面、墙体裂缝宽 3～5cm，下错约 30cm，外低内高。

LF$_2$ 裂缝在 2014 年一般宽 10～20cm，下错高度 10～30cm。2015 年裂缝发展为宽一般 20～30cm，下错高度 50～80cm；杨通万房屋附近，裂缝宽 10～20cm，下错 30～50cm，旁边水窖拉裂缝宽 20cm 左右。

LF$_3$ 裂缝 2014 年一般宽 5.0～10cm，下错高度 50～70cm，外高内低。2015 年发展为一般宽 20～30cm，下错高度 50～60cm，最高达 1.1m。

此外，在 LF$_1$ 裂缝外（杨万友房前）新增一裂缝。裂缝长约 50m，宽 4.0cm 左右，裂缝穿越的墙体宽 7～15cm，拉裂废弃的水窖。

（3）上游侧桃儿坡沟沟口垮塌范围变化。

经过现场调查，上游侧桃儿坡沟沟口垮塌范围有明显的增大，垮塌高度达 845m。

综上所述，根据野外地质调查资料统计分析表明，星光三组岸坡发育的裂缝总体方向为 N10°W～N20°E，与岩层走向一致，且 LF$_3$、LF$_5$ 等具有反坡台坎现象，表明边坡变形来自于基岩，且目前边坡变形仍受下覆岩体结构控制，边坡主要变形方向是向上游桃儿坡沟沟口方向，而与最大临空方向（临江侧）关系较小。

2.5.1.2 星光三组岸坡内部变形调查

1. 平洞揭示变形特征

平洞 PD01 位于 1 勘探线，洞口高程 1044.29m，洞向 S62°E，与岸坡近于垂直，洞深 252.2m。0～137m 岩性为寒武系下统龙王庙、大槽河组（$\in_1 l+d$）灰、深灰色灰岩、白云质灰岩夹石膏层，137～252.2m 为沧浪铺组（$\in_1 c$）上部结晶灰岩、泥质条带灰岩、钙质粉砂岩，总体产状：N5°～15°W/NE∠35°～55°，0～100m 段地层倾角 35°～50°，100～252.2m 为 40°～70°。平洞揭示张裂带 22 条，主要集中在 40～48m、50～61m、72～81m 和 133～168m 段。各洞段揭示情况为：

（1）0～30m：由灰、深灰色灰岩组成，薄至中厚层状结构，破劈理发育，裂隙多张开，宽 2～5mm，岩体破碎，松弛，近似散体结构，但仍保持原始地层结构特征，地层倾角 40°～50°。段内发育 3 条张裂带，破碎带宽 5～30cm 不等，充填碎石土、次生泥，见架空；破劈理裂隙间距 10～20cm，张开 3～8cm。段内 11～14m、19～21m 和 24～30m 出现顶拱垮塌。0～15m 地震波无法测试，其后平均波速 1060m/s（图 2.28）。

（2）30～100m：30～85m 段岩性为灰、深灰色灰岩，85～100m 段岩性为灰、黄灰色白云质灰岩，含石膏，中厚层状结构为主，地层倾角 35°～50°。段内破劈理发育，裂隙（主要为层面裂隙）张开—微张，一般 2～3mm，最宽 8cm；发育 9 条张裂带，一般宽 10～30cm，最宽 100～180cm（J12），带内多见 2～5cm 架空，且有层位错动；其中在

55.5m 处的 J6 和 81m 处 J12 的上游壁见重力分异现象。

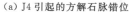

(a) J4 引起的方解石脉错位　　　　　　　(c) J4 剪切带的架空空洞

图 2.28　PD01 揭示变形照片（30～100m）

（3）100～168m：100～115m 为灰、黄灰色白云质灰岩，含石膏；115～137m 为灰色灰岩、白云质灰岩，137～168m 为灰、深灰色结晶灰岩，中厚层状结构为主，地层倾角 40°～68°。段内岩体结合较紧密，裂隙（主要为层面裂隙）微张，局部发育破劈理；发育 8 条张裂带，发育间距较均匀，破碎带宽 20～40cm，局部架空 1～3cm；沿张裂带存在剪切错动现象（图 2.29）。132～134m 和 137～139.5m 洞顶垮塌。地震波平均波速 1590m/s。

(a) J16 在平洞上游壁的折断现象　　　　　(c) J21 剪切带引起的错位

图 2.29　PD01 揭示变形照片（100～168m）

（4）168～252.2m：168～180m 为灰、深灰色结晶灰岩，180～230m 为灰、深灰色泥质条带灰岩，230～252.2m 为钙质粉砂岩，中厚层状结构为主，地层倾角 40°～65°。段内岩体结合紧密，局部层面裂隙微张；仅发育 2 条张裂带，且规模小，延伸短，局部架空。平洞顶拱较顺直，未出现垮塌。地震波平均波速 2810m/s。

平洞 PD02 位于 1 勘探线，洞口高程 847.36m，洞向 S62°E，与岸坡近于垂直，洞深 202.4m。0～44.3m 为寒武系上统二道水组（$\in_3 e$）灰、深灰色白云质灰岩、泥砂质白云岩、灰质白云岩及白云岩，44.3～202.4m 为寒武系中统西王庙组（$\in_2 x$）紫红、砖红色粉砂岩、粉砂质泥岩中部夹白云质灰岩及灰白色石膏，总体产状：N0°～15°W/NE∠50°～70°，地层倾角变化不大。平洞揭示张裂带 31 条，主要集中带在 35～39m、65～68m、85～91m 和 112～118m 段，多见揉皱、弯曲现象。揭示情况为：

（1）0～24.5m：由灰、深灰色白云质灰岩、灰质白云岩及白云岩组成，薄层状结构为主，岩体破碎，松弛，破劈理发育，裂隙多张开，一般 2～5mm，岩体似散体结构，但仍保持原始地层结构特征，地层倾角 45°～70°。段内发育 3 条张裂带，错动带宽 3～10cm，沿错动带层位发生 5～50cm 的错位，最大达 80cm（J2）。0～19.5m 顶拱垮塌。0～20m 地震波无法测试，其后平均波速 930m/s。

（2）24.5～145m：24.5～44.3m 岩性为灰、深灰色白云质灰岩、灰质白云岩及白云岩，44.3～145m 为紫红、砖红色粉砂岩、粉砂质泥岩夹灰白色石膏，薄—中厚层状结构，地层倾角 50°～70°。段内破劈理发育，裂隙（主要为层面裂隙）张开～微张，一般宽 1～4mm；发育 24 条张裂带，破碎带宽 10～30cm，最宽约 50cm，多引起层位错动，错距一般 20～40cm，最大约 80cm。发育在 141～142.5m 的 J16 致使岩层发生折断，岩层倾角由 66°变为 31°。27.5～31m、141～142.5m 和 144.5～145m 顶拱垮塌；多见揉皱、弯曲现象。地震波平均波速 1500m/s（图 2.30）。

 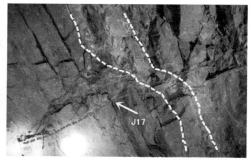

| (a) J16 在平洞上游壁的折断现象 | (c) J21 剪切带引起的错位 |

图 2.30　PD02 揭示倾倒变形照片（24.5～145m）

2. 钻孔揭示变形特征

星光三组岸坡工程勘察钻孔布置中，ZK02、ZK03、ZK06 和 ZK07 钻孔布置在 600～1365m 高程的斜坡上，以了解岸坡岩体破碎程度、地层倾角变化为目的；ZK01、ZK04 和 ZK05 钻孔以查明 1365m 缓坡平台滑坡堆积的厚度、物质结构，滑带土特征及下伏基岩破碎程度、地层倾角变化情况。通过钻孔揭示，钻孔勘探范围内，岩芯多破碎，以碎块、半柱为主，且全部为干孔。其主要原因是倾倒变形破坏了岩体的完整性，加之岩层层厚小，以薄层状结构为主，从而造成了岩芯破碎，岩体透水性也较好，钻孔为干孔。高程 1365.00m 缓坡平台以上揭示的地层倾角一般 45°～50°，局部 35°左右；高程 1170.00m 附近略陡，地层倾角 45°～70°；江边库水位以上地层倾角 70°～80°。地层倾角随高程的增加变得更缓，这与倾倒变形破坏的特征相符。

2.5.1.3　星光三组岸坡变形分区及稳定性宏观评价

结合上述地表及内部的变形调查，根据不同的变形程度，可将倾倒变形岸坡划分为

A、B 及 C 三个区。各区的稳定性宏观地质评价如下。

1. A 区稳定性

A 区代表星光三组岸坡的整体。地表调查，星光三组岸坡 A 区地形起伏小，完整好，垂直岸坡的冲沟短而浅，说明岸坡遭受的改造较为轻微。水库蓄水后岸坡出现的拉裂缝方向 N20°E～N10°W，与岩层走向近于平行，裂缝尚未圈闭，说明岸坡处于时效变形阶段，发生大规模失稳的可能性小。地表分布的基岩地层倾角变缓，一般为 40°～65°，但层序整齐，岩体解体不明显，并未出现层状岩体倾倒变形常见的架空、叠瓦等变形现象，岸坡除局部浅表部位有小规模的崩塌、塌滑变形外，岸坡整体稳定。

钻孔、平洞勘探揭示，勘探范围内岸坡岩体倾向山外的张裂带局部段集中发育，但规模、连通性均较差；三个高程的平洞未揭示到具连通可能的张裂带存在，沿个别张裂带虽有几到数十厘米的错位，但未见较大距离的地层错位。经过倾倒变形破坏的岩体仍具有一定的完整性，说明岸坡岩体变形破坏程度有限，岸坡整体稳定性较好，但岸坡变形仍处于不断发展时段。

下游侧红岩沟口在水库蓄水前已存在局部的失稳破坏，高程 540.00m 附近地形坡度明显变陡。水库蓄水后，从 2014 年 6 月开始，岸坡发生渐进式的垮塌，至 2015 年 9 月，垮塌最高达高程 716.00m，面积约 2 万 m²，说明 A 区局部稳定性较差，水库蓄水后更差。

2. B 区稳定性

岸坡 B 区位于上游侧山脊，整体呈三角形，面积约 32 万 m²。B 区坡面整体较为顺直，起伏较小，但整体坡向地层走向近于垂直。地表调查，水库蓄水后岸坡出现的 LF_1～LF_5 裂缝均延伸至该区；内侧胡常银房后高程 1100.00m 附近有基岩拉裂现象，裂缝宽 10～30cm，可见深度大于 1.0m；外侧卢富强家附近村民采石形成的天然"平洞"内，岩层发生明显的倾倒弯折迹象，倾倒后的地层倾角 15°～40°；B 区库水位附近，倾倒后的地层发生了叠瓦状的破坏，破坏后地层倾角在 20°左右。水库蓄水后该区桃儿坡沟侧不断垮塌，塌高至高程 850.00m 左右。

PD01 平洞揭示，沿洞深 100m 发育的 f_2 断层在 2015 年 11 月 20 日平洞完工至 2016 年 3 月 26 日间，发生了向桃儿坡沟方向的变形破坏，在平洞底板形成宽 1～2cm 裂缝，裂缝外高内低，坎高约 1.0cm。

综上所述，星光三组岸坡 B 区在天然状态下稳定性较差，其变形破坏方式以渐进式垮塌为主，且水库蓄水有加剧的趋势。

3. C 区稳定性

C 区为高程 1365.00m 张家堡堡缓坡平台，区内虽发育 LF_7、LF_8，但监测数据的量级均较小，且基本上未发生沉降变形。勘探揭示滑体厚 37.6～41.4m，由黄褐色、灰黄色碎石土、块碎石土组成。地质调查，滑坡堆积在天然状态下稳定性较好。

2.5.2　定量计算

根据研究成果，一般岸坡岩体倾倒变形破坏程度划分为极强倾倒带（倾倒坠覆带）、强倾倒带、弱倾倒带和正常岩体。倾倒坠覆带岩体破碎程度强烈，岩体以碎裂结构为主，局部散体结构，其稳定性计算采用一般的散体结构岩（土）体岸坡稳定性计算方法。强倾倒—弱倾倒岩体为碎裂—镶嵌结构，其稳定性计算采用极限平衡法倾倒边坡的 Goodman-Bray 法和视为碎裂结构均质边坡的 Morgenstern-Price 法、Spencer 法。其中 Goodman-Bray 法过程如下：

倾倒岸坡稳定性极限平衡计算，首先根据 α（节理面倾角）与 ψ（侧面摩擦角）、b/h（b 为岩块宽度、h 为岩块高度）与 $\tan\alpha$ 判定坡面上岩块的运动方式。

当 $\alpha \leqslant \psi$，$b/h > \tan\alpha$ 时，岩块处于稳定状态；当 $\alpha > \psi$，$b/h > \tan\alpha$ 时，仅发生滑动；当 $\alpha > \psi$，$b/h < \tan\alpha$ 时，岩块既会倾倒又会滑动；当 $\alpha < \psi$，$b/h < \tan\alpha$ 时，仅发生倾倒。

在确定岩块的运动方式后再对岩块间的相互作用力进行计算。

当岩块发生倾倒时岩块间的作用力计算为

$$P_{n-1;t} = \frac{-W_n X_w - K Y_w - P_n \tan\varphi_b S_b - V_3 y_3 + V_1 y_1 + V_2 y_2 + P_n M_n}{L_n} \qquad (2.9)$$

当岩块发生滑动时，岩块间的作用力计算为

$$P_{n-1;s} = P_n - \frac{-W_n(\cos\psi_a \tan\varphi_a - \sin\psi_a) - K(\sin\psi_a \tan\varphi_a - \cos\psi_a) + (V_3 - V_1)(\sin\psi_t \tan\varphi_a + \cos\psi_t) - V_2 \tan\varphi_a}{(\tan\varphi_a + \tan\varphi_b)\sin\psi_t + (1 - \tan\varphi_a \tan\varphi_b)\cos\psi_t}$$

$$(2.10)$$

岩块法向作用力为

$$R_n = W_n \cos\psi_a - K \sin\psi_a - V_2 + (V_3 - V_1 + P_{n-1} - P_n)\sin\psi_t + (P_n - P_{n-1})\tan\varphi_b \cos\psi_t \qquad (2.11)$$

岩块切向作用力为

$$S_n = W_n \sin\psi_a - K \cos\psi_a + (V_1 - V_3 - P_{n-1} + P_n)\cos\psi_t + (P_n - P_{n-1})\tan\varphi_b \sin\psi_t \qquad (2.12)$$

当趾岩块发生滑移破坏时：

$$FS = \frac{\sum Forces_{resisting}}{\sum Forces_{driving}}$$

$$= \frac{[W_n \cos\psi_a - K \sin\psi_a - V_2 + (-V_1 - P_n)\sin\psi_t + P_n \tan\varphi_b \cos\psi_t]\tan\varphi_a}{W_n \sin\psi_a + K \cos\psi_a + (V_1 + P_n)\cos\psi_t + P_n \tan\varphi_b \sin\psi_t}$$

$$= \frac{R_n \tan\varphi_a}{S_n} \qquad (2.13)$$

当趾部岩块发生倾倒破坏时：

$$FS = \frac{\sum Moments_{resisting}}{\sum Moments_{driving}} = \frac{P_n \tan\varphi_b S_b + W_n X_w}{P_n M_n + V_1 y_1 + V_2 y_2 + K Y_k} \qquad (2.14)$$

当趾部上部岩块稳定时，趾部岩块的稳定性不再是整个坡体稳定性的代表，此时安全系数为

$$K = \frac{\sum(N_i \tan\varphi + C A_i)}{\sum T_i} \qquad (2.15)$$

为更好地说明倾倒变形体岸坡的稳定性定量计算，在宏观地质评价的基础上，以溪洛渡星光三组倾倒变形岸坡为例说明如下。

1. 计算模型

在岸坡倾倒变形体宏观地质评价的基础上，依据地质模型，结合不同倾倒变形程度分带，建立边坡稳定性计算模型，计算模型如图 2.31 所示。失稳模式为沿强倾倒底界发生失稳。

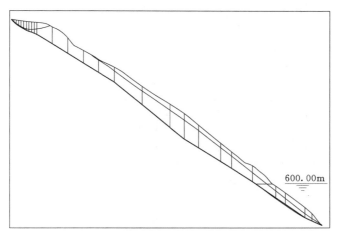

图 2.31　强倾倒变形带底界失稳模式计算模型

2. 计算参数

（1）土体计算参数。

结合土体取样室内试验成果及工程类比，星光三组岸坡土体及滑带土的物理力学参数见表 2.20。

表 2.20　　　　　　　　　滑坡堆积土体稳定性计算参数建议值表

滑 体 参 数			滑　带			
			天　然		饱　水	
γ /(kN/m³)	φ /(°)	C /kPa	φ /(°)	C /kPa	φ /(°)	C /kPa
23	28～30	15～20	20～22	15～20	18～20	10～15

（2）岩体计算参数。

根据星光三组倾倒变形岩体的倾倒变形程度，根据不同倾倒变形破坏程度岩体的工程地质分类，结合《水力发电工程地质勘察规范》（GB 50287—2006）坝基岩体力学参数经验值，采用工程类比方法提出岩体物理力学参数建议值（表 2.21）。具体运用时，水下按 0.9 进行折减；由于岩体裂隙发育、透水性好，暴雨工况下不考虑结构面充水状况。

3. 计算结果及分析

（1）Goodman - Bray 法。

1）坡体失稳岩块运动趋势分析：见表 2.22 计算结果，水库蓄水前计算模型岩块的基本运动趋势为：1～13 号坡体中下部岩块处于稳定状态；而 13～23 号坡体中上部岩块有可能发生倾倒并且伴随滑动。

表 2.21　　星光三组岸坡倾倒变形稳定性计算岩体物理力学参数建议值表

岩 体	密度	湿抗压强度	抗拉强度	变形模量	泊松比	内摩擦角	黏聚力
	ρ	R_w	σ_t	E	μ	f'	C'
	g/cm³	MPa	MPa	GPa		(°)	MPa
正常岩体	2.40	30~40	0.40	5~6	0.30	0.7~0.8	0.6~0.8
	2.50	40~60	0.50	6~7	0.25	0.8~0.9	0.7~0.9
弱倾倒变形带岩体	2.40	30~40	0.40	3~5	0.30	0.6~0.7	0.5~0.6
	2.50	40~60	0.50	4~6	0.25	0.7~0.8	0.6~0.8
强倾倒变形带岩体	2.30	20~30	0.30	2~3	0.35	0.5~0.6	0.3~0.5
	2.40	30~40	0.40	3~4	0.30	0.55~0.65	0.35~0.55
极强倾倒变形带（倾倒坠覆岩体）	2.20	10~20	0.20	0.5~1.0	>0.35	0.4~0.5	0.1~0.2

表 2.22　　蓄水前计算模型岸坡岩块运动趋势判别表

岩块编号	α	φ	b	h	$\tan\alpha$	$\alpha-\varphi$	$b/h-\tan\alpha$	判定运动方式
23	35.00	31.00	61.17	94.16	0.70	4.00	−0.05	既倾倒又滑动
22	35.00	31.00	61.40	102.40	0.70	4.00	−0.10	既倾倒又滑动
21	35.00	31.00	61.70	112.10	0.70	4.00	−0.15	既倾倒又滑动
20	37.00	31.00	91.50	122.80	0.75	6.00	−0.01	既倾倒又滑动
19	35.00	31.00	91.86	131.40	0.70	4.00	0.00	既倾倒又滑动
18	35.00	31.00	92.76	133.10	0.70	4.00	0.00	既倾倒又滑动
17	35.00	31.00	92.10	139.80	0.70	4.00	−0.04	既倾倒又滑动
16	37.00	31.00	121.00	141.70	0.75	6.00	0.10	滑动
15	34.00	31.00	62.30	130.60	0.67	3.00	−0.20	既倾倒又滑动
14	34.00	31.00	62.10	133.30	0.67	3.00	−0.21	既倾倒又滑动
13	30.00	31.00	123.60	135.20	0.58	−1.00	0.34	稳定
12	30.00	31.00	90.17	122.23	0.58	−1.00	0.16	稳定
11	30.00	31.00	91.90	93.80	0.58	−1.00	0.40	稳定
10	30.00	31.00	61.30	77.10	0.58	−1.00	0.22	稳定
9	24.00	31.00	63.90	66.10	0.45	−7.00	0.52	稳定
8	24.00	31.00	62.00	68.50	0.45	−7.00	0.46	稳定
7	24.00	31.00	62.00	61.40	0.45	−7.00	0.56	稳定
6	24.00	31.00	62.70	55.40	0.45	−7.00	0.69	稳定
5	24.00	31.00	63.10	52.90	0.45	−7.00	0.75	稳定
4	24.00	31.00	45.40	51.90	0.45	−7.00	0.43	稳定
3	24.00	31.00	39.30	37.00	0.45	−7.00	0.62	稳定
2	24.00	31.00	27.60	31.30	0.45	−7.00	0.44	稳定
1	24.00	31.00	32.80	25.20	0.45	−7.00	0.86	稳定

　　蓄水后，见表 2.23 所示的计算结果，计算模型岸坡坡脚岩体仍未改变块体运动趋势，岸坡块体运动趋势与蓄水前基本一致；即坡体中下部岩块处于稳定状态，中上部岩块发生倾倒并且伴随滑动。

表 2.23　　　　　　　　蓄水后计算模型岸坡岩块运动趋势判别表

岩块编号	α	φ	b	h	$\tan\alpha$	$\alpha-\varphi$	$b/h-\tan\alpha$	判定运动方式
23	35.00	31.00	61.17	94.16	0.70	4.00	-0.05	既倾倒又滑动
22	35.00	31.00	61.40	102.40	0.70	4.00	-0.10	既倾倒又滑动
21	35.00	31.00	61.70	112.10	0.70	4.00	-0.15	既倾倒又滑动
20	37.00	31.00	91.50	122.80	0.75	6.00	-0.01	既倾倒又滑动
19	35.00	31.00	91.86	131.40	0.70	4.00	0.00	既倾倒又滑动
18	35.00	31.00	92.76	133.10	0.70	4.00	0.00	既倾倒又滑动
17	35.00	31.00	92.10	139.80	0.70	4.00	-0.04	既倾倒又滑动
16	37.00	31.00	121.00	141.70	0.75	6.00	0.10	滑动
15	34.00	31.00	62.30	130.60	0.67	3.00	-0.20	既倾倒又滑动
14	34.00	31.00	62.10	133.30	0.67	3.00	-0.21	既倾倒又滑动
13	30.00	31.00	123.60	135.20	0.58	-1.00	0.34	稳定
12	30.00	31.00	90.17	122.23	0.58	-1.00	0.16	稳定
11	30.00	31.00	91.90	93.80	0.58	-1.00	0.40	稳定
10	30.00	28.00	61.30	77.10	0.58	-1.00	0.22	稳定
9	24.00	28.00	63.90	66.10	0.45	-4.00	0.52	稳定
8	24.00	28.00	62.00	68.50	0.45	-4.00	0.46	稳定
7	24.00	28.00	62.00	61.40	0.45	-4.00	0.56	稳定
6	24.00	28.00	62.70	55.40	0.45	-4.00	0.69	稳定
5	24.00	28.00	63.10	52.90	0.45	-4.00	0.75	稳定
4	24.00	28.00	45.40	51.90	0.45	-4.00	0.43	稳定
3	24.00	28.00	39.30	37.00	0.45	-4.00	0.62	稳定
2	24.00	28.00	27.60	31.30	0.45	-4.00	0.44	稳定
1	24.00	28.00	32.80	25.20	0.45	-4.00	0.86	稳定

　　2）稳定性计算结果分析。在各块体运动趋势分析的基础上，对岸坡各块体的下滑力及抗滑力进行计算。在蓄水前及蓄水后的稳定性计算结果见表 2.24 及表 2.25。

　　稳定性计算结果显示，以强倾倒底界为滑动失稳模式条件下，在蓄水前后的稳定系数分别为 1.21 及 1.10。

表 2.24　　　　　　　　　　　　蓄水前岸坡稳定性计算成果表

岩块编号	面积/m²	单宽/m	重度/(kN/m³)	自重/N	岩块底边与水平线的夹角 Ψ_a/(°)	岩块底部内摩擦角 φ_a/(°)	黏聚力 C/kPa	底边长 L/m	Rn/N	Sn/N	K
13	16186.6	1	25	404665.00	30.00	31.00	600.00	94.92	267523.71	202332.51	
12	10544.8	1	25	263620.00	30.00	31.00	600.00	94.92	194129.45	131810.00	
11	7879.2	1	25	196980.00	30.00	31.00	600.00	95.02	159512.63	98490.00	
10	4786.5	1	25	119662.50	30.00	31.00	600.00	63.34	100271.65	59831.25	
9	4323.1	1	25	108077.50	24.00	31.00	600.00	63.35	97335.20	43959.08	
8	4140.2	1	25	103505.00	24.00	31.00	600.00	63.35	94825.29	42099.28	
7	3665.1	1	25	91627.50	24.00	31.00	600.00	63.21	88221.57	37268.26	
6	3389.3	1	25	84732.50	24.00	31.00	600.00	63.20	84430.81	34463.81	
5	3325.8	1	25	83145.00	24.00	31.00	600.00	63.20	83559.41	33818.12	
4	2103.1	1	25	52577.50	24.00	31.00	600.00	47.81	57546.50	21385.20	
3	1128.7	1	25	28217.50	24.00	31.00	600.00	33.33	35486.97	11477.09	
2	813.2	1	25	20330.00	24.00	31.00	600.00	28.70	28379.41	8268.96	
1	755	1	25	18875.00	24.00	31.00	600.00	52.95	42130.74	7677.15	
$P13$										322691.48	
合计									1333353	1055572	1.26

表 2.25　　　　　　　　　　　　蓄水后岸坡稳定性计算成果表

岩块编号	面积/m²	单宽/m	重度/(kN/m³)	自重/N	岩块底边与水平线的夹角 Ψ_a/(°)	岩块底部内摩擦角 φ_a/(°)	黏聚力 C/kPa	底边长 L/m	Rn/N	Sn/N	K
13	16186.6	1	25	404665.00	30.00	31.00	600.00	94.92	267523.71	202332.51	
12	10544.8	1	25	263620.00	30.00	31.00	600.00	94.92	194129.45	131810.00	
11	7879.2	1	25	196980.00	30.00	31.00	600.00	95.02	159512.63	98490.00	
10	4786.5	1	25	119662.50	30.00	28.00	540.00	63.34	89305.06	59831.25	
9	4323.1	1	25	108077.50	24.00	28.00	540.00	63.35	86706.65	43959.08	
8	4140.2	1	25	103505.00	24.00	28.00	540.00	63.35	84485.60	42099.28	
7	3665.1	1	25	91627.50	24.00	28.00	540.00	63.21	78640.61	37268.26	
6	3389.3	1	25	84732.50	24.00	28.00	540.00	63.20	75286.03	34463.81	
5	3325.8	1	25	83145.00	24.00	28.00	540.00	63.20	74514.91	33818.12	
4	2103.1	1	25	52577.50	24.00	28.00	540.00	47.81	51356.43	21385.20	
3	1128.7	1	25	28217.50	24.00	28.00	540.00	33.33	31704.59	11477.09	
2	813.2	1	25	20330.00	24.00	28.00	540.00	28.70	25373.11	8268.96	
1	755	1	25	18875.00	24.00	28.00	540.00	52.95	37761.36	7677.15	
$P13$										322691.48	
合计									1256300	1055572	1.19

（2）Morgenstern - Price 法。

Morgenstern - Price 法对强倾倒底界滑动失稳的倾倒变形岸坡的稳定性计算结果见表

2.26。计算结果表明：沿强倾倒底界滑动失稳模式下，岸坡在蓄水工况下稳定性系数 1.188~1.292，岸坡处于稳定状态；暴雨工况下稳定性系数 1.187~1.290，岸坡处于稳定状态；地震工况下稳定性系数 1.029~1.152，岸坡处于欠稳定—稳定状态。

表 2.26　　　　　　　　　　岸坡强倾倒带稳定性计算成果表

计 算 模 型	稳 定 性 系 数			
	计算方法	蓄水工况	暴雨工况	地震工况
强倾倒带底界	Morgenstern - Price	1.188	1.187	1.029
	Spencer	1.191	1.190	1.030

综上所述，比较 Goodman - Bray 法及 Morgenstern - Price 法的计算结果，蓄水条件下的稳定性分别为 1.10 及 1.18，差别约 7%，计算成果接近。而 Goodman - Bray 法能够更好地判断岸坡倾倒变形体的运动趋势，而这在工程实践中能够指导边坡采取针对性的支护措施及布置。

2.5.3　数值模拟

数值模拟法是通过对地质原型的抽象并借用有限元等数值分析方法来分析计算不同工况下岩体中的应力状态课题，大量的实践经验说明，工程岩体稳定问题主要是一个岩体结构的问题。因此，结构面的处理就成为边坡岩体稳定数值模拟的重点。就目前的数值计算而言，从分析原理，基本思路和适用条件等方面可分为表 2.27 中几种。

表 2.27　　　　　　　　　　几种数值方法的比较

数值方法	基本原理	求解方式	离散方式	适 用 条 件
有限单元法	最小势能原理	解方程组	全区域划分单元	连续介质、大或小变形、不均质材料
边界元法	Betti 互等定理	解方程组	边界上划分单元	均质连续介质、小变形
离散元法	牛顿运动定理	显示差分	全区域划分单元	不连续介质、大变形、低应力水平
差分法	牛顿运动定理	显示差分	全区域划分单元	连续介质、大变形

如表 2.27 所示，对于倾倒变形岸坡，在临空卸荷及倾倒变形的条件下，边坡岩体结构松散，结构面发育，通常包含极强倾倒带、强倾倒带及弱倾倒带，从而使得适用于连续介质的有限单元法、边界元法及差分法不适合倾倒变形体岸坡的数值分析，而适用于不连续介质、大变形的离散元法则具有良好的应用条件。

本节以苗尾右岸坝肩边坡为例，阐述离散元在倾倒变形岸坡中的应用。

1. 地质模型

结合已有成果，坝肩板状岩体的倾倒变形除受突出的地形条件及陡倾坡内的岩层结构外，还受控于密集发育的层间错动带。岸坡陡倾薄层岩体在重力弯矩作用下，坡体前缘向临空方向发生重力倾倒，并逐渐向坡内连续发展。与此同时，薄层岩体内部沿早期构造成因的层内错动带发生层间相互错动，岩体内层面、张拉裂隙及构造裂隙发育，依据地质调查成果，其地质模型如图 2.32、图 2.33 所示。

2. 计算模型

本次离散元模拟是基于任意多边形的刚性块体模型假设。对于多个分立的多边形刚性

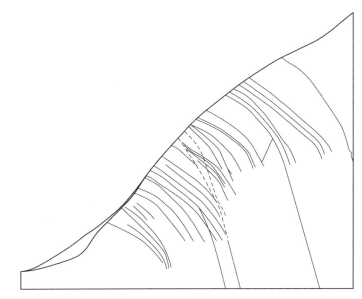

图 2.32　苗尾水电站右坝肩地质剖面

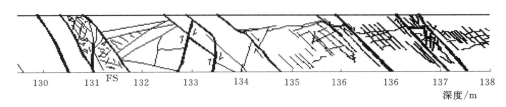

图 2.33　平洞揭示岸坡岩体裂隙发育

块体单元，单元之间可以是角—角接触、角—边接触和边—边接触。随着单元的平移和转动，允许调整单元之间的接触关系。最终块体单元既可能达到平衡状态，也可能持续运动下去。

通过现场地质研究与实测资料（图 2.32），建立岩体倾倒破坏机理（图 2.34）数值计算模型。模型边界条件采用 X、Y 方向面约束，其变形假定为 0。

3. 计算参数

计算参数根据已有试验成果及工程类比选取，取值见表 2.28。

表 2.28　　　　　　　　　　模 型 计 算 参 数

岩性	C/MPa	$\varphi/(°)$	γ/(g/cm³)	结构面类型	C/MPa	φ/(°)	法向刚度/(MPa/m)	切向刚度/(MPa/m)	γ/(g/cm³)
板岩	0.8	44	2.65	层错	0	22	8000	17000	2.1
砂岩	0.85	47	2.57	缓断层	0	16.7	6500	15000	2.25
板夹砂	0.81	44.7	2.63	解理	0	24	9500	19000	2.5
砂夹板	0.84	46.2	2.59	陡断层	0	21	9000	18000	2.3
砂板互层	0.83	45.5	2.61						

4. 计算结果及分析

（1）垂直高程上的变形演化规律。如图 2.35 及图 2.36 所示，边坡浅表层块体的垂直位移随着高程由下而上逐渐增大，最大变形发生在高程 1370.00m 以上的边坡上部。说明岩体倾倒变形随着高程的增加而增加。同时由于受到坡型影响，在高程 1450.00m 以上并没有增加，反而有些降低；边坡浅表层块体的水平位移特征分为三段。边坡下部（1280.00~1330.00m）由下而上位移变形逐渐增大；最大位移发生在高程 1330.00~1470.00m 附近的边坡中上部；高程 1550.00m 以上，水平位移量呈逐渐减小趋势。说明在高程 1370.00

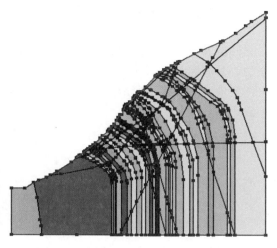

图 2.34 倾倒变形岸坡离散元计算模型

~1470.00m 处，岩体倾倒变形影响最为明显。由图 2.32 中可以看出：在此高程附近，边坡是最陡的。

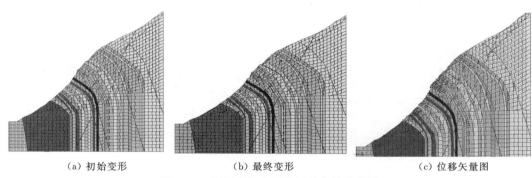

（a）初始变形　　　　　　（b）最终变形　　　　　　（c）位移矢量图

图 2.35 倾倒岩体变形发展趋势计算结果

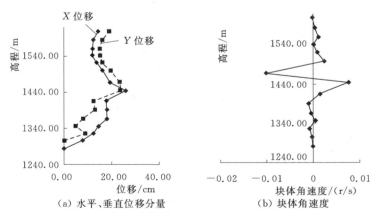

（a）水平、垂直位移分量　　　（b）块体角速度

图 2.36 垂直高程上的变形规律

（2）水平深度上的变形演化规律。如图 2.37 所示，随着由表层岩体到坡内的深度的不断增加，垂直及水平位移不断的降低（图 2.37）。其变化过程依次为极强倾倒内位移最大，强倾倒其次，在弱倾倒内最低。由图 2.37（a）中：在垂直位移曲线的末端，位移有所增加，其原因是因为在此附近有断层 F_{149} 的影响。由图 2.37（b）可以看出：随着由表层岩体到坡内的深度不断增加，块体的块体角速度也在不断的降低，其规律和位移的变化相一致。

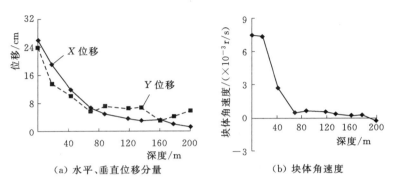

（a）水平、垂直位移分量   （b）块体角速度

图 2.37 水平深度上的变形规律

另外，结合平洞调查（图 2.38～图 2.40），在 0～80m 范围内主要为极强倾倒及强倾

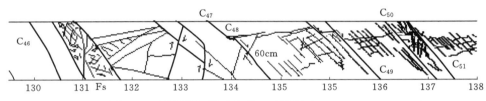

图 2.38 层间剪切错动变形（平洞揭示 130～138m）

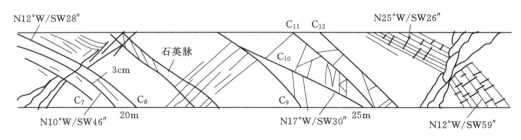

图 2.39 倾倒弯曲变形（平洞揭示 20～30m）

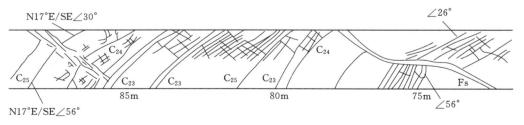

图 2.40 倾倒折断破裂（平洞揭示 75～85m）

倒，其内部倾倒—折断、层间张剪等结构面发育，倾倒变形程度强，在 80～140m 范围内以层间错动为主，倾倒变形程度弱。这与图 2.37 的计算结果是一直的，也表明离散元数值分析能够很好地应用于岸坡倾倒变形计算。

2.6　危害性评估

如前所述，倾倒变形岸坡一般位于高山峡谷区，高差大、坡度陡、规模大，一旦发生失稳，其危害是巨大的。结合威胁对象的不同，可划分为直接危害及间接危害，其中直接危害主要包括倾倒变形岸坡坡体上及坡体周边的居民及工程构筑物；间接危害主要包括由岸坡失稳导致的间接灾害对居民及工程建筑物的危害，如堵江及涌浪等灾害。

2.6.1　直接危害

岸坡倾倒变形体的直接危害主要包含坡体上及周边的居民及建筑物。对水电工程而言，在重要的工程建筑周边或回避倾倒变形体，或开外支护。因此，岸坡倾倒变形体主要直接危害对象为岸坡范围内的居民及建筑物。以星光三组岸坡为例，其直接危害表现为岸坡变形造成的危害。如：

水库蓄水后，星光三组岸坡出现了拉裂、垮塌等变形破坏，其变形范围主要在高程 1050.00～1230.00m 的杨家寨堡、1365.00m 以上的张家堡堡缓坡平台和红岩沟、桃儿坡沟沟口一带，其中杨家寨堡和张家堡堡居民、耕地较多。

水库蓄水后先后在杨家寨堡、张家堡一带房屋、耕地出现了规模不一的拉裂变形。裂缝附近的房屋也出现了拉裂或垮塌，严重威胁了居民的生命财产安全。出现变形裂缝后，2013 年 6 月，影响区范围内的居民已经进行了应急搬迁，耕园地已进行了实物指标调查，因此岸坡变形已无直接影响对象，但影响区范围内的耕园地部分居民仍在耕作，需作好警示。

2.6.2　间接危害

2.6.2.1　涌浪危害

对倾倒变形体岸坡而言，其涌浪危害的评估目前主要有美国土木工程师协会推荐法及潘家铮法两种，具体评价方法如下。

（1）美国土木工程师协会推荐法。变形体边坡失稳过程中产生的涌浪是可能带来的一种间接危害形式。滑坡涌浪计算是一项复杂的课题，因滑坡产生的涌浪高度除受滑速、失稳体积、水深等因素影响外，波浪的形成还受水库地形、库面宽度、滑坡过程的持续时间以及滑坡体的长度等因素的影响，尤其在峡谷地区更为显著。波浪在传播过程中，还要受到河谷两岸的阻碍、往返的折射以及波群的相互干扰或叠加等因素的影响，使滑坡涌浪预测问题变得十分复杂，至今尚未能完满解决。目前，针对滑坡初始涌浪高度的算法主要有经验公式法、试验计算方法和数值模型方法。二古溪变形体涌浪计算主要是在地质分析的基础上采用美国土木工程师协会法定量计算滑坡涌浪的初始高度及可能造成的危害。

美国土木工程师协会推荐的预测方法。假定：滑体滑落于半无限水体中，且把滑体当作整体以重心点作质点运动，按照重力加速度公式推导出滑坡入水速度的计算公式；然后根据滑坡体平均厚度、水库水深和滑动前后重心的位置，根据经验曲线图表，确定出滑坡入水点以及距滑坡体落水点不同距离处的最大涌浪高度。图 2.41 是美国土木工程师协会根据能量守恒原理选取的滑速计算模型。

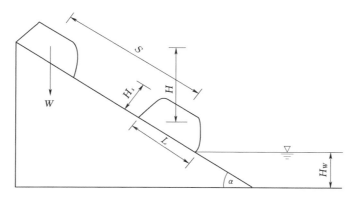

图 2.41　美国土木工程师协会滑速计算模型

滑坡下滑的运动力等于下滑力与抗滑力之差：

$$F = W\sin\alpha - (W\cos\alpha\tan\psi + CL)$$

根据 $W = mg$ 和 $F = ma$，则

$$ma = mg(\sin\alpha - \cos\alpha\tan\psi) - CL$$

$$a = g(\sin\alpha - \cos\alpha\tan\psi) - \frac{CL}{m}$$

如果滑坡初始速度为零，则有

$$S = \frac{1}{2}at^2 = \frac{H}{\sin\alpha}$$

以上各式可得到滑坡入水的速度为

$$V = \sqrt{2gH\left[(1 - \cot\alpha\tan\psi) - \frac{CL}{mg\sin\alpha}\right]}$$

则滑坡相对速度为

$$V_r = \frac{V}{\sqrt{gH_w}}$$

式中：α 为滑面倾角；W 为滑体单宽重量；ψ、C 为滑动时滑面抗剪强度参数；H 为滑体重心距离水平面的位置；L 为滑面长度；H_w 为水深；g 为重力加速度；V_r 为相对值，无量纲。

由图 2.42、图 2.43（a），根据 V_r 值可先求出滑体落水点（$x=0$）处的最大波高

$H_{\max}$；结合图 2.43（b）可获取据失稳体一定距离（x）处的 $H_s/H_{\max}$ 比值，进而根据 H_s 求出 x 处的最大涌浪高度 $H_{\max}$。

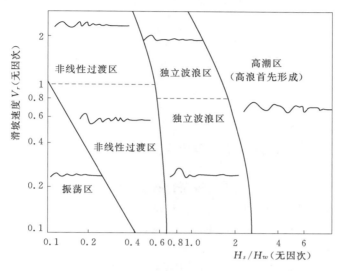

图 2.42　波浪特性分区图

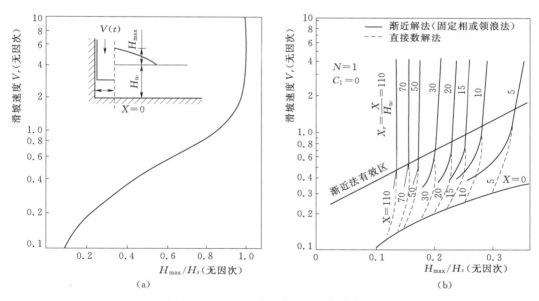

图 2.43　库岸滑坡涌浪最大波高计算图

（2）潘家铮法。潘家铮法计算滑坡失稳的滑速计算方法与前述美国土木工程师协会推荐公式方法相同。

水库涌浪高程的计算采用近似估算法。涌浪至对岸最高涌浪计算公式为

$$\xi_{\max} = \frac{2\xi_0}{\pi}(1+k)\sum_{n=1,3,5,\cdots}^{n}\left(k^{2(n-1)}\ln\left\{\frac{l}{(2n-1)B}+\sqrt{1+\left[\frac{l}{(2n-1)B}\right]^2}\right\}\right)$$

式中：ξ_0 为初始波高；k 为反射系数，取 0.9～1.0；B 为水面宽度；l 为滑坡入库半宽；Σ 为级数之和，该级数的项数取决于滑坡历时 T 及涌浪从本岸传播到对岸需时 $\Delta t = \dfrac{B}{c}$ 之比。如果 L/B 不是太大，级数中采用的项数如下所示：

$T/\Delta t$	1～3	3～5	5～7	7～9
项数	1	2	3	4

波速 c 按下式计算：

$$c = \sqrt{gh}\sqrt{1 + 1.5\xi/h + 0.5\xi^2/h^2}$$

式中参数与美国土木工程师协会推荐公式方法相同。

2.6.2.2 堵江危害

对倾倒变形体岸坡，其堵江灾害的评价过程如下。

（1）失稳堵江可能性分析。倾倒变形体岸坡的堵江可能性分析，首先对倾倒变形体岸坡的稳定性进行评价，包括宏观地质评价及定量评价，当岸坡存在不稳定或欠稳定时，其存在失稳堵江的可能性。

（2）失稳堵江的最小方量计算。根据已有成果，失稳堵江的最小方量计算过程如下：假设滑坡物质入江方向与河水流向垂直，河床宽度为 B_r，河水平均深度为 H_r，河床纵向坡降角为 β，一般情况河床坡降较小，可近似视为水平，即 $\beta = 0$，天然坝上游坝体较陡，其坡度应满足滑体物质堵江的饱水内摩擦角 φ_s，下游的坡角可以采用堵江物质发生水石流的起始坡度，一般取 14°，坝底宽度为 L_{d1}（滑坡堵江堆石坝示意图如图 2.44 所示），则完全堵江形成堆石坝需要的最小土石方量为

$$V_{\min} = L_{d1}H_rB_r - H_r^2B_r\left(\frac{1}{2\tan 14°} + \frac{1}{2\tan\varphi_s}\right)$$

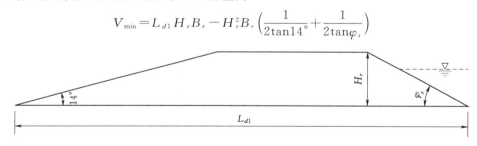

图 2.44　滑坡堵江堆石坝示意图

通过对国内外典型滑坡堵江天然坝体已有研究成果，一般坝底宽是坝高的 8～10 倍，如果取 $L_{d1} = 9H_r$，则堵江的最小方量计算可简化为

$$V_{\min} = H_r^2B_r(7 - 0.5\cot\varphi_s)$$

（3）失稳入江体积计算。对于滑体的入江体积，目前多采用经验类比法。为了更好的研究该问题，利用之前 geo - slope 的计算结果，将滑体分为若干竖直的条块，运用动力学的方法分别计算每一条块到达剪出口位置的速度，若滑体滑出时的水平速度 $V_x < 0$，则该条块及其以后的条块最终将停止滑动，该条块以前的滑块将滑入水库中。

（4）失稳堵江高度计算。根据经验公式法，在不考虑滑距，考虑完全堵江堵情况下，黄润秋、王士天等编著的《中国西南地壳浅表层动力学过程及其工程环境效应研究》中从

32 个统计资料中发现，天然堆石坝的体积 V_d 和坝高 H_d 存在如下的关系：

$$H_d = -355.73 + 65.01 \lg V_d$$

相关系数 $r = 0.8736$。

（5）堵江分析。基于上述堵江分析计算，判断失稳堵江的最小方量与失稳入江的方量，如果入江方量大于堵江的最小方量，则存在堵江灾害，并计算其堵江高度，弱入江方量小于堵江的最小方量，则不存在堵江危害。

2.7　典型工程案例

本节以较为典型的倾倒变形岸坡——狮子坪二古溪倾倒变形岸坡为例，详细说明倾倒变形岸坡的变形破坏、演化机制、变形监测及稳定性分析等特征。

2.7.1　基本条件

（1）地形地貌。二古溪变形体位于四川省境内杂谷脑河上游峡谷段，上游及下游均为三叠系杂谷脑组及侏倭组灰色千枚岩、千枚状板岩与变质砂岩构成的峡谷，变形体所在区段河谷两岸山势极高，左岸附近最高峰高程约 5000.00m，右岸附近最高峰高程约 4800.00m。

二古溪变形体位置如图 2.45 所示。杂谷脑河在变形体处形成一个大的转弯，在变形体上游杂谷脑河总体为近 N～S 向，变形体附近河流呈弧形弯曲，河流流向由近 N～S 向转为 NW～SE 向，变形体下游河流又向 S 稍稍折回，远观为不规则的曲线型。在二古溪变形体附近，局部岸坡呈突出的圆弧状。

二古溪变形体所处位置地势总体西北高东南低，山脉沿 NW－SE 向展布，左岸坡顶高程略大于右岸坡顶高程，左岸坡顶高程 3800.00m 左右，右岸坡顶高程在 3700.00m 左右，河水位高程 2510.00～2520.00m，河谷岸坡高度约 1200.00～1300.00m。该段杂谷脑河河谷地形陡峻、两岸山体比较雄厚，高程 2700.00m 以下基岩局部裸露。两岸与河流的相对高差比较大，岸坡呈上缓下陡的特征，高程 2700.00m 以上，自然坡度 25°～45°，高程 2700.00m 以下岸坡变陡，坡度 40°～60°，局部直立。两岸冲沟较发育，大部分冲沟切割深度不大，一般延伸 1～4km，少数冲沟切割深度大，延伸 10km 以上。

（2）地层岩性。研究区出露三叠系西康群上统及中统地层，其岩性主要为变质砂岩、千枚状板岩、千枚岩，地质剖面如图 2.46 所示。地层岩性从老到新简述如下：

1）杂古脑组：上段（T_2z^1）：变质砂岩夹板（千枚）岩；

下段（T_2z^2）：板（千枚）岩夹变质砂岩及灰岩；

2）侏倭组（T_3zh）：变质砂岩、板（千枚）岩韵律互层；

3）新都桥组（T_3x）：板（千枚）岩夹变质砂岩；

4）罗空松多组（T_3lk）：变质砂岩、千枚（板）岩成段互层。

二古溪变形体正常岩层产状为 N40°～50°W/NE∠60°～70°，倾向山里，为反倾斜向坡，浅表部由于倾倒变形岩层倾角变缓，局部地段成水平状。变质砂岩致密坚硬，属硬质岩，千枚状板岩相对较软。

图 2.45　二古溪倾倒变形分布位置及地貌特征

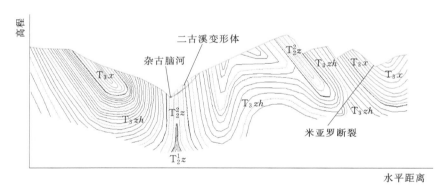

图 2.46　二古溪倾倒变形体地层简图

（3）坡体结构及构造。研究区地质构造上处于族郎帚状构造带，顺流而下有芦干桥背斜、大石包倒转背斜、加拉沟倒转复向斜，区内无区域性断裂通过，但距工程区北东侧约 3～4km 分布有顺狮子坪水库方向展布的米亚罗断裂，顺层走向 N30°～50°W，倾 SW，倾角 35°～60°，破碎带宽 40～100m，由碎裂岩、角砾岩、糜棱岩组成。

1）泸杆桥背斜。分布于族郎帚状构造的西侧，轴线方向与杂谷脑河流向近于平行，呈 N30°W 方向延伸，北段被米亚罗断层错失，全长约为 10km。背斜北东翼倾向北东，倾角 81°，南西翼倾向南西，倾角 78°，构成对称背斜，局部向北东倒转。背斜核部为三叠系杂谷脑组厚块状变质砂岩夹板岩，翼部为侏倭组砂板岩韵律互层，二古溪变形体位于该背斜核部附近。

2）大石包倒转背斜。大石包倒转背斜分布于工程区中游河段，轴线呈向西凸出的弧

74

形展布，东段走向 50°，中段近南—北向分布，南段转折成 S20°E 方向延伸，全长约 60km。北东段褶曲轴面向北西倾斜，倾角 32°～72°，构成向南东倒转的背斜。大石包倒转背斜核部由三叠系杂谷脑组下段板岩、薄层变质砂岩及结晶灰岩、大理岩组成。大石包倒转背斜中部斜穿研究区，被米亚罗压扭性逆断层反扭错位，水平错距达 4km。背斜南段向南东推移，轴面向北东倾斜，倾角较陡，约为 50°～75°，构成向南西侧转的背斜。核部为杂谷脑组上段厚块状变质砂岩，翼部为侏倭组砂板岩韵律层与新都桥组炭质板岩。

3）加拉沟向斜。分布于研究区下游段，加拉沟、夹壁梁子及沙坝一带。轴线呈微向西凸出的弧形展布，向南略有倾伏之势，全长 36km。北段轴面近于直立，东翼地层向西倾斜，倾角较缓约为 35°～44°，西翼地层向西东倾斜，倾角较陡约为 50°～78°，构成斜歪向斜。槽部位三叠系新都桥组炭质板岩，翼部为侏倭组砂板岩韵律互层。中段夹壁沟处向斜被米亚罗压扭性逆断层斜贯切穿，具反扭错位，水平错距约为 1km。

4）节理裂隙。二古溪变形体处于泸杆桥背斜核部附近，受米亚罗断裂和泸杆桥背斜轴走向的影响，区内岩体结构面发育，主要结构面为小断层、顺层挤压破碎带和节理裂隙。经现场地质调查，结合附近岩体及平洞节理裂隙发育统计规律，岩体中结构面以陡—中陡倾角为主，发育以下三组优势节理（表 2.29）。

表 2.29　　　　　　　　　　　　　二古溪变形体基岩节理裂隙统计表

组别	产状			简要地质描述	备注
	走向	倾向	倾角		
①	N45°～80°W	SW	45°～60°	多微张、宽 0.2～1.5cm，充填岩屑、岩片，面较平直、粗糙，一般被层面截断，间距 30～50cm，延伸 1～3m	多发育外倾中陡裂隙
②	N35°～70°W	NE	40°～70°	宽 0.1～0.3cm，充填岩屑，胶结差，面较平直、粗糙，延伸长度大于 10m。发育间距 10～30cm	"层面"倾角变化较大
③	N15°W～N10°E	NE 或 SW	80°～90°	宽 0.0～0.5cm，无充填或局部充填岩屑，面较平直、粗糙，延伸长度大于 10m，间距 0.5～2cm	较发育近 SN 向劈理

综上所述，二古溪边坡发生倾倒变形的基本条件为：①河谷地形陡峻、两岸山体比较雄厚，河谷岸坡高度约 1200.00～1300.00m，且在倾倒岩体发育部位存在突出的岸坡结构；②薄层状砂板岩互层；③陡倾坡内的岩体结构及结构面。

2.7.2　岸坡倾倒变形岩体结构特征

2.7.2.1　岸坡坡体结构分类

（1）按物质组成分类。经现场地质调查及钻孔、平洞勘探，二古溪变形体为一倾倒变形体，变形体浅表部为覆盖层，厚度不大，下部为岩质边坡。

（2）按岩层产状与坡向关系分类。斜坡结构类型综合体现了斜坡的坡度、坡向与地层产状的空间状况及组合形式，很大程度上决定了斜坡岩土体变形破坏方式和强度。根据斜坡结构类型划分的标准及现场地质调查成果分析，二古溪变形体稳定的基岩岩层产状一般为 N40°～50°W/NE∠60°～70°，陡倾山内，其走向与该段杂谷脑河河谷小角度相交，岸坡斜坡结构为逆向坡，这种岸坡条件很利于倾倒变形体的形成。

2.7.2.2 岸坡覆盖层结构特征

根据成因、物质组成和结构特征，将二古溪变形体覆盖层分为两层，分述如下：

（1）冰碛堆积体（Q_3^{gl}），为含块碎砾石土，主要分布于二古溪大桥下游左岸，根据现场调查，冰碛堆积体厚度约 $10\sim15m$。块碎砾石成分主要为变质砂岩、板岩，多呈棱角—次棱角状，块石粒径一般 $20\sim60cm$，约占 $5\%\sim10\%$；碎石粒径一般 $6\sim18cm$，砾石粒径 $2\sim5cm$，约占 70%；土为粉土，含量约为 $20\%\sim25\%$。该层粗颗粒基本构成骨架，具胶结现象，结构较密实。

（2）崩坡积堆积体（Q_4^{col+dl}），为块碎石土，主要分布于斜坡高程 $2650.00m$ 以上的中高程及高高程，钻孔、平洞勘探揭示其厚度一般 $2.3\sim7.2m$。块石粒径一般 $20\sim60cm$，含量约占 $10\%\sim20\%$；碎石粒径一般 $5\sim10cm$，含量约占 50%；砾石粒径 $1\sim5cm$，含量约占 20%；块碎石成分为变质砂岩、板岩，呈棱角状，土为灰黄色粉土，局部具架空结构，结构松散。

2.7.2.3 岸坡岩体结构特征

按照《水力发电工程地质勘察规范》（GB 50287—2006）附录 N 关于岩体结构分类标准，在二古溪野外地质调查研究工作基础上，根据二古溪变形体出露的地层岩性、结构面发育规律和岩体完整程度，结合规范及类似岩体工程地质资料，对二古溪边坡岩体结构分类划分见表 2.30。

根据表 2.30，二古溪变形体出露的变质砂岩夹千枚状板岩主要为镶嵌结构—薄层状结构，局部结构面发育部位为碎裂状—散体结构，在厚层砂岩段还可达次块状结构。

表 2.30　　　　　　　　　　二古溪变形体岩体主要结构类型分类表

类　型	岩　体　结　构　特　征
薄层状结构	岩体完整性较差，呈薄层状，结构面发育，间距小于 30cm
镶嵌结构	岩体完整性较差，呈镶嵌状，结构面发育至较发育，一般 2～3 组，间距 10～30cm
碎裂结构	岩体较破碎，呈碎裂状，结构面极发育，间距小于 10cm
散体结构	岩体破碎，岩块之间夹岩屑或泥质

（1）薄层状结构：主要发育于强卸荷带及部分弱卸荷带内的板岩段，主体层面间距小于 10cm；其他切割结构面，多张开、无充填，部分有碎屑和泥质物所充填，间距小于 30cm；岩体分割成板状或薄板状。

（2）镶嵌结构：主要存在于强卸荷岩体及变形体中，或受软弱夹层或层间错动挤压带影响，岩体中含碎屑、碎块、岩粉与泥。结构面间距 10～30cm。岩块间嵌合紧密，整体强度偏低，在荷载作用下，易变形破坏。

（3）碎裂结构：结构面极发育，岩体较破碎，由碎屑和大小、形状不等的岩块组成。各种规模的结构面均发育，组数大于 3 组，彼此交切，结构面多被无充填，结构面间距小于 10cm；岩块间咬合力差，透水性强，在荷载作用下，易于变形破坏。

（4）散体结构：主要发育于强烈倾倒破坏的千枚状板岩，断层破碎带、层间挤压带内，呈块夹泥的松散状态或泥包块的松软状态。变形破坏受破碎带的物质组成及其强度控制，地下水作用明显易引起泥化、崩解等现象。

本次野外地质调查工作中对二古溪边坡各勘探平洞岩体结构类型进行了详细划分。分类划分结果见表 2.31。

表 2.31　　　　　　　　　二古溪变形体平洞岩体结构类型划分表

洞号	高程/m	洞深/m	岩体结构	备　注
PD1	2567.00	0.0～20.5	散体结构，主要为覆盖层	PD1 位于二古溪 1 号隧洞内，平洞开口位置水平埋深约 83m
		20.5～40.0	以碎裂结构为主，局部过度为散体结构	
		40.0～100.0	薄层状—镶嵌结构	
		100.0～113.0	碎裂结构为主，局部破碎带呈散体结构（倾倒变形底界）	
		113.0～159.0	次块状结构为主，局部集中卸荷带呈碎裂结构	
PD2	2563.00	0.0～40.0	镶嵌～碎裂结构，局部薄层状板岩	PD2 位于二古溪 2 号隧洞内，开口位置水平埋深约 45m
		40.0～82.0	以镶嵌结构为主，局部碎裂结构	
PD3	2789.00	−3.0～3.0	散体结构	
		3.0～22.0	以散体结构为主，局部碎裂结构	
		22.0～80.0	以碎裂结构为主，局部散体结构	
		80.0～90.0	以散体结构为主，局部碎裂结构	
		90.0～140.0	镶嵌—碎裂结构	
		140.0～153.0	散体结构	
		153.0～166.0	薄层状碎裂结构，局部破碎带呈散体结构	
		166.0～174.0	以镶嵌结构为主	

2.7.2.4　岸坡岩土体物理力学参数

根据二古溪边坡岩土体物质组成、成因类型、钻孔和平洞揭露情况及室内试验成果，并参照工程区附近相似材料试验参数，提出各岩土体的物理力学参数见表 2.32。

表 2.32　　　　　　　　　二古溪变形体岩土体物理力学指标建议值表

地　层	密度/(g/cm³)		抗剪强度			
	天然状态	饱水状态	天然		饱水	
			C/kPa	φ/(°)	C′/kPa	φ′/(°)
覆盖层（Q^{col+dl}）	2.1	2.2	0～10	26～30	—	—
碎裂松动岩体	2.0	2.1	30～50	26～29	10～25	25～27
强倾倒基岩	2.2	2.3	50～200	27～30	25～100	25～28
弱倾倒基岩	2.5	2.6	200～500	31～35	100～250	28～32
微—新鲜基岩	2.7	2.7	500～1000	40～50	600～1400	38～48

2.7.3 岸坡变形破坏现象及特征

2.7.3.1 倾倒变形岸坡平面特征与规模

（1）倾倒变形岸坡平面特征。二古溪变形体位置示意如图 2.45 所示。杂古脑河在二古溪处形成一个大的转弯，杂古脑河总体以近 N～S 向流进二古溪，在二古溪附近河流呈弧形弯曲，河流流向由近 N～S 向转为 NW～SE40°向，二古溪下游河流又向 S 稍稍折回，远观为不规则的曲线型。在二古溪变形体附近，局部岸坡呈突出的圆弧状。

二古溪变形体平面形态影像图如图 2.47 所示，根据遥感影像、现场地质测绘以及钻孔、平洞勘探资料分析，二古溪变形体是一个变形体，其整体是一个巨大的倾倒变形体，由于变形发展的程度差异，浅表层局部形成小型塌滑体。二古溪变形体具有以下平面特征：

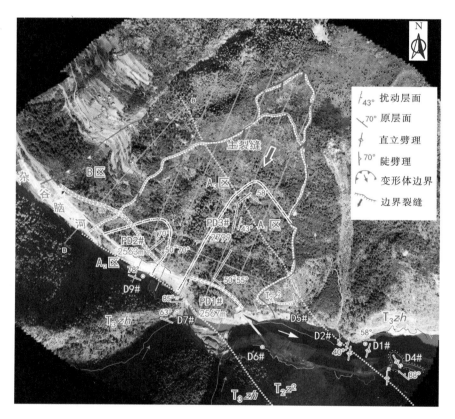

图 2.47 二古溪变形体平面形态图

1）倾倒变形体位于杂谷脑河纳窝村下游侧，该处为泸杆桥背斜核部附近，河流流向在此由近南北向转为近东西向，变形体处于河流转弯的弧形的下部，整体的后缘形态近似一狭窄的圆弧形，前缘与杂谷脑河河谷走向基本一致，呈弧形。

2）变形体下游侧为杂谷脑河二古溪大桥，G317 国道改线公路、二古溪 1 号、2 号隧洞从变形体低高程（约 2563.00m）位置穿过。

二古溪变形体斜坡植被极好，多为第四系覆盖层所覆盖，地表小冲沟发育较少，冲沟切割深度较浅，一般 5～15m，发育长度较短，一般发育至接近斜坡中部即不再延伸，沟内无常年流水。变形体高程 2700.00m 以上自然边坡坡度为 25°～40°，下部边坡自然坡度为 40°～50°。变形体对岸山体斜坡地形与变形体斜坡基本一致，主要被崩坡积堆积物覆盖，局部基岩裸露，边坡自然坡度为 30°～50°。由于岸坡高陡，河道狭窄，河床两岸漫滩、阶地不发育。

（2）岸坡倾倒变形发育规模。二古溪变形体整体呈狭长的扇形，近似于三角形，其顺河谷方向宽度约 1000～1050m，垂直河谷方向长度约 1050～1100m，变形体前缘位于杂古脑河岸边，高程在 2515.00～2525.00m，后缘高程 3280.00～3290.00m。根据地质测绘、钻孔和平洞勘探资料揭示，推测变形体底界面深度约 30～80m，总体方量约 2400 万 m³。

通过大量野外地质调查工作，分析研究了二古溪变形体平面形态，并结合地形图、遥感图资料，对变形体进行了 1:1000 工程地质平面和剖面地质测绘，基本查明了变形体的边界条件及变形破坏特征，如图 2.47 所示。

2.7.3.2　岸坡倾倒变形破坏特征

（1）岸坡表部变形破坏特征。通过地表地质调查，钻孔、平洞勘探，基本查明了二古溪变形体裂缝分布的情况，综合前述地表裂缝、改线公路、隧洞变形特征以及监测资料，依据变形发育程度的强弱、裂缝分布范围及微地貌特征，将二古溪变形体分为 A、B 区两大区。其中 A 区为变形主体，依据具其变形迹象特征又进一步分为 A_1、A_2、A_3 等三小区。总体来看，A 区变形明显，边界完备，其上下游边界及后缘发育的主裂缝已经完全贯通，形成圈闭状态，监测成果显示 A 区边坡向临空面变形及向下沉降变形迹象明显，坡体前缘二古溪 1 号、2 号隧洞变形破坏也十分明显，在其前缘地表及构筑物上的变形破坏分段特征清晰，这也是其亚区划分的重要依据；B 区变形破坏迹象轻微，仅在前缘 2 号隧洞上游 G317 改线公路挡墙有轻微的变形迹象，后缘也隐约发现有数条尚未贯通的小裂缝。二古溪变形体工程地质分区如图 2.47 所示。

（2）岸坡内部变形破坏特征。二古溪变形体岩体倾倒破裂现象较为复杂，为查明这些错综复杂的变形破裂问题，我们在工程地质条件和岩体结构特征的地质研究基础上，对二古溪变形体坡表以及对岸纳山倾倒变形破裂现象的发育情况（前期狮子坪电站库区地质资料）进行了系统的分析，二古溪变形体岸坡岩体复杂的倾倒变形归纳为倾倒弯曲及倾倒折断等两种基本类型。各类型的基本特征详见表 2.33。

表 2.33　　　　　　　　　　二古溪边坡岩体倾倒变形破裂发育基本类型

类型	特　征	分 布 范 围
倾倒—弯曲	倾倒岩体发生弯曲变形，岩层倾角变化曲率较大	主要发育于倾倒变形体内
倾倒—折断	倾倒岩体在弯曲曲率最大部位发生折断破裂，岩层倾角于该部位发生突变	主要发育于倾倒变形体坡表及底界

1）倾倒—弯曲。岸坡陡倾薄层岩体在自重弯矩作用下，向临空方向发生悬臂梁弯曲，发生在岩体内部的薄层之间的相互错动随之进一步发展。这类变形在二古溪倾倒变形体上均有发育，一般表现为弯曲变形而不发生不连续破裂，岩层倾角虽变化较大，却未出现不连续性突变现象。

2）倾倒—折断。在较大的重力弯矩作用下，弯曲部位出现拉张破裂并产生横切弯曲"梁板"的悬臂梁式折断破裂，形成倾向坡外、断续延展的张性或张剪性折断带，岩层倾角发生突变。这类破裂主要发生在地形三面临空、地形坡度变化较大的部位如坡表、倾倒变形岩体的底部、不同变形区分界部附近局部地段亦有所发育。

2.7.3.3 岸坡倾倒变形体监测

1. 岸坡倾倒变形监测方法及布置

二古溪变形体出现变形后，成都院工程安全监测中心对二古溪变形体边坡开展了监测工作，先后共布置有 38 个外观监测点（TP01～TP38）和 8 个钻孔测斜孔（ZK01、ZK06、ZK07、ZK08、、ZK09、ZK102、ZK103、ZK105）。监测资料中，规定 X 向表示左右岸方向，Y 向表示上下游方向，Z 表示铅直方向；其中 X 为正值时，表示向左岸位移，反之，则表示向右岸位移；Y 为正值时，表示向下游位移，反之，则表示向上游位移；Z 为正值时垂直向下的位移，反之则表示向上的位移（报告中监测数据含义相同）。二古溪变形体外观监测布置和测斜孔安装埋设位置分别如图 2.48 和图 2.49 所示，各监测点布置分区见表 2.34。

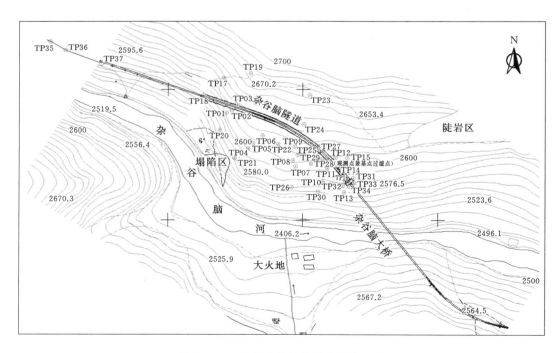

图 2.48　二古溪变形体外观监测布置图

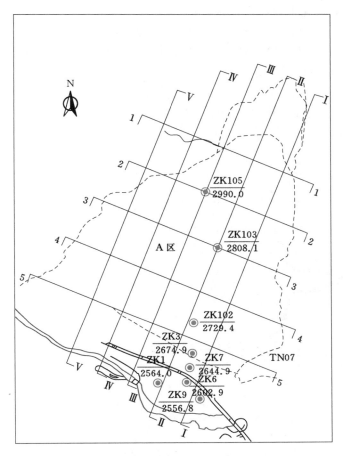

图 2.49　二古溪变形体测斜孔安装埋设位置布置图

表 2.34　　　　　　　　　　　　　二古溪变形体监测点布置分区表

监测点	A₁	A₂	A₃
监测点	A_1	A_2	A_3
表观监测点	TP01～TP34、TP38	TP35～TP37	
测斜孔监测点	ZK1、ZK5～ZK9、ZK102、ZK103		ZK105

2. 地表变形监测成果及分析

2013 年 5 月 2 日，四川省林业勘察设计院在二古溪边坡共布置 15 个外观测点（TP01～TP15），布置于变形体前缘二古溪 1 号隧洞内外侧，其中 TP01～TP03 布置于隧洞进口部位（TP03 位于隧洞内侧，TP01、TP02 位于隧洞外侧），TP04～TP09 布置于隧洞中部外侧边坡上，TP10～TP15 布置于隧洞出口部位二古溪大桥侧（TP12、TP14、TP15 位于隧洞内侧，TP10、TP11、TP13 位于隧洞外侧）；2013 年 8 月 25 日，成都院工程安全监测中心在紧邻的二古溪 1 号隧洞洞门顶端布设 1 个监测点 TP16，2013 年 10 月下旬，在二古溪 1 号隧洞边坡新增 18 个外观测点 TP17～TP34，其中 TP17～TP21 布置于隧洞进口部位（TP17、TP19 位于隧洞内侧，TP18 位于隧洞进口，TP20、TP21 位于隧洞外侧），TP22～TP30 布置于隧洞中部内外侧上坡上（TP23、TP24、TP27 位于隧洞内侧，TP22、TP25、TP26、TP28、TP29、TP30 位于隧洞外侧），TP31～TP34 布置于隧洞出口部位二古溪大桥侧（TP31、TP33 位于隧洞内侧，TP32、TP34 位于隧洞外侧）。2013 年 10 月 16 日，测点 TP09 严重倾斜无法观测，2013 年 10 月 28 日，又在该点附近重新修建并实施观测。2013 年 11 月初，在二古溪 2 号隧洞边坡新增 3 个外观测点 TP35～TP37，布置于 2 号隧洞变形破坏段外侧原 G317 改线公路上下游挡墙处。2014 年 1 月初，在测斜孔 ZK102 附近新增 1 个外观测点 TP38（二古溪 1 号隧洞内侧边坡上）。主要地表观测点曲线如图 2.50～图 2.60 所示。

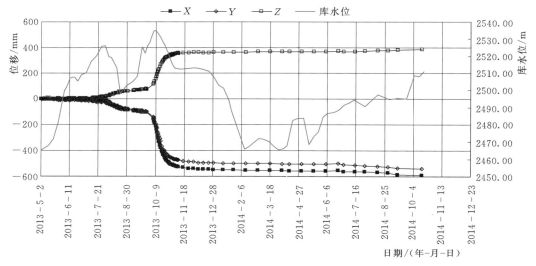

图 2.50　TP02 观测点过程曲线

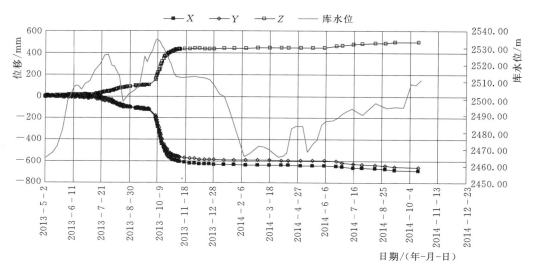

图 2.51　TP04 观测点过程曲线

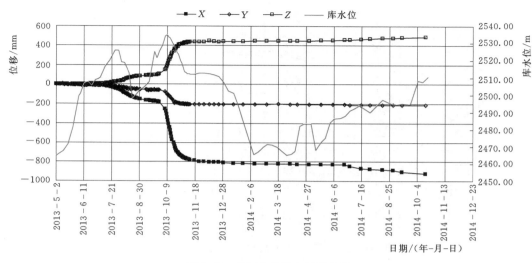

图 2.52　TP07 观测点过程曲线

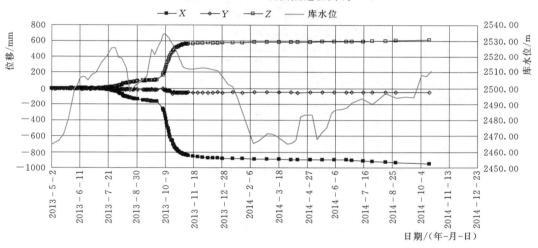

图 2.53　TP15 观测点过程曲线

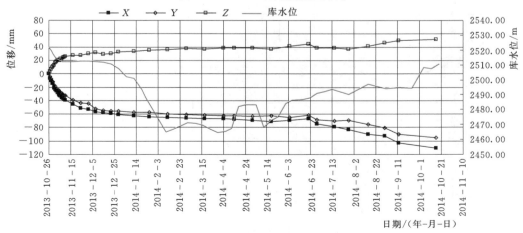

图 2.54　TP20 观测点过程曲线

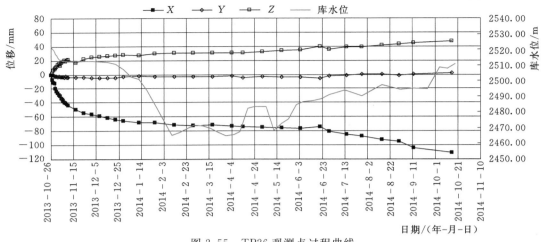

图 2.55 TP26 观测点过程曲线

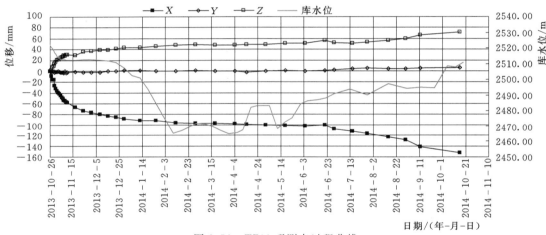

图 2.56 TP31 观测点过程曲线

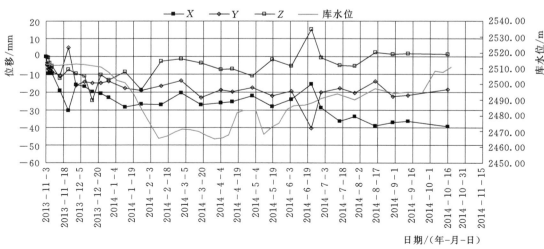

图 2.57 TP35 观测点过程曲线

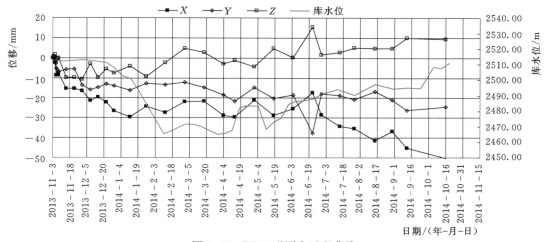

图 2.58　TP36 观测点过程曲线

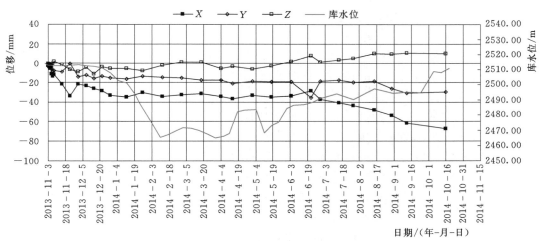

图 2.59　TP37 观测点过程曲线

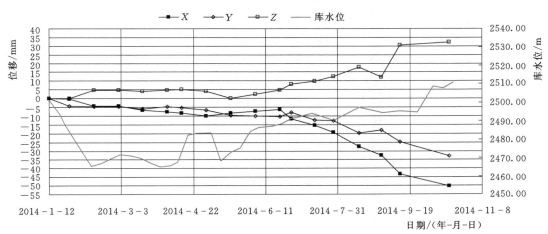

图 2.60　TP38 观测点过程曲线

根据最新监测成果资料（截至 2014 年 10 月 19 日）分析，变形体具有如下变形特征：

（1）A_1 区。

1）从变形位移来看：1 号隧洞边坡 TP01～TP16（2013 年 5 月 2 日开始观测）监测成果表明在 X 方向向坡外（右岸）累积变形－950.3～－591.4mm，最小为 TP02，最大为 TP14 监测点；在 Y 方向累积变形为－656.9～－44.7mm，最小为 TP15，最大为 TP04 监测点，但 TP01～TP09 位移量远大于 TP10～TP15 位移量，表明前缘上、下游侧 Y 值运动方向有差异；在 H 方向监测点均有下沉的迹象，累积下沉量 371.3～671.2mm，下沉量最小的为 TP01，下沉量最大的为 TP09。1 号隧洞监测点 TP17～TP34（2013 年 10 月 26 日开始观测）监测成果表明：在 X 方向向坡外（右岸）累计变形－214.3～－99.9mm，最小为 TP18，最大为 TP31 监测点；在 Y 方向累积变形既有向上游变形，也有向下游变形，累积变形为－112.8～49.9mm，其中 TP17～TP24 位移量远大于 T25～TP34 位移量，位于 1 号隧洞出口靠近杂谷脑桥头的 TP30～TP34 监测点 Y 向变形均为正值，变形体内 Y 向显著不同的位移方向充分说明该区变形以扩容解体为主，这以在现场调查中发现的变形体内以纵向裂缝为主的结论较为一致；在 H 方向监测点均有下沉的迹象，累积下沉量 46.8～141.6mm，下沉量最小的为 TP30，下沉量最大的为 TP31。1 号隧洞内侧边坡上测点 TP38（2014 年 1 月 12 日开始观测）监测成果表明：在 X 方向向坡外（右岸）累积变形－7.0mm；在 Y 方向累积变形为－8.0mm；在 H 方向累积变形 1.8mm。

2）从变形速率来看：变形体经历了两次快速变形阶段，分别与库水位上升和降雨有关。第一次快速变形时间段为 2013 年 7 月 20 日至 8 月 20 日的近 1 个月时间，当 7 月 20 日蓄水位到达 2530m 时（期间也是雨季），变形开始加速，随后库水位降低到 2490m，变形速率也逐渐减小甚至无变形量增加，当库水位从 2490.00m 再次上升到 2520.00m 时，变形速率也还平稳；第二次快速变形时间段位于 2013 年 9 月 22 日至 11 月 1 日的近 1 个半月时间，期间库水位从 2520.00m 开始上升，当水位达到 2530.00m 时，变形再次开始加速，最高水位达到 2535.00m，变形速率最大达到约 3～10mm/d。随后水位开始下降，当 11 月 1 日库水位降到天然河面 2516m 时，变形明显收敛，过程线趋于平缓，变形速率一般 0.1mm/d。推测两次快速变形是由于水库水位升降及雨水下渗造成岩土体物理力学指标下降，进而使该变形体稳定性进一步降低引起。

（2）A_2 区。2013 年 11 月 5 日在 2 号隧洞外公路边布置测点 TP35～TP37 开始观测，监测成果表明：在 X 方向向坡外（右岸）累积变形－67.5～－39.3mm；在 Y 方向累积变形为－29.9～－18.4mm；在 H 方向累积变形在 10.5～1.4mm。

（3）A_3 区、B 区。A_3 区及 B 区变形微弱，未布置外观监测点。

综上所述，地表变形监测成果表明：①二古溪坡体变形主要表现为向临空面变形及向下沉降为主，但也存在变形的差异分区，在 Y 方向累积变形既有向上游变形，也有向下游变形，A_1 区横Ⅰ线上游（1 号隧洞中心上游）Y 值位移量远大于下游位移量，位于 1 号隧洞出口的 TP31～TP34 监测点 Y 向变形均为正值，变形体内 Y 向显著不同的位移方向充分说明该区变形以扩容解体为主，现场地质调查和外观监测资料也基本相吻合；②变形速率主要受库水位上升、下降影响以及雨季降雨控制，在水位上升超过 2530.00m 时，变形明显加速，变形速率最大达到约 3～10mm/d。随后水位开始下降，当库水位降到天然河面 2516.0m 时，变形明显收敛，过程线趋于平缓，变形速率一般 0.1mm/d。

3. 内部变形监测成果及分析

变形体内共布设 9 个测斜孔，其中四川省林业勘测设计院安装埋设的测斜孔有 ZK1、ZK5、ZK6、ZK7、ZK8、ZK9 孔共计 6 个孔；成都院工程安全监测中心于 2013 年 12 月初安装埋设了新增测斜孔 ZK102、ZK105 和 ZK103 孔。2013 年 10 月 6 日以前由四川省林业勘察设计院监测，移交到成都院时测斜仪已损坏（数据没有全部移交），成都院于 10 月 26 日安装新的测斜仪进行监测，发现 ZK1 孔深为 37.5m；ZK5 孔孔深仅为 5m（因该孔变形较大，用测斜仪测量仅能观测 5m，已不能测出其深部变形），放弃测量；ZK6 孔深为 45m；ZK7 孔深为 57.5m；ZK8 孔深为 45m；ZK9 孔深为 33.5m。新增的 ZK102、ZK105 和 ZK103 测斜孔深度分别为 92m、65m 和 75m。其中 ZK1、ZK6 和 ZK9 布置于变形体前缘，ZK7、ZK8 及 ZK102 布置于变形体中下部，ZK103 布置于变形体中上部，ZK105 布置于变形体后缘（钻孔监测布置图如图 2.48）。钻孔测斜监测成果如图 2.61～图 2.68 所示。

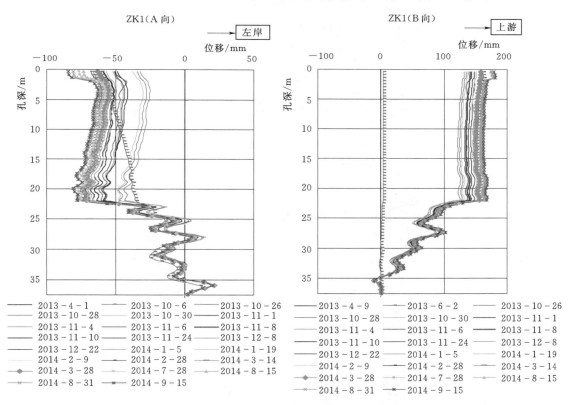

图 2.61　ZK1 测斜孔深度—位移曲线图（孔口高程：2564.01m，孔深 37.5m）

截止到 2014 年 10 月 16 日，钻孔测斜监测资料成果表明：

（1）A1 区。

1）在变形体前缘，A 向变形总体以向坡外右岸变形为主，最大累计位移变形 551.63mm（ZK6），但 1 号隧洞内侧 ZK7 孔则向坡内变形；B 向变形表现为分区差异性的

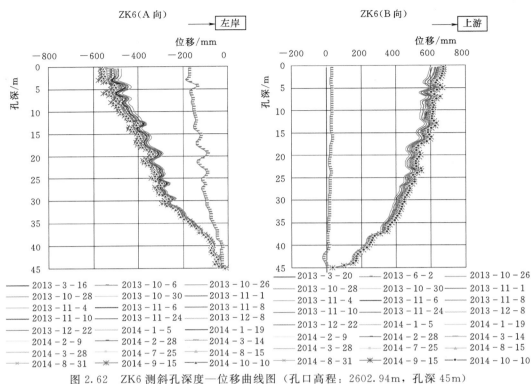

图 2.62　ZK6 测斜孔深度—位移曲线图（孔口高程：2602.94m，孔深 45m）

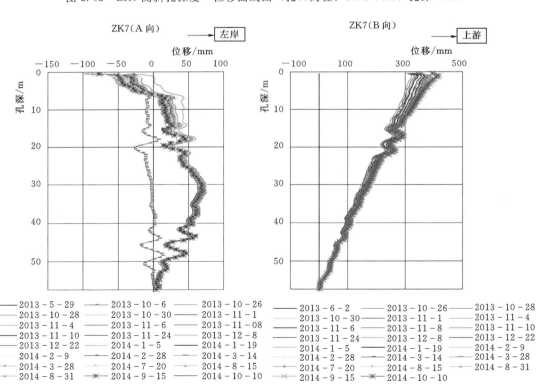

图 2.63　ZK7 测斜孔深度—位移曲线图（孔口高程：2644.94m，孔深 57.5m）

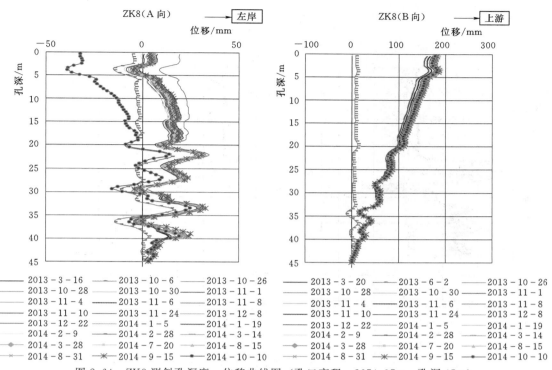

图 2.64　ZK8 测斜孔深度—位移曲线图（孔口高程：2674.97m，孔深 45m）

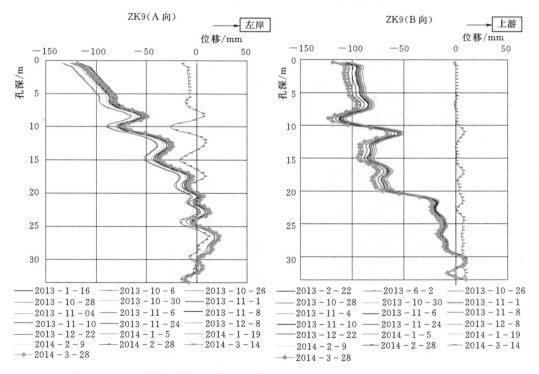

图 2.65　ZK9 测斜孔深度—位移曲线图（孔口高程：2556.80，孔深 33.5m）

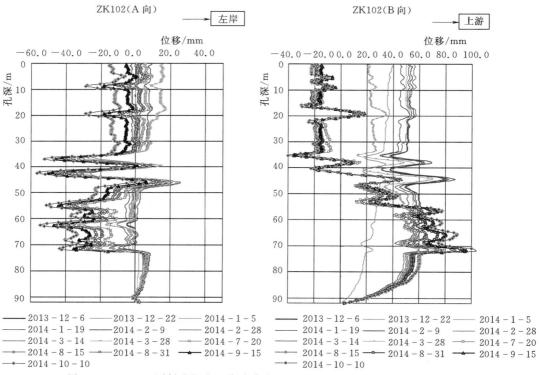

图 2.66　ZK102 测斜孔深度—位移曲线图（孔口高程：2725m，孔深 92.0m）

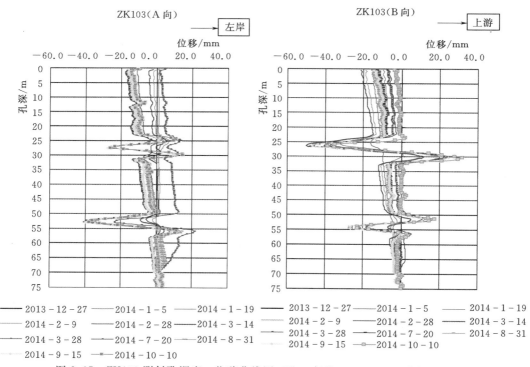

图 2.67　ZK103 测斜孔深度—位移曲线图（孔口高程：2898.1m，孔深 75.0m）

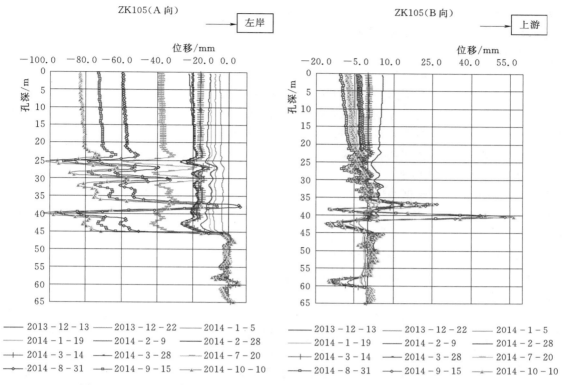

图 2.68　ZK105 测斜孔深度—位移曲线图（孔口高程：3050m，孔深 65.0m）

特点，横 I 线上游（ZK01、ZK06、ZK102）总体以向上游为主，最大累计变形量约 678.84mm（ZK6），而横 I 线下游（ZK09）总体以向下游变形为主，最大累计变形量约 118.44mm。

2）在变形体中下部，ZK7 孔和 ZK8 孔孔口、ZK102 孔口 A 向变形多朝向坡外右岸变形，但 ZK8 在 20m 以下、ZK102 在 72m 以下 A 向变形与前缘变形相反，均以向坡内变形为主，累计变形量约 15.03mm，B 向变形与前缘变形方向一致，以向上游变形为主。

（2）A_3 区。钻孔 ZK105 孔（高程 3050.00m，2013 年 12 月开始观测，孔深 65m）监测成果表明，A 向变形以向坡外右岸变形为主，B 向变形以向上游变形为主，累计变形量约 8.17mm。

综上所述，钻孔测斜监测成果表明：①A_1 区前缘 A 向变形总体以向坡外右岸变形为主，B 向变形表现为分区差异性的特点，横 I 线上游总体以向上游为主，下游总体以向下游变形为主；中下部 ZK7 孔和 ZK8 孔孔口、ZK102 孔口 A 向变形与前缘一致，但 ZK8 在 20m 以下、ZK102 在 72m 以下与前缘变形相反，均以向坡内变形为主，B 向变形与前缘变形方向一致，以向上游变形为主；②A_3 区 ZK105 孔 A 向变形以向坡外右岸变形为主，B 向变形以向上游变形为主，测斜孔孔口最大累积位移 100mm。③测斜孔在孔深范围变形位移主要在表部 20~60m 深度内，与勘探揭示的松动碎裂、强倾倒变形岩体厚度基本一致，说明变形主要在松动碎裂和强倾倒变形岩体内。

2.7.4 岸坡变形破坏机制分析

2.7.4.1 岸坡倾倒变形控制因素

狮子坪水电站库区二古溪倾倒变形岩体的产生，与区内地形地貌、地层岩性、岩体结构和地质构造等因素都有密切的关系。根据野外勘探及调查，变形体的地形条件、地层岩性及岩体结构面为岩体倾倒变形的控制因素。同时，雨季雨水对边坡坡面的冲刷、侵蚀易使出露的岩体风化加速，甚至导致结构面再次临空，局部小断层的分布等也对岩体的倾倒变形有一定影响。区内岩体倾倒变形的控制因素如下：

（1）二古溪变形体属高山区深切河谷地貌，两岸地形较为复杂。坡度总体上 30°～50°，局部发育陡崖。斜坡上缓下陡，坡度 30°～55°，下部斜坡陡峭，平均 45°左右，局部近直立。高陡斜坡为倾倒变形提供了较好的临空条件。另外，变形体所在河段河谷总体流向由近 N～S 向转为 NW～SE40°向，岸坡延伸方向与地层走向（N40°～50°W）小角度相交，倾向山内，属斜向河谷，具备岩体侧向倾倒变形的地形临空条件。

（2）二古溪变形体斜坡岩体主要由薄层状变质砂岩和千枚状板岩构成。地层及片理走向与坡面小角度相交，岩体陡倾，倾角一般 60°～70°。这种陡倾角斜坡结构，有利于斜坡岩体倾倒变形的发生与发展。

2.7.4.2 岸坡倾倒变形岩体破裂型式

二古溪变形体的倾倒变形现象较为复杂，根据地表地质调查、钻孔、平洞勘探，参考电站枢纽区的地质资料和二古溪变形体对岸纳山倾倒变形体的勘探资料，对二古溪变形体边坡进行了系统的地质编录与分析研究。研究成果表明，该变形体内部、底界及后缘深部等部位的变形特征不尽相同。归纳起来有层内剪切错动、层内拉张破裂、切层张—剪破裂、折断—碎裂破裂及剪切—滑移五种类型。

2.7.4.3 岸坡倾倒岩体变形程度划分

二古溪倾倒变形岩体的变形破裂特征较为复杂，不同部位表现形式及变形机理均有着较大的差异。我们对 3 个勘探平洞进行了系统的实测编录和变形破裂特征地质调查研究，在此基础上通过进一步的归纳分析，并类比参考其他水电站同一套砂板岩内倾倒变形岩体的研究经验及成果，将二古溪岩体倾倒变形的强烈程度分为"极强倾倒变形带（碎裂松动变形带）""强烈倾倒变形带（B类）"和"弱倾倒变形带（C类）"三类。

（1）极强倾倒变形带（碎裂松动变形带）。岩体发生强烈的折断张裂变形，形成陡倾坡外的张性破裂带。岩体内部张裂变形显著，松弛强烈，架空现象明显，大量充填块碎石及角砾、岩屑。变形严重者，破裂带以上岩体与下伏变形岩体分离，并可发生重力碎裂位移。这类变形破裂主要分布在坡体的浅表层。

（2）强烈倾倒变形带。岩层倾角 20°～40°，岩体内部除沿片理面及软弱岩带发生强烈的剪切滑移、层内岩层发生张性破裂外，斜坡浅层部位沿倾向坡外的节理发生明显切层发展的张性剪切变形。

（3）弱倾倒变形带。陡倾层状岩体沿片理面及软弱岩带发生倾倒剪切蠕变，层内岩层基本上不发生明显的宏观张裂变形，或形成微量变形的张裂缝。岩层倾角 40°～55°，岩块间架空不明显。这类变形属倾倒变形程度较弱的情况，一般发生在倾倒岩体的深部。

在上述各分级研究的基础上，以大量的现场实测数据为基础，经过系统的统计分析和反复的现场验对校正，并参照具有相似工程地质条件倾倒岩体的研究经验，通过进一步的类比分析，提出二古溪边坡倾倒破裂程度分带标准，见表 2.35。

表 2.35　　　　　　　　　二古溪边坡岩体倾倒变形程度分带标准

指　标	极强倾倒变形带	强烈倾倒变形带	弱倾倒变形带
岩体结构及变形特征	强烈倾倒折断、岩体拉裂、局部架空、碎裂松动、岩体结构基本丧失	强烈倾倒，层面强烈拉张，切层张剪性裂面普遍发育，岩块转动扩容，整体较松动	倾倒变形较弱，层面轻微拉张，切层张剪性裂面少量发育，岩块未明显扩容，层面微量张裂变形
岩层倾角 $\alpha/(°)$	0～20	20～40	40～55
倾角变化量 $\Delta\alpha/(°)$	50～70	30～50	15～30
最大拉张量 s/cm	5～20	1～5	<1
卸荷变形特征	松动、强卸荷	强卸荷，较松动	强卸荷，局部松动
风化特征	强风化、弱风化上段	弱风化上段	弱风化下段，上部为弱风化上段

根据上述基于实测分析和工程经验类比建立的分级体系，结合实施的 3 个平洞所揭示的结构变形现状及资料有限等实际情况，本次研究对二古溪岸坡岩体，按倾倒变形程度及变形的控制结构底界，由内向外将其划分为：（A）正常岩带（原始地层区）、（B）弱倾倒变形带、（C）强倾倒变形带、（D）极强倾倒变形带（碎裂松动变形带）。各平洞揭示的各区分段简况见表 2.36，图 2.69 为典型倾倒岸坡工程地质剖面图。

表 2.36　　　　　　　　二古溪变形体平洞倾倒变形分区深度汇总表

部位	平洞编号	平洞高程/m	覆盖层/m	碎裂松动带/m	强倾倒带/m	弱倾倒带/m	原始地层/m	备　注
Ⅱ 剖面自然坡面	PD3	2788.90	0.0～3.0	3.0～22.0	22.0～90.0	90.0～166.0	166.0～174.0	PD1 位于二古溪 1 号隧洞内，洞口水平埋深约 83m；PD2 位于二古溪 2 号隧洞内，洞口水平埋深约 45m
Ⅱ 剖面（1 号隧洞）	PD1	2567.00	0.0～20.5	缺失	20.5～40.0	40.0～113.0	113.0～159.0	
Ⅴ 剖面（2 号隧洞）	PD2	2563.00	未揭露	未揭露	0.0～40.0	40.0～82.0	未揭露	

2.7.4.4　成因机制分析

狮子坪水电站库区二古溪变形体岩体倾倒变形破裂现象的产生，经历了从河谷下切、岩体卸荷到倾倒弯折漫长的动力地质发展过程。这种特殊的表生改造作用，除了特定的薄层及板状岩体结构条件外，高强度的重力作用和山体临空条件也不可或缺。

在杂谷脑河深切峡谷形成的早期，二古溪边坡河谷地貌形态是尚未被进一步剥蚀的高陡斜坡，故而具有高强度的重力作用和山体高陡临空条件这种特殊的岩体力学条件，岩体倾倒变形得以强烈发展。经过长期的地貌剥蚀作用，目前二古溪岸坡的高度及坡度，均已大为降低、减缓，随着现代河谷的形成，岸坡岩体的倾倒变形亦随之逐渐减缓，岩体变形以浅表层的岩体松弛为主。

根据已有研究，二古溪坡体地形较陡，平均坡度 30°～50°，地表形态呈凹凸不平，有利于雨水下渗，坡体前缘地形陡峻，临空条件好，坡体多被第四系松散物覆盖，局部出露基岩。坡体表部覆盖崩坡积的块碎石土，结构松散，架空严重，下部覆盖冰积块碎砾石土，结

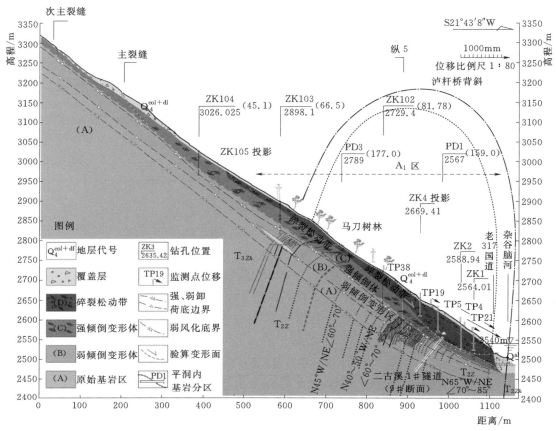

图 2.69　Ⅱ—Ⅱ工程地质剖面示意图

构较密实，但其内部夹砾石粉土，性状较软。下覆基岩为三叠系杂谷脑组变质砂岩夹千枚状板岩、侏倭组变质砂岩与千枚状板岩互层，千枚状板岩岩质软，岩体结构有利于发生变形破坏；由于岩层走向与岸坡小角度相交，倾向坡内，倾角较陡，一般 60°～70°，加之坡体处于芦干桥背斜的核部附近，受构造影响，岩体较破碎，这种岩体结构决定了一旦出现临空面，在重力场作用下，岩体向临空面方向逐渐变形、倾倒，离地面越近，高程越高，倾倒变形越大，随着变形的加剧，在倾倒较强烈的部位产生楔形拉裂缝，发生弯曲、折断。

　　基于已有研究及上述分析，对二古溪斜坡倾倒变形岩体的形成机制与发展过程进行初步分析，对二古溪岸坡岩体倾倒变形的形成与演变可以概括为四个基本发展阶段，各阶段变形有着不同的破裂力学机制和特征变形现象，其发展过程如下：初期卸荷回弹—倾倒变形发展阶段、倾倒—层内拉张发展阶段、倾倒—弯曲、折断变形破裂发展阶段及底部滑移—后缘深部折断面贯通破坏发展阶段。

2.7.4.5　潜在破坏模式分析

　　二古溪变形体规模巨大，变形破坏机制复杂。B 区总体变形微弱，地表调查周边裂缝未贯通，无统一边界，前缘也未见明显变形，分析判断该区处于蠕变—挤压阶段，现状整体基本稳定。A 区变形总体较强烈，周边已经形成基本贯通的边界裂缝，物质组成成分较复杂，变形破坏模式呈弯曲—拉裂—剪切型，而不同部位变形程度差异明显，按照前述的分区分带特征，分别对 $A_1 \sim A_3$ 三个分区的变形阶段及潜在破坏模式逐一分析。

（1） A_1 区变形发展阶段及潜在破坏模式分析。根据地质测绘、钻孔及平洞勘探资料揭示，A_1 区表层物质组成以块碎石土为主。从 A_1 区变形发展历史过程来看，2008 年"5·12"汶川特大地震损伤→二古溪 1 号隧洞洞身出现细小裂缝，轻微变形→雨季持续降雨→二古溪 1 号隧洞洞身裂缝集中发展，经加固后恢复使用→2012 年 8 月当地居民在变形体后缘首次发现地表裂缝→2013 年 8 月雨季及狮子坪水库二期蓄水→二古溪 1 号隧洞及后缘边坡又开始变形，波及下游杂谷脑河二古溪大桥变形→2013 年 10 月 6 日二古溪 1 号隧洞严重变形，2 号隧洞局部出现变形，后缘裂缝迅速发展直至基本圈闭等一系列演进过程。

从地质模型上看，其前缘碎裂松动带坡体相当于后缘倾倒变形岩体的一个软弱基座。从钻孔及平洞揭示情况来看，边坡覆盖层内部、基覆界面以及基岩内部均未发现连续的软弱层或贯通的滑动面，但从钻孔测斜监测成果来看，坡体碎裂松动带底界、基岩内强倾倒底界存在变形突变、震荡等情况，推测在一定的变形深度可能存在不连续的软弱面。地表调查及监测结果显示 A_1 区前缘突出部位呈发散状的位移撒开态势，说明其受临空条件控制呈一种解体之势，山鼻梁上下游位移矢量方向相背，变形差异明显的特征。

通过地表调查、勘探揭示，A 区覆盖层内部、基覆界面以及基岩内部未发现连续的软弱夹层或贯通的滑动面。但表层的松动碎裂带岩体结构基本丧失，局部架空，监测变形分析仍处于蠕变—蠕滑阶段。

（2） A_2 区变形发展阶段及潜在破坏模式分析。根据地质测绘调查结果，A_2 区坡表物质组成以倾倒变形、强卸荷基岩为主。从 A_2 区变形发展历史过程来看，"5·12"汶川特大地震后 A_2 区岩体结构受到损伤→雨季持续降雨，弱化边坡岩体结构→2013 年雨季及狮子坪电站水库二期蓄水→二古溪 2 号隧洞洞身局部出现变形→2013 年 10 月 6 日二古溪 2 号隧洞中间段严重变形、2 号隧洞外侧改线公路裂缝开始密集出现等一系列演进过程。

从地表地质调查及 PD2 平洞勘探揭示，A_2 区地质构造上位于芦干桥背斜的核部，坡体主要由杂谷脑组倾倒变形强烈的变质砂岩及板岩组成，板岩岩质相对较软，易于层内剪切宏观上表现出柔性的弯曲变形，而变质砂岩则表现出明显的折断拉裂，在 PD2 平洞内一般间隔 10m 左右即发育较明显的折裂现象，在一定深度部位还表现明显的折断松弛带。因此，分析该区最可能的变形破坏模式应为沿强倾倒变形带底界，形成较贯通的变形软弱面，进而演绎成滑移破坏。

（3） A_3 区变形发展阶段及潜在破坏模式分析。A_3 区范围为上述 A 区内除 A_1 区和 A_2 区以外的区域，处于 A_1 区、A_2 区之间，基本的地质结构模型以强、弱倾倒变形岩体为主。地表调查其变形迹象较弱，除两侧及后缘 A 区主裂缝外，坡内未出现明显的纵向裂缝；其前缘 G317 国道线上公路路面也未发现裂缝，仅在公路外侧抗滑桩顶部与坡体喷层有纵向裂缝出现。初步分析判断该区尚处于蠕变状态，并有路堤抗滑桩支挡作用，目前现状基本稳定。但需要注意的是，从空间位置关系上看，该区的稳定性还取决于两侧 A_1 区、A_2 区的支撑作用，一旦两侧 A_1 区、A_2 区部分变形失稳后，将可能引起该区坡体变形加剧进而部分失稳。

2.7.5　岸坡倾倒变形稳定性分析

2.7.5.1　宏观地质分析

根据地表地质调查分析，结合不同部位、不同高程布置的 7 个钻孔、3 个平洞勘探成果资料，二古溪变形体规模巨大，坡体表层由崩坡积块碎石土及含块碎砾石土组成，下覆基岩为三叠系中统杂谷脑组（T_2z）变质砂岩夹千枚状板岩、侏倭组千枚状板岩与变质砂岩互层。

二古溪变形体形成后至今已经历了长期的表生改造，杂谷脑河下切改造后仍能保留较完整的地貌特征，表明二古溪变形体在原始状态整体稳定。二古溪隧洞开挖切脚，"5·12"汶川大地震及余震，加之近年来多次雨季降雨，狮子坪水电站二期蓄水等不利因素的影响，变形体后缘出现了裂缝，前缘出现变形和局部失稳，说明二古溪变形体在这些因素的共同作用下整体稳定性降低，目前变形以张裂缝为主，尚未出现较大规模的垮塌，表明变形体以蠕变为主，整体处于基本稳定状态。

钻孔、平洞勘探揭示，边坡覆盖层内部、基覆界面以及基岩内部均未发现连续的软弱层或贯通的滑动面；监测成果显示变形体内存在变形差异性分区特点，且在变形方向上存在不同，目前边坡仍处于缓慢变形状态中。

从地表地质调查、钻孔勘探、平洞勘探与监测资料分析，二古溪变形体发生整体快速失稳破坏的可能性小，但不排除在暴雨、地震及水库蓄水等因素作用下，前缘出现一定规模的局部失稳破坏的可能。结合各区的变形特征，各区的稳定性宏观地质评价如下：

（1）A区稳定性评价。A区总体为强倾倒变形区，周边裂缝已经基本贯通，前缘也见明显变形。根据不同部位间变形的差异性，稳定性又存在差异，现分述如下：

1）A_1区稳定性评价。A_1区位于A区下游侧，其下部二古溪1号隧洞已经变形明显，前缘位于库水位以下，局部已经出现垮塌失稳，上、下游侧边界也已经出现拉裂变形，目前稳定性较差，但由于其前缘物质组成主要为碎裂岩体碎裂松动变形后形成的块碎砾石土，分析其失稳模式可能是前缘以解体式变形破坏为主，基岩以强倾倒变形为主；强倾倒变形带为欠稳定状态。

2）A_2区稳定性评价。A_2区位于A区上游侧，其前缘二古溪2号隧洞及G317国道旧公路边坡已经出现明显变形，上、下游侧边界也已经出现拉裂变形，坡内及后缘变形不明显。该区地质构造上位于芦干桥背斜的核部，岩体主要由杂谷脑组变质砂岩与板岩组成，岩层走向与谷坡小角度相交，倾向坡内。由于板岩岩质较软，容易产生弯曲变形，加之杂谷脑河快速下切，形成高陡谷坡，在重力作用下，岩体向临空面方向逐渐变形、倾倒，随着变形的加剧，在倾倒较强烈的部位产生楔形拉裂缝，发生弯曲、折断。G317国道改线公路2号隧洞爆破震动、开挖切脚进一步破坏了原坡体的完整性，加上雨季雨水下渗及水库二期蓄水的浸泡影响，加剧了坡体的变形。分析在库水、连续降雨等因素作用下，可能出现变形；强倾倒变形带为欠稳定状态。

3）A_3区稳定性评价。A_3区位于A_1区、A_2区之间，坡体表层由崩坡积块碎石土组成，下覆基岩为三叠系中统杂谷脑组（T_2z）变质砂岩夹千枚状板岩、侏倭组千枚状板岩与变质砂岩互层。地表调查其变形迹象微弱，现状整体基本稳定。但在A_1区、A_2区变形失稳后会失去支撑，形成临空面，失去支撑的上部堆积体物质变形可能进一步加剧，存在失稳的可能。

（2）B区稳定性评价。

B区位于A区的上游，总体为弱变形区，地表调查未见有明显的下错和变形迹象，周边裂缝未贯通，无统一边界，前缘也未见明显变形，地表变形迹象微弱，现状整体基本稳定。

2.7.5.2 定量计算

（1）计算模式。经过对二古溪变形体钻孔、平洞勘探以及地质调查和试验工作，二古溪边坡变形破坏成因机制复杂，既有坡体地形较陡，物质组成较松散、软弱等内因，也有受 2008 年"5·12"汶川大地震、雨季降雨、G317 国道改线公路和二古溪隧洞开挖切脚，以及水库蓄水浸泡影响等外部因素。综合分析判断认为：二古溪变形体规模巨大，成因复杂，边坡变形迹象明显，尚处于变形初期—蠕变阶段，宏观判断二古溪边坡出现整体快速下滑的可能性性小。

A_3 区、B 区整体基本稳定，A_1 区、A_2 区稳定性差，存在局部失稳的可能，根据勘察成果并结合监测资料，综合分析认为二古溪变形体最有可能产生失稳的主要失稳模式有：①沿极强倾倒底界产生失稳破坏；②沿强倾倒底界发生失稳破坏；③极强倾倒变形体内部产生失稳破坏（图 2.70）。

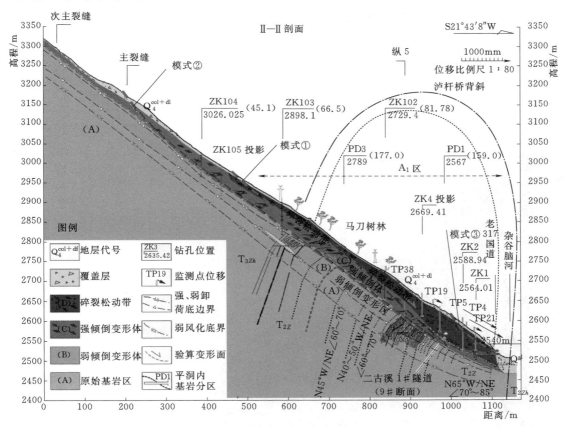

图 2.70 二古溪变形体失稳模式

（2）计算参数。计算参数按表 2.32 选取。

（3）计算工况。结合调查，二古溪边坡的稳定性主要考虑以下三种工况：

1）工况 1：天然工况，河水位 2508.00m，属于持久工况；

2）工况 2：正常蓄水位工况（2540.00m），属于持久工况；

3）工况 3：水位骤降工况，水位由正常蓄水位 2540.00m 骤降至天然河水位

2508.00m，属于短暂工况。

（4）计算方法。根据《水电水利工程边坡设计规范》（DL/T 5353—2006）对边坡稳定性方法的规定，二古溪变形体采用二维刚体极限平衡法进行计算，采用基于下限理论Morgenstern－Price（M－P）方法为主，传递系数法和结构位移法进行校核，计算程序采用陈祖煜院士编写的STAB软件进行计算。

（5）计算结果及分析。采用陈祖煜院士编写的STAB软件进行二维刚体极限平衡法计算，结合各个分区的潜在的破坏模式，得出变形体各个分区的计算成果，见表2.37。

表2.37　　　　　　　　　　　　二古溪变形体分区计算成果表

可能失稳部位	计算方法	工　况		
		天然工况	蓄水工况（2500.00m）	水位骤降工况
A₁区碎裂松动带底界	指定滑面	1.04	1.013	1.02
A₁区强烈倾倒变形带底界	指定滑面	1.046	1.037	1.028
A₁区碎裂松动带前缘	圆弧滑动	0.99	0.963	0.947
A₂区强烈倾倒变形带底界	指定滑面	1.049	1.027	1.022
B区强烈倾倒变形带底界	指定滑面	1.08	1.06	1.05

1）A_1区计算成果显示（图2.71）：①碎裂松动带底界在天然工况、正常蓄水位

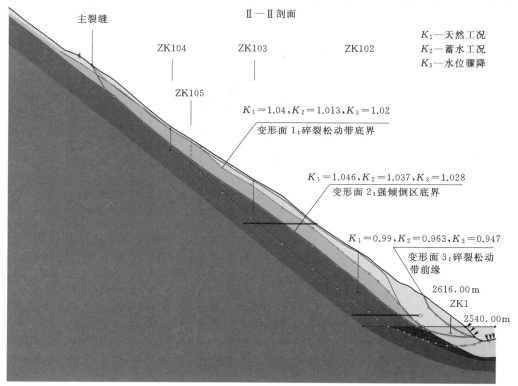

图2.71　二古溪变形体 A_1 区分析最危险滑面计算结果示意图

（2540.00m）工况、水位骤降工况下安全系数 K 分别为 1.04、1.013、1.02，根据《滑坡防治工程勘查规范》（DZ/T 0218—2006）滑坡状态划分，1.0≤K<1.05，边坡处于欠稳定状态；②强倾倒带底界在天然工况、正常蓄水位（2540.00m）工况、水位骤降工况下安全系数 K 分别为 1.046、1.033、1.028，根据《滑坡防治工程勘查规范》（DZ/T 0218—2006）滑坡状态划分，1.0≤K<1.05，边坡处于欠稳定状态；③碎裂松动带前缘岩土体在天然工况、正常蓄水位（2540.00m）工况、水位骤降工况下安全系数 K 分别为 0.99、0.963、0.947，根据《滑坡防治工程勘查规范》（DZ/T 0218—2006）滑坡状态划分，K<1.0，边坡不稳定，而现场看到的 A_1 区前缘部分岩土体已经垮塌，以前的老公路已基本被堆积掩盖，表明稳定性定量计算成果与现场垮塌的变形现象较为吻合。

2）A_2 区计算成果显示（图 2.72）：强倾倒带底界在天然工况、正常蓄水位（2540.00m）工况、水位骤降工况下安全系数 K 分别为 1.049、1.027、1.022，根据《滑坡防治工程勘查规范》（DZ/T 0218—2006）滑坡状态划分，1.0≤K<1.05，边坡处于欠稳定状态。

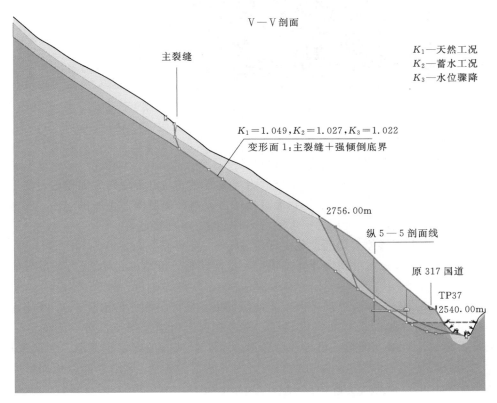

图 2.72　二古溪变形体 A_2 区分析最危险滑面计算结果示意图

3）B 区计算成果显示（图 2.73）：分析的强倾倒带底界在天然工况、正常蓄水位（2540.00m）工况、水位骤降工况下安全系数 K 分别为 1.08、1.06、1.05，根据《滑坡防治工程勘查规范》（DZ/T 0218—2006）滑坡状态划分，$K \geqslant 1.05$，边坡处于基本稳定状态。

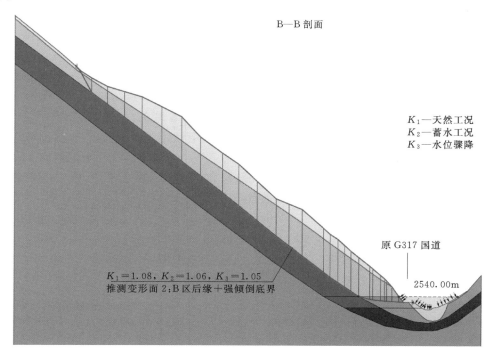

B—B 剖面

K_1—天然工况
K_2—蓄水工况
K_3—水位骤降

原 G317 国道

2540.00m

$K_1=1.08, K_2=1.06, K_3=1.05$
推测变形面 2;B 区后缘＋强倾倒底界

图 2.73　二古溪变形体 B 区分析最危险滑面计算结果示意图

2.7.6　岸坡倾倒变形体危害性评估

2.7.6.1　岸坡倾倒变形体失稳直接危害评价

二古溪变形体主要由块碎石土及变质砂岩与板岩组成，由于距离大坝较远，变形体失稳下滑对狮子坪大坝及主要水工建筑物无直接危害影响；变形体上无居民居住，二古溪变形体失稳对当地居民也无直接危害；可能对 G317 国道有直接危害。

2.7.6.2　岸坡倾倒变形体失稳涌浪危害评价

（1）A_1 区变形失稳涌浪高度计算。根据稳定性计算分析结果，A_1 区边坡最可能的变形模式有三种：

1）第一种模式——碎裂松动带岩土体前缘的失稳破坏：水库蓄水后，A_1 区前缘已处于水位线下，若沿强倾倒折断面失稳破坏，则潜在剪出口位于河床高程。当变形体失稳后，前缘滑体滑下，堵塞河道，将导致后部滑体受阻，减速最终停止下滑，因此失稳后，滑体经过短暂的加速，很快进入减速阶段。针对此情况，若 A_1 区沿着碎裂松动带岩土体前缘失稳破坏，取滑体重心下降高度 $H=38$m，水深 $H_w=40.0$m，经计算：

$$V=\sqrt{2gh\left[(1-\cot\alpha\tan\psi)-\frac{cL}{mg\sin\alpha}\right]}=13.4\,(\text{m/s})$$

$$V_r=\frac{V}{\sqrt{gH_w}}=0.668$$

根据滑坡体的平均厚度 $H_s = 8\text{m}$，计算 $H_s/H_w = 0.2$，根据 V_r 和 H_s/H_w，由图 2.42 确定滑体下滑产生的破浪处于非线性过渡区。由图 2.43（a），根据 V_r 值可先求出滑体落水点（$X=0$）处的最大波高 H_{max} 与滑体厚度 H_s 的比值：$H_s/H_{max} = 0.7$，从而求出 $H_{max} = 11.429\text{m}$。

为评估涌浪对大坝是否存在翻坝的可能，故对涌浪传递至大坝处的浪高进行估算。确定距离滑坡入水点 $X = 7.2\text{km}$ 位置处的最大涌浪高度时，先计算相对距离 $X_r = X/H_w = 219.58$，再根据滑坡相对滑速 V_r，查图 2.43（b），$H_{max}/H_s \approx 0.063$，故大坝位置处最大涌浪高度 $H_{max} \approx 0.72\text{m}$；九架棚沟电站厂房距离 A_1 区为 3.7km，故相对距离 $X_r = X/H_w = 112.84$，$H_{max}/H_s \approx 0.128$，则九架棚电站厂房位置处最大涌浪高度 $H_{max} \approx 1.46\text{m}$；库尾居民点距离入水点 $X = 1.5\text{km}$ 位置，则求得 $X_r = X/H_w = 45.75$，查图得到 $H_{max}/H_s \approx 0.183$，所以涌浪高度 $H_{max} \approx 2.09\text{m}$。

2）第二种模式——沿碎裂松动带底界失稳破坏：若 A_1 区沿着碎裂松动带岩土体底界发生失稳破坏，取滑体重心下降高度 $H = 156.32\text{m}$，水深 $H_w = 40.0\text{m}$，经计算：

$$V = \sqrt{2gh\left[(1-\cot\alpha\tan\psi) - \frac{CL}{mg\sin\alpha}\right]} = 12.6\,(\text{m/s})$$

$$V_r = \frac{V}{\sqrt{gH_w}} = 0.63$$

根据滑坡体的平均厚度 $H_s = 10\text{m}$，计算 $H_s/H_w = 0.25$，根据 V_r 和 H_s/H_w，由图 2.42 确定滑体下滑产生的破浪处于非线性过渡区。由图 2.43（a），根据 V_r 值可先求出滑体落水点（$X=0$）处的最大波高 H_{max} 与滑体厚度 H_s 的比值：$H_s/H_{max} = 0.64$，从而求出 $H_{max} = 15.625\text{m}$。

为评估涌浪对大坝的影响，是否存在翻坝的可能，故对涌浪传递至大坝处的浪高进行估算。确定距离滑坡入水点 $X = 7.2\text{km}$ 位置处的最大涌浪高度时，先计算相对距离 $X_r = X/H_w = 219.58$，再根据滑坡相对滑速 V_r，查图 2.43（b），$H_{max}/H_s \approx 0.061$，故大坝位置处最大涌浪高度 $H_{max} \approx 0.95\text{m}$；九架棚沟电站厂房距离 A_1 区为 3.7km，故相对距离 $X_r = X/H_w = 112.84$，$H_{max}/H_s \approx 0.125$，则九架棚电站厂房位置处最大涌浪高度 $H_{max} \approx 1.95\text{m}$；库尾居民点距离入水点 $X = 1.5\text{km}$ 位置，则求得 $X_r = X/H_w = 45.75$，查图得到 $H_{max}/H_s \approx 0.179$，所以涌浪高度 $H_{max} \approx 2.8\text{m}$。

3）第三种模式——沿强倾倒变形带底界失稳破坏：若 A_1 区沿着强倾倒变形带底界发生失稳破坏，取滑体重心下降高度 $H = 156.32\text{m}$，水深 $H_w = 40.0\text{m}$，经计算：

$$V = \sqrt{2gh\left[(1-\cot\alpha\tan\psi) - \frac{CL}{mg\sin\alpha}\right]} = 12.06\,(\text{m/s})$$

$$V_r = \frac{V}{\sqrt{gH_w}} = 0.6$$

根据滑坡体的平均厚度 $H_s = 20\text{m}$，计算 $H_s/H_w = 0.5$，根据 V_r 和 H_s/H_w，由图 2.42 确定滑体下滑产生的破浪处于非线性过渡区。由图 2.43，根据 V_r 值可先求出滑体落水点（$X=0$）处的最大波高 H_{max} 与滑体厚度 H_s 的比值：$H_s/H_{max} = 0.61$，从而求出 $H_{max} = 32.79\text{m}$。

为评估涌浪对大坝的影响，是否存在翻坝的可能，故对涌浪传递至大坝处的浪高进行估算。确定距离滑坡入水点 $X=7.2\text{km}$ 位置处的最大涌浪高度时，先计算相对距离 $X_r=X/H_w=219.58$，再根据滑坡相对滑速 V_r，查图 2.43（b），$H_{max}/H_s\approx0.06$，故大坝位置处最大涌浪高度 $H_{max}\approx1.2\text{m}$；九架棚沟电站距离 A_1 区为 3.7km，故相对距离 $X_r=X/H_w=112.84$，$H_{max}/H_s\approx0.12$，则九架棚电站位置处最大涌浪高度 $H_{max}\approx2.4\text{m}$；库尾居民点距离入水点 $X=1.5\text{km}$ 位置，则求得 $X_r=X/H_w=45.75$，查图得到 $H_{max}/H_s\approx0.178$，所以涌浪高度 $H_{max}\approx5.83\text{m}$。

（2）A_2 区变形失稳涌浪高度分析。和 A_1 区相似，A_2 区边坡最可能的变形模式有两种：

1）第一种模式——沿强倾倒变形带底面发生失稳破坏：水库蓄水后，若沿着强倾倒变形带底面发生失稳破坏，取滑体重心下降高度 $H=115.62\text{m}$，水深 $H_w=30.0\text{m}$，经计算：

$$V=\sqrt{2gh\left[(1-C\tan\alpha\tan\psi)-\frac{CL}{mg\sin\alpha}\right]}=8.56(\text{m/s})$$

$$V_r=\frac{V}{\sqrt{gH_w}}=0.43$$

根据滑坡体的平均厚度 $H_s=25\text{m}$，计算 $H_s/H_w=0.83$，根据 V_r 和 H_s/H_w，由图 2.42 确定滑体下滑产生的破浪处于独立涌浪区。由图 2.43（a），根据 V_r 值可先求出滑体落水点（$X=0$）处的最大波高 H_{max} 与滑体厚度 H_s 的比值：$H_s/H_{max}=0.39$，从而求出 $H_{max}=9.75\text{m}$。

为评估涌浪对库尾区居民的影响，是否存在涌浪淹没村落的可能，故对涌浪传递至库尾居民处的浪高进行估算。确定距离滑坡入水点 $X=1.1\text{km}$ 位置处的最大涌浪高度时，先计算相对距离 $X_r=X/H_w=112.82$，再根据滑坡相对滑速 V_r，查图 2.43（b），$H_{max}/H_s\approx0.1312$，故居民位置处最大涌浪高度 $H_{max}\approx1.3\text{m}$；大坝距离滑坡入水点 $X=7.7\text{km}$ 位置处的最大涌浪高度时，先计算相对距离 $X_r=X/H_w=789.74$，再根据滑坡相对滑速 V_r，查图 2.43（b），$H_{max}/H_s\approx0.023$，故大坝位置处最大涌浪高度 $H_{max}\approx0.23\text{m}$；九架棚沟电站距离 A_1 区为 4.2km，故相对距离 $X_r=X/H_w=430.77$，$H_{max}/H_s\approx0.037$，则九架棚电站位置处最大涌浪高度 $H_{max}\approx0.36\text{m}$。

2）第二种模式——沿强倾倒变形带前缘发生失稳破坏：水库蓄水后，若沿着强倾倒变形带前缘发生失稳破坏，则取滑体重心下降高度 $H=95\text{m}$，水深 $H_w=30.0\text{m}$，经计算：

$$V=\sqrt{2gh\left[(1-C\tan\alpha\tan\psi)-\frac{CL}{mg\sin\alpha}\right]}=10.52(\text{m/s})$$

$$V_r=\frac{V}{\sqrt{gH_w}}=0.52$$

根据滑坡体的平均厚度 $H_s=16\text{m}$，计算 $H_s/H_w=0.53$，根据 V_r 和 H_s/H_w，由图 2.42 确定滑体下滑产生的破浪处于独立涌浪区。由图 2.43（a），根据 V_r 值可先求出滑体落水点（$X=0$）处的最大波高 H_{max} 与滑体厚度 H_s 的比值：$H_s/H_{max}=0.51$，从而求出

$H_{max}=8.16m$。

为评估涌浪对库尾区居民的影响，是否存在涌浪淹没村落的可能，故对涌浪传递至库尾居民处的浪高进行估算。确定距离滑坡入水点 $X=1.1km$ 位置处的最大涌浪高度时，先计算相对距离 $X_r=X/H_w=112.82$，再根据滑坡相对滑速 V_r，查图 2.43 （b），$H_{max}/H_s \approx 0.13$，故居民位置处最大涌浪高度 $H_{max} \approx 1.06m$；大坝距离滑坡入水点 $X=7.7km$ 位置处的最大涌浪高度时，先计算相对距离 $X_r=X/H_w=789.74$，再根据滑坡相对滑速 V_r，查图 2.43 （b），$H_{max}/H_s \approx 0.026$，故大坝位置处最大涌浪高度 $H_{max} \approx 0.212m$；九架棚沟电站距离 A_1 区为 $4.2km$，故相对距离 $X_r=X/H_w=430.77$，$H_{max}/H_s \approx 0.039$，则九架棚电站位置处最大涌浪高度 $H_{max} \approx 0.318m$。

（3）涌浪分析。根据美国土木工程学会推荐的滑坡涌浪高度预测计算方法，二古溪变形体涌浪验算主要考虑了沿 A_1 区碎裂松动带前缘失稳、沿 A_1 区碎裂松动带底界失稳、沿 A_1 区强倾倒变形带底界失稳、沿 A_2 区强倾倒变形带底界失稳及沿 A_2 区强倾倒变形带前缘失稳五种模式下，对狮子坪电站大坝、库区内的九架棚沟电站厂房、库尾居民点等具有敏感对象的地点进行了涌浪高度预测计算。预测计算结果见表 2.38。

表 2.38　　　　　　　　　　　　二古溪变形体涌浪计算成果表

破坏区域		涌浪最大高度 /m	大坝处涌浪高度 /m	九架棚电站厂房处 涌浪高度/m	库尾居民点 涌浪高度/m
A_1 区	碎裂松动带前缘	11.429	0.72	1.46	2.09
	碎裂松动带底界	15.625	0.95	1.95	2.8
	强倾倒变形带底界	32.79	1.2	2.4	5.83
A_2 区	强倾倒变形带底界	9.75	0.23	0.36	1.3
	强倾倒变形带前缘	8.16	0.212	0.318	1.06

计算结果表明：①若 A_1 区沿着碎裂松动带前缘发生失稳，距离变形体落水点 7.2km 坝址处的涌浪高度约 0.72m，距离变形体落水点 3.7km 九架棚电站厂房处的涌浪高度约 1.46m，距离变形体落水点 1.5km 库尾居民点处的涌浪高度约 2.09m；②若 A_1 区沿着碎裂松动带底界发生失稳，距离变形体落水点 7.2km 坝址处的涌浪高度约 0.95m，距离变形体落水点 3.7km 九架棚电站厂房处的涌浪高度约 1.95m，距离变形体落水点 1.5km 库尾居民点处的涌浪高度约 2.8m；③若 A_1 区沿着强倾倒变形带底界发生失稳，距离变形体落水点 7.2km 坝址处的涌浪高度约 1.2m，距离变形体落水点 3.7km 九架棚电站厂房处的涌浪高度约 2.4m，距离变形体落水点 1.5km 库尾居民点处的涌浪高度约 5.83m；④若 A_2 区沿强倾倒变形带底界失稳，距离变形体落水点 7.7km 坝址处的涌浪高度约 0.23m，距离变形体落水点 4.2km 九架棚电站厂房处的涌浪高度约 0.36m，距离变形体落水点 1.1km 库尾居民点处的涌浪高度约 1.3m；⑤若 A_2 区沿强倾倒变形带前缘失稳，距离变形体落水点 7.7km 坝址处的涌浪高度约 0.21m，距离变形体落水点 4.2km 九架棚电站厂房处的涌浪高度约 0.32m，距离变形体落水点 1.1km 库尾居民点处的涌浪高度约 1.06m。

以上计算分析可以看出，水库蓄水后，变形体即使沿着 A_1 区强倾倒变形带底界发生失稳（此模式涌浪高度最大），造成的涌浪到达坝址时最大高度约 2.4m，电站正常高蓄水位为 2540.00m，而坝顶高程比正常蓄水位高 4m，另有约 1.2m 高的防浪墙，表明涌浪传递到大坝时高度有限，对大坝等枢纽建筑物影响较小。但是，对库区内公路、库尾居民点及其他设施等将造成影响。

2.7.6.3　岸坡倾倒变形体失稳堵江危害评价

如二古溪岸坡稳定性宏观地质评价及定量计算，二古溪变形体处于欠稳定—基本稳定，岸坡一旦失稳堵江，将可能对上游米亚罗乡以及下游大坝等建筑物造成较大的威胁。

（1）倾倒变形体失稳堵江可能性分析。2012 年雨季后二古溪后缘边坡开始出现裂缝，前缘 1 号隧洞出现变形破坏，2013 年 5 月水库二期蓄水开始后，二古溪变形体变形速率加剧，2013 年 10 月地表后缘裂缝逐渐贯通，边坡稳定性降低。若再次蓄水，浸泡，岩体软化，再加上浮托力和渗透力的影响，将很可能导致边坡失稳破坏。一旦发生失稳，依据工程经验，将有大量的物质滑入杂谷脑河。通过稳定性计算分析可知，二古溪变形体 A_1 区和 A_2 区稳定性最差，目前处于极限平衡状态，水库再次蓄水后，其边坡稳定性将降低。其中 A_1 区前缘的崩坡积物较多，且崩坡积物将直接受到库水影响，加之该变形体方量巨大，因此 A_1 区堵江可能性较大；而 A_2 区的坡脚地势陡峻，前缘拉裂缝张开度较大，并且发生过局部的垮塌，目前其应处于极限平衡状态，因此蓄水泡脚诱发其发生破坏堵江的可能性较大。

（2）变形体失稳堵江的最小方量计算。根据堵江最小方量计算，A_1 区在蓄水后河水面宽度取 110～160m，取 130m 作为计算值，蓄水深度 40m，滑体物质堵江的饱水内摩擦角按天然工况的 60% 进行折减，即 $\varphi_s = 20.4°$，计算可得变形体失稳堵江所需的最小土石方量约为 118 万 m^3。A_2 区水库蓄水后河面宽度为 50～70m，取 60m 作为计算值，蓄水深度为 37m，滑体物质堵江的饱水内摩擦角按天然工况的 60% 进行折减，即 $\varphi_s = 20.4°$，计算可得变形体失稳堵江所需的最小土石方量约为 46 万 m^3。

（3）变形体失稳入江体积计算。通过软件计算结果，由于地形较陡，35°～40°，滑面倾角约 35°，蓄水后，库水浸泡软化坡脚，再加上浮托力和渗透力的影响，变形体将可能失稳破坏。根据 geo-slope 计算，局部破坏后，涌入江中的最可能方量为：A_1 区沿强倾倒变形带底界失稳破坏的方量为 270 万～360 万 m^3；A_1 区沿碎裂松动岩土体底界失稳破坏的方量为 95 万～130 万 m^3；A_1 区沿沿碎裂松动岩土体前缘失稳破坏的方量为 30 万～50 万 m^3；A_2 区沿强倾倒变形带底界失稳破坏的方量为 70 万～90 万 m^3；A_2 沿强倾倒变形带前缘方量为 35 万～50 万 m^3。

（4）变形体失稳堵江高度计算。根据前面堵江高度计算方法，对 A_1 区堵江的高度经过计算为：若沿强倾倒变形带底界发生失稳破坏，形成的堵江高度是 60～70m；若沿碎裂松动岩体底界发生失稳破坏，形成的堵江高度是 32～42m；若沿碎裂松动岩体前缘发生失稳破坏，堵江方量小于最小堵江方量，因而不计算堵江高度。A_2 区堵江的高度为：若沿强倾倒变形带底界发生失稳破坏，形成的堵江高度是 25～30m；若沿强倾倒变形带前缘发生失稳破坏，形成的堵江高度是 6～15m。

（5）堵江分析。二古溪变形体堵江分析计算主要考虑了沿 A_1 区碎裂松动带前缘失稳、沿 A_1 区碎裂松动带底界失稳、沿 A_1 区强倾倒变形带底界失稳、沿 A_2 区强倾倒变形

带底界失稳及沿 A_2 区强倾倒变形带前缘失稳五种模式下的堵江高度。计算结果见表 2.39。

采用经验公式计算得到二古溪变形体 A_1 区若沿着碎裂松动带前缘发生失稳，滑入江中的最大物质方量约 30 万～50 万 m^3，小于堵江所需的最小方量，不能堵江。A_1 区若沿着碎裂松动带底界发生失稳，滑入江中的最大物质方量约 95 万～130 万 m^3，堵江形成的最可能高度为 32～42m；A_1 区若沿着强倾倒变形带底界发生失稳，滑入江中的最大物质方量约 270 万～360 万 m^3，形成堵江的最可能高度为 60～70m。A_2 区若沿着强倾倒变形带前缘发生失稳，滑入江中的最大物质方量约 35 万～50 万 m^3，堵江最可能高度为 6～15m；A_2 区若沿着强倾倒变形带底界发生失稳，滑入江中的最大物质方量约 70 万～90 万 m^3，堵江最可能高度为 25～30m。若形成堵江，对库区上游的乡镇、居民以及国道 G317 的交通安全造成较大的影响。

表 2.39　　　　　　　　　二古溪变形体堵江量及堵江高度计算成果表

破 坏 区 域		堵江所需最小方量 /万 m^3	破坏后可能的堵江方量 /万 m^3	堵江高度 /m
A_1 区	碎裂松动带前缘	118	30～50	—
	碎裂松动带底界		95～130	32～42
	强倾倒变形带底界		270～360	60～70
A_2 区	强倾倒变形带底界	46	70～90	25～30
	强倾倒变形带前缘		35～50	6～15

另外，上述计算是基于经验公式的计算，只考虑单个因素，而且是统计回归的数据，其公式原本考虑整个滑坡完全滑入杂谷脑河，在坡体上没有残留，其计算结果偏于安全。

第3章 地震工况下层状反倾库岸变形破坏机理研究

3.1 概述

一组优势的平行结构面反倾向坡体内部发育时，就形成反倾向边坡结构。最为常见的反倾向边坡通常出现在沉积岩或者变质岩，这时候优势的结构面通常为层面，若为岩浆岩边坡，也可以为一组发育于岩浆岩边坡中的反倾坡内节理。反倾岩质边坡的变形破坏问题由来已久，而对其系统研究始于 20 世纪 70 年代。De Frietas 和 Watters 在 1973 年明确将倾倒变形作为一种特殊的边坡变形类型；Goodman 和 Bray（1976）将倾倒破坏形式分成了三大类，即弯曲式倾倒、岩块式倾倒、岩块弯曲复合式倾倒，并基于极限平衡理论最早提出了倾倒稳定分析方法（简称 G—B 法）。王思敬（1981）在著名国际杂志上撰文论述了金川露天矿边坡倾倒变形发生的机理，并指出了反倾造成的反坎现象。Zanbank（1983）、Aydan 和 Kawamoto（1992）、Bobet（1999）等人建立了基于静力平衡方法的倾倒变形破坏问题的分析方法。Cruden 和 Hu 在 Alberta（1994）发现了贯通性不连续面倾向与坡向一致但倾角比坡脚要陡的边坡中存在大量的倾倒变形现象，即顺层倾倒，并将其分为块状弯曲倾倒（Block flexure topple）、多重块体倾倒（Multiple block topple）和人字形倾倒（Chevron topple）三种基本类型。王兰生、张倬元等（1981，1985，1994）详细讨论了倾倒变形发育的坡体结构条件及演化发展过程，阐述了其启动机制并建立了相应的失稳判据。陈祖煜、汪小刚等（1996）对 G—B 法进行了改进，并提出了简化分析方法。这些研究极大加深了人们对反倾边坡发生机理的认识，推动了反倾边坡稳定性分析技术的进步。

但是，反倾边坡在地震作用下的变形破坏机理、过程及稳定性分析技术只有零星的研究。见诸文献的有 1987 年王存玉、王思敬用小型振动台研究了反倾结构边坡的地震动响应以及失稳过程，他们发现反倾边坡的地震动响应与水平层状以及顺层状边坡不同，反倾向边坡模型的振动破坏方式主要表现为岩层的倾倒、弯曲和弯折（王存玉、王思敬，1987）。侯龙伟（2011）对陡倾层状岩质边坡进行了振动台物理模拟试验研究。杨国香等（2012）采用物理模型试验，研究强震作用下反倾层状结构岩质边坡动力响应特征及破坏过程，发现反倾层状结构边坡在地震力作用下的破坏过程主要为：地震诱发→坡顶结构面张开→坡体浅表层结构面张开→浅表层结构面张开数量增加、张开范围向深处发展，且坡体中出现块体剪断现象→边坡中、上部及表层岩体结构松动，坡体内出现顺坡向弧形贯通裂缝。黄润秋等（2013）利用振动台试验研究了硬岩反倾斜坡（HAD）为后缘垂直拉裂—中下部平缓剪出型失稳（L 形滑面），软岩反倾斜坡（SAD）为斜坡顶部拉裂—下部剪出型失稳。这些试验研究推动深化了人们对于地震作用下反倾边坡响应的认识。

但是由于模型试验自身的局限性难以严格满足相似条件，这些基于模型试验的结果只能给出定性的认识，难以给出定量的结果。同时，关于地震条件下反倾边坡稳定性的计算仍然采用拟静力法，完全忽视了反倾结构边坡在地震作用下的变形破坏模式与过程，给出的稳定性分析结果常常会误导设计。至今尚未对边坡倾倒破坏进行数值模拟的成熟方法，数值模拟非常缺乏。因此，开展地震作用下反倾边坡的变形破坏模式及稳定性评价方法研究刻不容缓，不仅具有重要的科学意义，更具有重大的实践价值。

为了研究地震作用下反倾边坡的变形破坏模式及稳定性评价方法，我们设置了以下五个方面的研究内容：

（1）边坡工程地质原型研究。选取锦屏一级水库、狮子坪水库、毛尔盖及雅砻江上游梯级电站等工程，以反倾、顺向大型（巨型）倾倒变形体为研究对象，典型反倾倾倒变形作为原型，研究原型边坡工程地质条件包括地形地貌、边坡地层岩性、边坡结构构造、边坡变形破坏现象、边坡水文地质条件、区域地应力等。研究边坡形成历史以及历史地震对边坡变形破坏的影响。

（2）地震作用下反倾边坡坡体质点动力响应。构建反倾边坡物理模型、数值模型，分析岩层倾角的变化对坡体质点动力响应的影响。

（3）地震作用下反倾边坡变形破坏模式。开展岩体动态变形特性的试验研究（包括压缩模量、拉伸模量、剪切模量）、岩体动态剪切强度特性的试验研究、岩体动态抗拉强度的试验研究。研究岩体压缩模量和拉伸模量的关系，构建动态条件下岩体强度准则。

（4）地震作用下反倾边坡稳定性影响因素敏感性分析。推导考虑地震荷载作用的反倾边坡倾倒破坏的解析解，在此基础上，分析原型边坡并进行边坡稳定性影响因素敏感性分析。

（5）边坡稳定性综合评判标准。分析地震作用下反倾边坡变形破坏模式，构建反倾边坡倾倒变形稳定性的综合评判标准，提出地震作用下反倾边坡稳定性评价方法。

本研究中运用到的研究方法包括：①边坡工程地质原型资料搜集、调查研究；②动荷载作用下岩石模型力学特性研究；③动荷载作用下结构面力学特性研究；④边坡大型振动台试验；⑤原位微震、弱震测试；⑥室内数值模拟试验。技术路线如图 3.1 所示。

本章总结了反倾边坡的工程地质特征，总结了地震作用下反倾边坡的破坏特征和模式，提出了地震作用下反倾边坡稳定性分析的极限平衡方法，对地震作用下边坡的防控措施进行了尝试性研究，并将研究成果在反倾边坡物理模型或工程实例中进行应用。

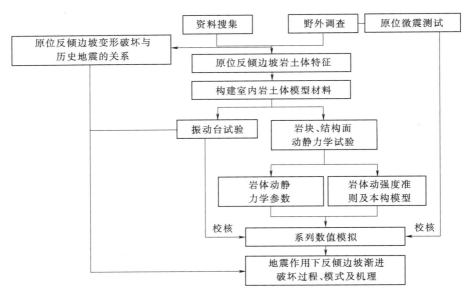

图 3.1　项目技术路线

3.2　地震作用下反倾边坡的变形破坏模式

3.2.1　反倾边坡常见的变形破坏模式
3.2.1.1　反倾边坡分类方法

地层走向与边坡走向夹角小于 25°，倾向与边坡倾向相反的层状结构岩质边坡为反倾向层状结构岩质边坡。前人对反倾边坡做了很多工作，对其变形破坏特征有了较为深入的研究，认识到了软基、软硬互层中较软岩或软弱夹层在反倾边坡变形破坏中的控制作用，然而已有的分类忽略了层厚的影响。成岩建造环境和后期改造过程均对反倾边坡的现状有着重要影响，层面、层理、假整合面、不整合面以及片理、叶理、剥理、板理片、麻结构等具有较好的延展性，它们在构造变形或岩体变形上都起着明显的控制作用。在研究中发现，厚层大都为相对坚硬的岩体，如灰岩、板岩，体现边坡具有脆性的结构，而薄层大都为比较软弱的岩体，如页岩、泥化夹层，体现边坡具有塑性的结构。因此，综合加查水电站左岸反倾边坡等 20 与个反倾边坡的特征，考虑层厚、岩性软弱、岩层倾角等的影响，以边坡厚层、薄层的组合关系为一级划分，边坡层状结构的倾角为二级划分，将边坡划分为 7 大类 15 小类，如图 3.2 所示。

极薄层或薄层状岩体中常出现强烈的褶皱及柔曲，其受河流下切后可形成中、陡倾反倾边坡 ［图 3.2（c）、（d）］，岩性软弱，变形能力强，在自重作用下向临空面发生弯曲倾倒，在坡面上形成反坡阶坎，层面发育切层张裂隙，形成"点头哈腰"状边坡，当切层张裂隙随时间发展而贯通时，边坡将产生整体失稳，这种类型的典型例子如锦屏水电站水文站的反倾边坡，岩层倾角 70°～90°，为中—薄层泥质板岩，以及五强溪水电站左岸边坡，岩层倾角 60°，主要为千枚状板岩。而中厚、厚层岩体一般较为坚硬，如灰岩、大理岩等，如果岩性单一，没有软弱夹层，则较为稳定 [图 3.2 (a)、(b)]。

　　软岩与硬岩的层序也对边坡的变性破坏特征具有重要影响，一般地，倾倒变形大多发生在"上硬下软"的岩层中 [图 3.2 (e)、(f)]，即"软基"，这类边坡坡体中具有软弱基座，软基在上覆岩体自重作用下发生塑性基础，为上覆岩体提供了变形空间，使得整个边坡呈现塑流—拉裂性质的破坏，如岩层缓倾的宜昌盐池河磷矿山体，矿区主要由前震旦纪混合花岗岩、震旦纪陡山陀含磷岩系及灯影组白云岩组成，岩层倾角 15°，采场在边坡下部，由于采场底板的软弱结构岩体与地下开矿的影响，使得上部岩体沿已有裂隙拉开并向下扩展，在暴雨等因素诱发下发生滑移—倾倒—崩塌形式的破坏；此类的中缓倾典型反向坡有乌江渡水电站黄崖边坡，岩层倾角 45°～60°，边坡上部为灰岩，下部为硅质灰岩、碳质泥岩、页岩及煤岩，软弱的乐平煤组地层在坡脚由于上部岩体自重作用而产生不均匀压缩变形，使上部岩体拉裂并扩展，最后形成崩塌，也属于塑流拉裂机制，此类反倾边坡的典型倾倒破坏例子还有加拿大 Frank 滑坡；对于中陡倾边坡，典型的有红水河龙滩水电站左岸边坡，岩层倾角 60°～63°，边坡上部为砂岩、粉砂岩与泥板岩，下部为泥板岩夹不纯灰岩及粉砂岩，受下部软弱岩层及未胶结断层破碎带的控制，使上部岩体产生弯曲倾倒蠕变，并不断加剧，此类岩体还有的典型例子如狮子坪水电站二古溪边坡，岩层倾角达 70°～85°，边坡上部为三叠系上统侏倭组 (T_3zh)，变质砂岩、板 (千枚) 岩韵律互层，而边坡下部属于三叠系中统杂谷脑组 (T_2z^2)，板 (千枚) 岩夹变质砂岩及灰岩，岩性相对较软，尤其是千枚岩板岩遇水易软化，因此此边坡为下部软岩、中上部软硬互层结构，具有"软基"特点，有岩体性质的差异，软岩和硬岩发生的位移形变不一致，软岩变形大，而硬岩变形小，变形的不协调性致使部分硬岩发生沿转折弯曲幅度最大的位置折断，而折断又使应力集中进一步加剧，更有利于倾倒变形，值得一提的是此边坡为前面提到的"硬软互层"及"上硬下软"的符合结构，其中整体上"上硬下软"，上部局部"硬软互层"。而若中、厚层岩体上覆薄—极薄层岩体时 [图 3.2 (g)、(h)]，其变形破坏特征与 [图 3.2 (c)、(d)] 类似，主要发生在薄—极薄层岩体内。

　　中厚—厚层岩体在构造运动中，多发生层间错动逐渐形成软弱夹层，或沉积过程中夹有软弱岩层 [图 3.2 (m)、(n)]，此类软弱夹层或岩层强度低而变形能力强，在后期河流下切过程中，受临空面卸荷影响容易发生岩层错动或垂直层面压缩，控制着边坡的变形破坏，则容易发生倾倒变形破坏。比如两河口水电站庆大河左岸岩层倾角 60°～70°，倾向坡内，为中—陡倾反向坡，岩性主要为中厚层变质粉砂岩，夹有中—薄层粉砂质板、绢云母板岩，并且平洞揭示边坡内发育有 2 条顺层断层 (层间错动带)，由于其软、硬相间的特殊岩体结构，岩体在自重作用下，力学性能较差岩层将产生较强的压缩变形及顺层滑动，使得上覆坚硬岩体因梁板弯曲折断而发育切层张裂，进而发生向临空面的倾倒变形，此类反倾边坡较为典型的还有雅砻江锦屏水电站解放沟坝址左岸反倾边坡、雅砻江新龙水电站上游库区反倾边坡等近直立的洛溪渡水电站星光三组边坡及雅鲁藏布江加查水电站左岸反倾边坡。

　　对于复杂边坡或有特殊结构控制的边坡，如上部软、中部硬、下部软，"软夹硬"[图 3.2 (k)、(l)]，这类边坡可称为"挡墙式"边坡，在坡体底部或中部发育有一层较为坚硬的岩体，形成"锁故段"，在上覆岩体自重应力作用下发生类进性破坏，最终使锁固段被剪断，坡体发生破坏，如华蓥山溪口滑坡，该滑坡滑前在坡体下部较软的志留系页岩层软基上，覆盖有一层较为坚硬的钙质角砾岩，角砾岩层以上为一强风化岩体段，因而角砾岩像"挡土墙"一样阻挡了上部坡体变形，形成"锁固段"，在上覆岩体自重作用下，随着时间推移角砾岩层发生累进性破坏，最终被剪断，坡体整体失稳并形成高速滑坡。

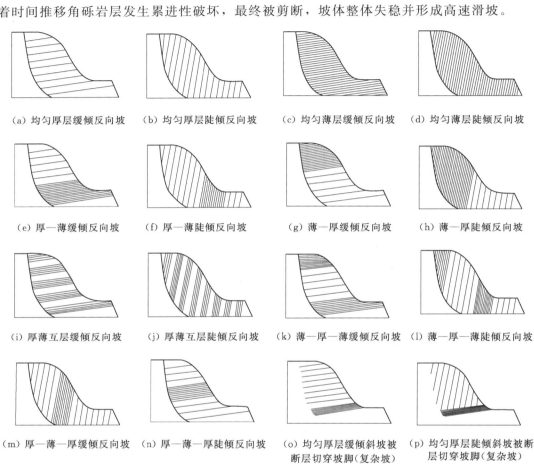

（a）均匀厚层缓倾反向坡　　（b）均匀厚层陡倾反向坡　　（c）均匀薄层缓倾反向坡　　（d）均匀薄层陡倾反向坡

（e）厚—薄缓倾反向坡　　（f）厚—薄陡倾反向坡　　（g）薄—厚缓倾反向坡　　（h）薄—厚陡倾反向坡

（i）厚薄互层缓倾反向坡　　（j）厚薄互层陡倾反向坡　　（k）薄—厚—薄缓倾反向坡　　（l）薄—厚—薄陡倾反向坡

（m）厚—薄—厚缓倾反向坡　　（n）厚—薄—厚陡倾反向坡　　（o）均匀厚层缓倾斜坡被断层切穿坡脚（复杂坡）　　（p）均匀厚层陡倾斜坡被断层切穿坡脚（复杂坡）

图 3.2　反倾边坡分类

3.2.1.2　反倾边坡常见的变形破坏模式

对于岩质边坡的倾倒问题，自 20 世纪 70 年代以来逐渐引起国内外学者关注，很多论文对倾倒破坏的实例进行了描述，许多研究者采用数值模拟方法、室内地质力学模型试验方法、土工离心模型试验方法等对岩石边坡的倾倒破坏机理进行研究。但是由于边坡倾倒破坏所受的影响因素非常复杂，其倾倒破坏机理有待于进一步探讨。陈祖煜等（1996，2005）基于对大量发生变形破坏的反倾边坡的统计，得出如下结论：反倾向岩层结构岩质边坡发生弯曲倾倒变形的岩层起始倾角 α 和坡角 β 都大于 $30°$，弯曲倾倒变形边坡集中在 $80°<\alpha+\beta<130°$ 范围内。岩层倾角 $40°\sim70°$、坡角 $40°\sim60°$ 时，反倾向层状结构边坡发生弯曲倾倒变形的概率最大。坡高与反倾向层状结构岩质边坡的变形规模也有直接关系，自然边坡高小于 50m 时，一般较难发生弯曲倾倒变形，随着坡高的增大，变形破坏的水平

深度有变大的明显趋势，如图 3.3～图 3.5 所示（陈祖煜，2005）。

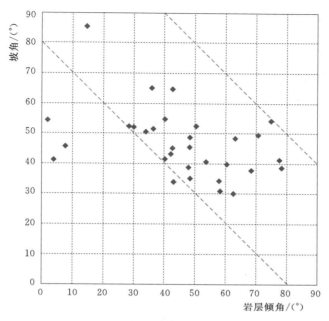

图 3.3　反倾边坡变形破坏统计规律

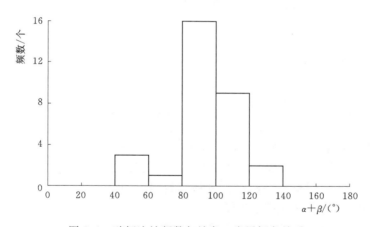

图 3.4　破坏边坡频数与坡角、岩层倾角关系

　　通过对大量工程实例的总结分析，影响反倾向岩质边坡弯曲倾倒变形的主要因素可归纳为：岩性、岩体结构及其空间组合形式对弯曲倾倒变形具有控制作用；反倾向层状岩体弯曲变形的发生与发展，与岩层倾角和边坡几何形态有着密切的关系（图 3.6）；构造断裂破坏程度、坡脚下切作用、风化作用是反倾向层状结构岩质边坡发生弯曲倾倒变形的重要因素；水活动、时间因素和岩体的流变特性、地应力和外荷载、人类工程活动等，也会对边坡的弯曲倾倒变形产生重要的影响，此类反倾向岩质边坡的变形破坏特征可归纳为（陈祖煜，2005）：

　　（1）对于岩层倾角小于 30°的层状结构岩体，由其构成的近水平的缓倾岩层反倾向边

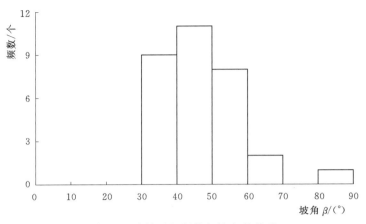

图 3.5　边坡破坏频数与坡角的关系

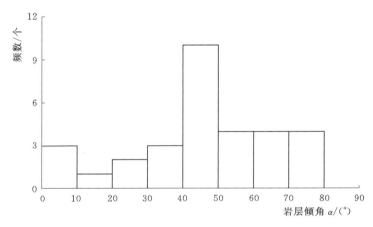

图 3.6　边坡破坏频数与岩层倾角的关系

坡，在自重作用下岩层向临空面产生的弯矩小，这类反倾向边坡一般不会发生弯曲变形。其边坡变形破坏主要取决于边坡的岩体结构和某些特定的内、外动力因素，破坏形式多表现为沿软弱结构面、层面拉裂、错动、滑移（崩塌），且由于不同边坡的岩性结构差异，变形破坏的主控因素和变现形式也各异。

（2）岩层倾角大于30°的反倾向层状结构岩质边坡，在不存在贯穿性顺坡向软弱结构面及其组合构成潜在滑移楔体的条件下，弯曲倾倒变形是这类边坡变形破坏的主要形式，岩性及其边坡岩体结构的差异，则控制着弯曲变形破坏的类型。

倾倒破坏时岩质边坡极为常见的一种失稳类型，常见于反倾层状结构边坡岩体中。随着在褶皱、掀斜地层中河流侵蚀等次生改造作用，反倾边坡逐渐形成，河流的下切造成河谷区应力重分布，边坡沿临空面卸荷，在坡表形成平行于临空面、与层状结构面近正交发育的裂隙，随着河流下切加剧，边坡发生沿层面顺层错动，由于应力集中坡脚发生弯折，进而随着卸荷加剧或边坡载重加大，垂直于层面的节理逐渐扩展、贯通，边坡整体弯折，底滑面形成，最后在触发因素作用下造成倾倒破坏（图 3.7）。

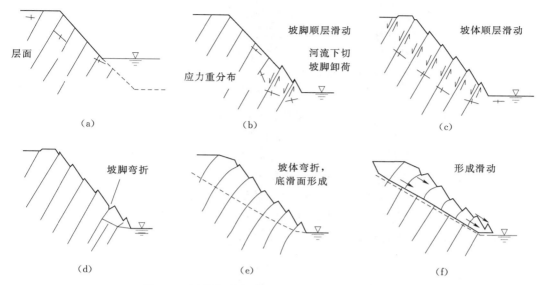

图 3.7　倾倒变形边坡破坏过程（Sjöberg，2000）

国外随着对斜坡认识的深入，很多学者（Talobra，1957；George Ter‐Stepanian，1965；Muler，1968；Frietas and Watters，1973）发现许多危害大、影响远的斜坡破坏大部分是反倾破坏，斜坡反倾破坏是一种急需深入研究的斜坡破坏类型。Goodman 和 Bray（1976）在前人的工作基础上将层状反倾斜坡划分为三种基本倾倒破坏类型：弯曲倾倒（Flexural toppling）、块体倾倒（Block toppling）和块状弯曲倾倒（Block‐flexural toppling），并总结了其基本特征。Goodman 和 Bray 认为弯曲倾倒多发生于非常不发育的陡倾斜不连续面所分割的连续岩柱；坚硬岩柱被大间距正交节理切割时可能会发生岩柱倾倒；当岩柱被许多横节理切割，岩柱变形由横节理分割的各小岩块位移累积而成，形成似连续性弯曲状，则为块体弯曲倾倒。自然界反倾向层状岩质边坡的弯曲倾倒变形，往往是上述三种基本变形破坏类型的复合产物。值得一提的是，Goodman 和 Bray 还提出了次生倾倒的概念，指出次生倾倒是由于一种独立的因素所引起的，如坡脚削割、河流侵蚀、风化或人类工程活动等等，主要的破坏模式是岩土体滑移或物理强度弱化而导致倾倒变形。Heok 和 Bray（1981）将次生倾倒进一步划分为：（a）滑移—坡顶倾倒（Slide head toppling）、（b）滑移—基底倾倒（Slide base toppling）、（c）滑移—坡脚倾倒（Slide toe toppling）、（d）拉张—倾倒（Tension crack toppling）与（e）塑流—倾倒（Toppling and slumping）五种类型。

一般而言，主要有以下 4 种倾倒破坏类型：

1）块体倾倒。块状倾倒为脆性破坏，硬质岩层中较为普遍，多发生在石灰岩、砂岩、含柱状节理的岩浆岩中。通常单一岩层厚度较大，发育一组与反倾结构面接近垂直的节理，破坏前变形较快。如图 3.8（a），在坚硬岩石中，一组贯通发育的反倾结构面与一组与之正交结构面切割而成块体，块体高度由正交结构面间距决定，坡脚较短的块体在上面较长块体重力作用推挤发生倾倒变形，并逐渐向坡体上部发展。

2）弯曲倾倒。弯曲倾倒为柔性破坏，弯曲倾倒变形主要发生于正交节理不发育的薄

113

层状页岩、板岩、千枚岩、片岩、泥岩等较软弱岩层中，通常单一岩层厚度较小，只有层面这一组平行结构面，这种边坡陡倾贯通节理发育，向临空面发生弯曲倾倒变形〔图 3.8 (b)〕。坡脚的滑动、开挖或河流冲蚀引起边坡开始发生倾倒变形，坡顶出现拉裂缝，张开向坡体内部逐渐减小。有时候，坡体下部被落下的岩块覆盖，因此从坡体底部难以判断倾倒破坏。坡体上部的悬臂梁、层间错动以及陡坎均可作为判断反倾变形的标志。弯曲倾倒变形边坡属于自稳型，边坡变形发展较慢，一旦破坏，规模通常很大。

　　3）块体弯曲变形。软硬相间的层状岩体中比较普遍，多发生在砂岩泥板岩互层、燧石岩页岩互层、薄层状石灰岩中，其变形特征介于块体变形与弯曲变形之间〔图 3.8 (c)〕。在构造作用下，软硬相间的层状岩体存在层间错动，块体弯曲倾倒变形沿与反倾结构面正交发育大量的交叉节理，向坡外的弯曲变形主要是沿着这些节理错动产生。可在弯曲倾倒变形稳定性分析的基础上，考虑垂直层面方向的节理或裂隙对边坡稳定的影响，从而实现此类倾倒模式的稳定性分析。

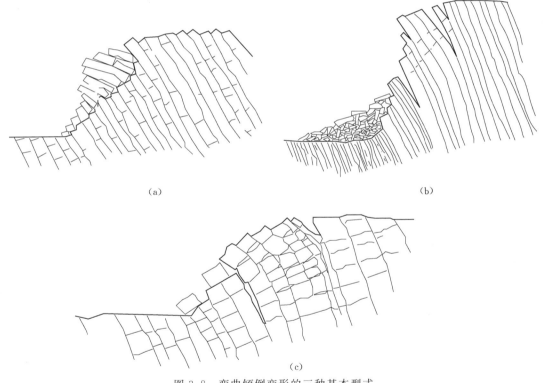

(a)　　　　　　　　　　　　　　　　　　(b)

(c)

图 3.8　弯曲倾倒变形的三种基本型式

　　4）次生倾倒变形。岩质边坡倾倒变形破坏大多为风化、河流侵蚀等自然因素或人为开挖造成坡脚卸荷引起的破坏。图 3.9 为 Hoek 和 Bray（1976）建议的几种倾倒破坏机制。图 3.9（a）为坡脚开挖岩体沿顺坡向结构面滑动，造成坡体上部发生张裂缝，引起倾倒变形；图 3.9（b）为倾倒变形体发育有陡倾结构面，上部边坡岩体发生圆弧滑动失稳，驱使下部的岩体发生倾倒变形。图 3.9（a）和图 3.9（b）所示的均为滑动变形主导的次生倾倒变形。图 3.9（c）为两类水平层状岩体，上部为砂岩等相对坚硬和抗风化能力更强岩体，与层理正交的竖直裂隙发育；下部夹层则为页岩等较软弱和抗风化能力弱的岩体，页岩风化作用下，上部岩体失去支撑，易沿发育的竖向结构面产生张拉裂缝造成倾倒变形破坏。图 3.9（d）为某露天煤矿开采边坡，煤层反倾坡内，倾角 70°左右，走向与边坡坡向一致，当开采边坡坡角达到 50°时，在煤层坡顶产生倾倒变形，进而引起上部高 2300 多米边坡产生圆弧形变形，监测显示上部边坡变形已达到 30m，顶部产生深 9m 的张开裂缝，露天矿开采停止回填后，边坡逐渐恢复稳定（Wyllie & Munn，1978）。

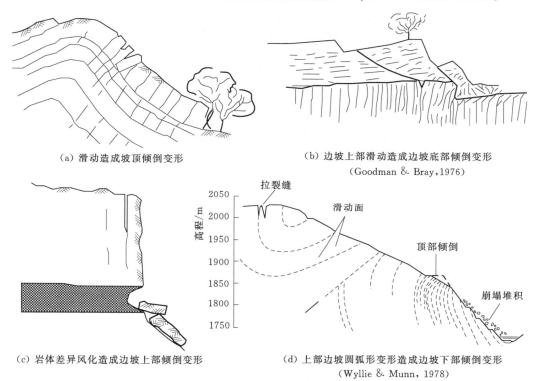

（a）滑动造成坡顶倾倒变形　　　　　　（b）边坡上部滑动造成边坡底部倾倒变形
（Goodman & Bray，1976）

（c）岩体差异风化造成边坡上部倾倒变形　　（d）上部边坡圆弧形变形造成边坡下部倾倒变形
（Wyllie & Munn，1978）

图 3.9　边坡倾倒变形破坏次生灾害

3.2.2　反倾边坡振动台试验研究

　　一般认为，地震对岩质边坡的稳定性影响主要表现在以下两个方面：一是由于地震动荷载的反复作用，引起结构面的张开、扩展以及岩体结构的松动变形，导致岩体结构面抗剪强度指标的降低，降低了边坡的稳定性系数；二是地震引起的惯性力导致边坡整体下滑力加大，也降低了边坡的安全系数。因此，地震作用下反倾边坡变形破坏特征与静力作用破坏有着显著区别，本部分在对汶川地震灾区大量地震次生灾害调查的基础上，以实际调查的地震滑坡为原型，开展了大型边坡物理模型振动台试验，细致而深入地研究了反倾边坡的地震动相应规律，总结了其变形破坏模式。

3.2.2.1　边坡模型振动台试验相似理论研究

　　1. 相似理论简介

　　相似理论是边坡模型实验的基础，相似理论的基础是三个相似定理，相似定理的实用意义在于可以用来指导模型的设计及其有关实验数据的处理和推广，在特定的情况下根据经过处理的数据，提供建立微分方程的指示，还可以进一步帮助人们简洁地去建立一些经验性的指导方程和经验公式。

2. 相似准则的导出方法

要将一个原型进行概化，然后进行模型试验设计，首先要找到有关参数，并求出相似准则，然后再依准则和其他条件来设计模型，运用相似理论的一般步骤是：建立边坡振动台模型试验相似判据首先应立足于相似第三定理，并全面地确定现象的参量，然后通过相似第一定理提示的原则建立起该现象的全部 π 项，最后则是将所得 π 项按相似第二定理的要求组成 π 关系式，以用于模型设计和模型试验结果的推广。

在进行边坡振动台模型试验前，必须对边坡的主要结构条件进行分析，一般而言主要包括边坡模型的几何尺寸、岩石材料和结构面的物理力学参数。据此，本边坡振动台试验过程中主要考虑的物理量有 16 个：几何尺寸 l（边坡的长宽高）、密度 ρ、弹性模量 E、泊松比 μ、抗压强度 σ_c、抗拉强度 σ_t、黏聚力 C、内摩擦角 φ、应力 σ、应变 ε、位移 u、速度 v、加速度 a、重力加速度 g、频率 f、时间 t。物理学中通用的单位是从长度、时间和质量的单位导出的，下面以这三者（$[M]$、$[L]$、$[T]$）为基本单位来列出以上物理量的量纲表达式，见表 3.1。

表 3.1　　　　　　　　　　　　试验参数的量纲表达式

物理量	符号	量纲	物理量	符号	量纲
几何尺寸	l	$[L]$	应力	σ	$[M][L^{-1}][T^{-2}]$
密度	ρ	$[M][L^{-3}]$	应变	ε	$[0]$
弹性模量	E	$[M][L^{-1}][T^{-2}]$	位移	u	$[L]$
泊松比	μ	$[0]$	速度	v	$[L][T^{-1}]$
抗压强度	σ_c	$[M][L^{-1}][T^{-2}]$	加速度	a	$[L][T^{-2}]$
抗拉强度	σ_t	$[M][L^{-1}][T^{-2}]$	重力加速度	g	$[L][T^{-2}]$
黏聚力	C	$[M][L^{-1}][T^{-2}]$	频率	f	$[T^{-1}]$
内摩擦角	φ	$[0]$	时间	t	$[T]$

在确定了有关参数后，则需要求出相似准则。罗先启（2008）将相似准则的导出方法划分为定律分析法、方程分析法和量纲分析法。崔广心（1990）将相似准则的导出方法主要分为相似转换法、因次分析法和矩阵法。其命名分类虽然各有不同，但是其核心思想均比较类似，下面以崔广心的分类方法为例进行简要介绍。

相似转换法是指由基本方程和全部单值条件导出相似准则的方法，因此，采用这个方法的前提条件是对所研究的问题能建立出数学方程或方程组和给出单值条件式（包括边界条件）。

在实际研究中，往往由于问题的复杂性以及认识上的不足，导致还无法建立起微分方程。因此，就无法运用相似转换法来导出相似准则，此时，因次分析法的优点就凸显出来了。因次分析法的基本原理是：任何一个物理方程中，各个量的因次必定相同，或者各项因次都是其次的。π 定理也是在因次分析的基础上导出的，当 π 定理一经证明后，就不再局限于有方程的物理现象了。对于某现象，只要正确确定其参数，通过因次分析来考查其各参数的因次，就可以求得其准则。因此，因次分析法是对于一切机理尚不明确的复杂现象而言，获取相似准则的主要方法。

但是，在运用因次分析法求取准则的过程中，往往需要通过试探性的令值来求取准则方程，这给研究过程带来了一定的麻烦，为此，人们把矩阵运算应用到了因次分析法中，便产生了矩阵法。矩阵法的原理是：仍然以物理方程中各项因次协调的原理作为基础，只是在具体运算过程中结合了矩阵式来求解，以简化求解过程。其基本的求解步骤为

1）列出参数，写出现象的函数式：

$$\varphi(x、y、z、w、\cdots)=0 \tag{3.1}$$

2）写出 π 项式：

$$\pi=x^a y^b z^c w^d \cdots \tag{3.2}$$

3）列因次量表；

4）写出各参数指数间的代数方程式；

5）列矩阵，按各参数指数间的代数方程式求矩阵中各数值，并填入矩阵表中；

6）按矩阵表写出准则。

3. 边坡模型试验相似准则的导出过程

运用矩阵法来求取边坡模型试验相似准则的过程如下：

根据本试验的目的，选取关键的物理参量见表 3.2，共有 16 个，其函数式为

$$\varphi(E、\mu、\sigma_c、\sigma_t、C、\varphi、\sigma、\varepsilon、u、v、g、f、t、l、\rho、a)=0 \tag{3.3}$$

由量纲分析可知以上 16 个物理量均是由 ［M］、［L］、［T］ 为基本单位推导而来的，这里选择几何尺寸 l、密度 ρ、加速度 a 为基本量，其他量则为导出量。

写出 π 项式为

$$\pi=E^k \mu^b \sigma_c^c \sigma_t^d C^e \varphi^h \sigma^i \varepsilon^j u^m v^n g^o f^p t^q l^r \rho^s a^w \tag{3.4}$$

列出如表 3.2 所示的参数因次量表：

写出各参数指数间的代数方程式为

$$\left.\begin{aligned} &k+c+d+e+i+s=0 \\ &-k-c-d-e-i+m+n+o+r-3s+w=0 \\ &-2k-2c-2d-2e-2i-n-2o-p+q-2w=0 \end{aligned}\right\} \tag{3.5}$$

由式（3.5）可知，未知量有 16 个，而方程只有 3 个，分别按照 π_1、π_2、$\cdots$、π_{13} 的顺序将表 3.2 中虚线左侧值代入式（3.5）中求出 r、s、w 的值，并填入虚线右侧，所得结果见表 3.2。由表 3.2 可得相似准则为

$$\pi_1=\frac{E}{l\rho a}, \quad \pi_2=\mu, \quad \pi_3=\frac{\sigma_c}{l\rho a}, \quad \pi_4=\frac{\sigma_t}{l\rho a}, \quad \pi_5=\frac{C}{l\rho a}, \quad \pi_6=\varphi$$

$$\pi_7=\frac{\sigma}{l\rho a}, \quad \pi_8=\varepsilon, \quad \pi_9=\frac{u}{l}, \quad \pi_{10}=\frac{v}{\sqrt{l\rho}}, \quad \pi_{11}=\frac{g}{a}, \quad \pi_{12}=f\sqrt{\frac{l}{a}}, \quad \pi_{13}=t\sqrt{\frac{a}{l}}。$$

则得准则方程为

$$F\left[\frac{E}{l\rho a}、\mu、\frac{\sigma_c}{l\rho a}、\frac{\sigma_t}{l\rho a}、\frac{C}{l\rho a}、\varphi、\frac{\sigma}{l\rho a}、\varepsilon、\frac{u}{l}、\frac{v}{\sqrt{l\rho}}、\frac{g}{a}、f\sqrt{\frac{l}{a}}、t\sqrt{\frac{a}{l}}\right]=0 \tag{3.6}$$

表 3.2　　　　　　　　　　　　　　边坡模型试验参量因次量表

物理量	k	b	c	d	e	h	i	j	m	n	o	p	q	r	s	w
	E	μ	σ_c	σ_t	C	φ	σ	ε	u	v	g	f	t	l	ρ	a
质量〔M〕	1	0	1	1	1	0	1	0	0	0	0	0	0	0	1	0
尺寸〔L〕	−1	0	−1	−1	−1	0	−1	0	1	1	1	0	0	1	−3	1
时间〔T〕	−2	0	−2	−2	−2	0	−2	0	0	−1	−2	−1	1	0	0	−2
π_1	1	0	0	0	0	0	0	0	0	0	0	0	0	−1	−1	−1
π_2	0	1	0	0	0	0	0	0	0	0	0	0	0	0	0	0
π_3	0	0	1	0	0	0	0	0	0	0	0	0	0	−1	−1	−1
π_4	0	0	0	1	0	0	0	0	0	0	0	0	0	−1	−1	−1
π_5	0	0	0	0	1	0	0	0	0	0	0	0	0	−1	−1	−1
π_6	0	0	0	0	0	1	0	0	0	0	0	0	0	0	0	0
π_7	0	0	0	0	0	0	1	0	0	0	0	0	0	−1	−1	−1
π_8	0	0	0	0	0	0	0	1	0	0	0	0	0	0	0	0
π_9	0	0	0	0	0	0	0	0	1	0	0	0	0	−1	0	0
π_{10}	0	0	0	0	0	0	0	0	0	1	0	0	0	−0.5	−0.5	0
π_{11}	0	0	0	0	0	0	0	0	0	0	1	0	0	0	0	−1
π_{12}	0	0	0	0	0	0	0	0	0	0	0	1	0	0.5	0	−0.5
π_{13}	0	0	0	0	0	0	0	0	0	0	0	0	1	−0.5	0	0.5

　　假设原型参数与模型参数的比值用 C 来表示，则以上 16 个参数的相似常数分别为 C_E、C_μ、C_{σ_c}、C_{σ_t}、C_c、C_φ、C_σ、C_ε、C_u、C_v、C_g、C_f、C_t、C_l、C_ρ、C_a。由于，本试验是以几何尺寸 l、密度 ρ、加速度 a 为基本量，取几何尺寸相似比为 n，其中在本试验中，$n=100$，密度和加速度的相似比均取为 1，则由以上求得的相似准则可得模型的相似关系见表 3.3。

表 3.3　　　　　　　　　　　　　　边坡模型的相似关系

物理量	符号	相似关系	相似常数	备注
几何尺寸	l	$C_l = n$	n	控制量
密度	ρ	$C_\rho = 1$	1	控制量
加速度	a	$C_a = 1$	1	控制量
弹性模量	E	$C_E = C_l C_\rho C_a$	n	
泊松比	μ	$C_\mu = 1$	1	
抗压强度	σ_c	$C_{\sigma_c} = C_l C_\rho C_a$	n	
抗拉强度	σ_t	$C_{\sigma_t} = C_l C_\rho C_a$	n	
黏聚力	C	$C_c = C_l C_\rho C_a$	n	
内摩擦角	φ	$C_\varphi = 1$	1	
应力	σ	$C_\sigma = C_l C_\rho C_a$	n	

续表

物理量	符号	相似关系	相似常数	备注
应变	ε	$C_\varepsilon = 1$	1	
位移	u	$C_u = C_l$	n	
速度	v	$C_v = \sqrt{C_l C_\rho}$	$\sqrt{n}$	
重力加速度	g	$C_g = 1$	1	
频率	f	$C_f = \sqrt{C_a / C_l}$	$1/\sqrt{n}$	
时间	t	$C_t = \sqrt{C_l / C_a}$	$\sqrt{n}$	

4. 边坡模型相似材料配比试验研究

在完成了上面相似关系的推导之后，在砌筑边坡模型之前，需要选择合适的材料以合适的配比混合成试验所需材料。模型相似材料是由多种材料混合配置而成的复合类材料，要求其不但满足以上所述的物理力学性质，而且还应满足以下原则：①价格低廉，无毒，容易制作成型；②各种材料的产地和生产工艺稳定，以保证材料的物质组成和性能稳定；③试验过程中材料的力学性质稳定，不会随温度和湿度发生很大变化；④材料的某些性质受材料配比影响较大；⑤模型试块制作方便，凝固时间短。

（1）相似材料的选择。

模型材料通常由几种不同材料按一定的配比泡合而成，选用的配比材料基本上由三类材料组成：

第一类为骨料，常见的材料有铁矿粉、重晶石粉、黏土、石英砂、铅丹、云母粉、软木屑、硅藻土等。

第二类为胶凝材料，分天然黏结剂和人工黏结剂，天然黏结剂有：淀粉、动物胶、蛋白质、松香、沥青；人工黏结剂如石膏、石灰、硅酸盐水泥、环氧树脂、双飞粉、水玻璃、石蜡等。

第三类为掺加剂，如酒精溶液、甘油、保湿剂、减水剂、缓凝剂等可改进混合物的物理、力学性能，满足制作成型工艺的要求。

1）骨料的选取。由于本试验模拟岩体重度大，所以必须选择重度大的材料，理想的常用高容重材料有重晶石粉、铁粉、氧化铅和氧化猛，经过大量的资料查阅和市场调查，分析各种材料的优劣并作出取舍。

氧化铅——黄色粉末，不溶于水，不溶于乙醇，溶于硝酸、乙酸、热碱液，相对密度（水为 1）为 9.53。沸点为 1535°，焰点为 888°。在加热下，一氧化铅易被氢、碳、一氧化碳等还原成金属铅。有毒，因此，不宜作为相似材料骨料。

二氧化锰——黑色无固定形态粉末或黑色晶体，难溶于水，具刺激性，使人产生慢性中毒。因此，不宜作为相似材料骨料。

铁精粉——天然矿石（铁矿石）经过破碎、磨碎、选矿等加工处理成矿粉叫精矿粉，是一种可以很好的模拟高容重材料，且性质稳定，材料来源丰富，铁精粉重度很大，模型配比材料中加入适量铁精粉可有效提高模型材料的重度，解决初始应力场较难模拟的问题。因此，选取铁精粉作为相似材料骨料。

重晶石粉——又名硫酸钡，密度为 $3.83g/cm^3$，重晶石粉遇水凝结后成板状晶体，具有硬度小，可以提高模型混合料的比重而不增加其强度的特点，很符合本试验高容重和低强度的要求，因此，选取重晶石粉作为相似材料骨料。

石英砂——呈无色半透明状或乳色，主要矿物成分是，具有硬度较高、耐磨性高、化学性质稳定、价格便宜等特点，对相似材料强度和弹性模量均具有一定的调节作用。石英砂可克服普通砂颗粒条质含量高、级配复杂、与胶凝材料结合不好的缺点，同时将不同粒径的石英砂作为骨料与铁精粉、重晶石粉等材料混合，能良好地调节混合料的级配。因此，选取石英砂作为相似材料骨料。

2) 胶结剂的选取：

石灰——主要成分为氧化钙，是在土木工程中应用范围较广的胶凝材料。1:3 的石灰砂浆 28d 的强度为 $0.2\sim0.5MPa$，但是石灰颗粒极细，比表面积很大，可吸附大量的水，有较强保持水分的能力，相似材料中若惨入石灰会极大地延长材料的养护成型时间。因此，不适合作为相似材料胶结剂。

石膏——模具石膏购买方便，价格便宜，硬化后具有显著的脆性特征，表观密度小，强度较低，能较好模拟试验原型材料。试验制作过程中可加入适量缓凝剂，有效延缓石膏的初凝时间，便于模型制作。因此，可选取模具石膏作为相似材料胶结剂。

环氧树脂——是一种高分子化合物，分子结构中含有环氧基团。固化后化学性质稳定，强度很高，能将金属和非金属材料紧密地粘接起来；环氧树脂稳定性好，与碱及大部分溶剂不反应，在以砂胶比混合时，材料的抗压强度达标。由于环氧树脂具有毒性且价格较高，因而不适合作为相似材料胶结剂。

硅酸盐水泥——是一种水硬性胶凝材料，早期强度及后期强度高，凝结硬化快，干缩小、耐磨性好，便于模型制作。材料来源丰富并且性质稳定，因此可选取硅酸盐水泥作为相似材料胶结剂。

综合上述材料特点，本次试验选用相似材料规格如下：重晶石白色，比重 4.0，目数800；铁精粉灰黑色，目数 200；石英砂黄白相间，目数 70；水泥普通硅酸盐水泥标号425；石膏粉普通高强石膏。

（2）相似材料配比试验方案。

上面已经设计出了模型的相似比，也选定了试验中需要关注的主要物理力学参数以及配置模型材料所需的相似材料。但是，在进行边坡振动台试验之前，还需要对边坡的岩体材料及结构面的主要物理力学参数按照推导出来的相似比进行相似配比试验，以选择合适的材料配比来满足边坡模型试验的要求。如何来安排试验，使试验的规划更合理化，既能考虑到不同材料比重对相关物理力学参数的影响，也能够以最少的试验次数和试验工作量来完成相似配比试验则是我们需要关心的，通常是通过试验方法的选择来对试验方案进行优化处理，即试验设计的优化。目前配比试验的方法有均匀试验设计、正交试验设计和全面试验设计方法。

由于本实验影响因素较多，每个因素水平超过 3 个，若对每一个因素做全面交叉试验，试验次数将会非常之多。所以试验以"先均匀，再正交"的思路进行。具体实验方案如下：

第一次试验：根据上节选定的相似材料组成成分，选用适合的均匀试验设计方案，以铁矿粉含量、重晶石粉含量、石英砂含量、石膏含量、水泥用量作为正交设计的影响因素，根据试验需要制作标准试块，主要测试材料的抗压强度、弹性模量、内摩擦角和黏聚力等参数，并对第一次正交试验结果进行评估，第一次正交设计可以大大缩减相似材料中各组分的取量范围，并以此作为第二次试验的依据。选择 U_6^*（6^4）作为试验用表进行 4 因素 6 水平的均匀设计试验，按照对应的使用表设计试验，见表 3.4，以此来划定最佳配比方案大致范围。根据模型试验具体情况以试件密度、抗压强度、弹性模量、内摩擦角和内聚力为考核指标；以石英砂与重晶石粉质量比（A），铁粉占总质量百分数（B），石膏占总质量百分数（C），水泥占总质量百分数（D）为 4 个影响因素（A、B、C、D），每个因素设置 6 个水平进行试验，见表 3.5。

表 3.4　　　　　　　　　　　　相似材料均匀设计配比方案

组号	水泥含量 A/%（占总质量）	石英砂/%（重晶石 B）	铁粉含量 C/%（占总质量）	石膏含量 D/%（占总质量）
1	0.0025	0.20	0.12	0.075
2	0.0050	0.60	0.30	0.060
3	0.0075	1.00	0.06	0.045
4	0.0100	0.00	0.24	0.030
5	0.0125	0.40	0.00	0.015
6	0.0150	0.80	0.18	0.000

表 3.5　　　　　　　　　　　　　均　匀　设　计　表

组号	因素 A	因素 B	因素 C	因素 D
1	1	2	3	6
2	2	4	6	5
3	3	6	2	4
4	4	1	5	3
5	5	3	1	2
6	6	5	4	1

第二次试验：根据第一次试验的结果，通过分析研究单种组成材料对相似材料混合料的物理力学参数影响规律，不断调整材料配比进行试验，直至相似材料物理力学性质满足本次模型试验相似比的要求，详细参数配比见表 3.6。

对应表 3.6 的配比试验方案，本次试验制备了标准圆柱试样和环刀试样，圆柱试样用来进行岩石单轴压缩试验和岩石三轴压缩试验；环刀试样用来进行直剪试验，进而获得相似材料的抗压强度、弹性模量、内摩擦角和黏聚力等物理力学参数。圆柱试样制作过程及设备：

1）为了拆模时方便，将机油涂抹在圆柱模具槽内侧壁。将涂抹过机油的模具用透明胶固定住，放入养护槽内，并在周围空隙里倒入快硬水泥固定模具；

表 3.6 　　　　　　　　　　　相 似 材 料 配 比 　　　　　　　　　　　单位：g

组号	水泥	石英砂	重晶石	铁粉	石膏	总计（不含水）	水
1	7.5	401.3	2006.3	360.0	225.0	3000.0	383.7
2	15.0	714.4	1190.6	900.0	180.0	3000.0	308.3
3	22.5	1331.3	1331.3	180.0	135.0	3000.0	339.8
4	30.0	0.0	2160.0	720.0	90.0	3000.0	349.2
5	37.5	833.6	2084.0	0.0	45.0	3000.0	331.6
6	45.0	1073.3	1341.7	540.0	0.0	3000.0	267.9
7	7.5	1078.1	1078.1	701.4	135.0	3000.0	200.0
8	7.5	808.5	1347.5	701.6	135.0	3000.0	200.0
9	15.0	804.4	1190.6	900.0	90.0	3000.0	200.0
10	105.0	864.4	1340.6	600.0	90.0	3000.0	200.0
11	25.9	931.6	1397.4	515.9	129.4	3000.0	318.0
12	9.4	793.2	1473.1	620.4	103.9	3000.0	318.0
13	14.6	658.4	1536.2	717.6	73.2	3000.0	318.0
14	31.2	1125.0	1687.5	0.0	156.2	3000.0	318.0
15	45.0	903.8	1331.3	540.0	180.0	3000.0	318.0
16	37.5	1037.5	1190.0	600.0	135.0	3000.0	318.0
17	22.5	977.5	1190.0	720.0	90.0	3000.0	318.0
18	30.0	1128.0	1099.8	592.2	150.0	3000.0	318.0
19	60.0	1116.0	1088.1	585.9	150.0	3000.0	318.0
20	60.0	1092.0	900.9	737.1	210.0	3000.0	318.0
21	60.0	697.6	1150.8	941.6	150.0	3000.0	318.0
22	0.0	300.0	1200.0	900.0	600.0	3000.0	318.0
23	0.0	300.0	1200.0	1050.0	450.0	3000.0	318.0
24	0.0	300.0	900.0	1200.0	600.0	3000.0	318.0
25	0.0	450.0	1350.0	600.0	600.0	3000.0	318.0
26	0.0	600.0	1050.0	900.0	450.0	3000.0	318.0
27	0.0	300.0	1500.0	900.0	300.0	3000.0	318.0
28	45.0	1260.0	1260.0	300.0	135.0	3000.0	318.0
29	55.0	1280.0	1280.0	250.0	135.0	3000.0	318.0

　　2）按照试验方案使用电子天平称量材料，将称量好的材料倒入搅拌机搅拌均匀，再加入规定的水量继续搅拌；

　　3）将搅拌后的材料装入模具内振捣成型，分步装入振捣，使材料密实；

　　4）在常温下自然风干养护3d，拆模，然后将试块放入烘干箱内，在40℃下养护1d，第二天进行岩石单轴、三轴压缩试验。

通过开展密度试验、单轴压缩试验、三轴压缩试验、直剪试验，获得了表 3.7 所示的试验数据。

表 3.7　　　　　　　　　　　　相似材料配比试验数据

组号	密度/(g/cm³)	抗压强度/MPa	弹性模量/MPa	黏聚力 C/MPa	内摩擦角 φ/(°)
1	2.69	1.74	210.52	—	
2	2.91	2.87	504.18	0.1442	45.55
3	2.44	0.90	128.91	0.1355	48.32
4	2.98	1.07	98.25		
5	2.56	1.25	168.75	0.0307	48.25
6	2.77	1.60	140.67		
7	2.76	7.78	706.23	0.0397	53.82
8	2.79	3.14	688.78	0.0205	46.94
9	2.85	2.37	415.77	0.0977	45.02
10	损毁				
11	2.61	0.77	72.33	0.0690	43.26
12	2.70	0.54	68.67	0.0769	35.73
13	2.83	0.54	77.00	0.0861	38.53
14	2.37	0.66	121.33	0.1528	39.7
15	2.61	1.37	193.84	0.1065	52.4
16	2.59	1.04	160.42	0.1142	42.7
17	2.63	0.51	53.00	0.1586	26.58
18	2.53	0.89	112.50	0.0697	38.35
19	2.51	1.56	187.14	0.0828	40.1
20	2.51	1.60	263.94	0.1487	35.76
21	2.72	1.34	224.24	0.1704	26.44
22	2.63	1.90	274.50		
23	2.63	1.42	231.00		
24	2.77	2.40	302.50		
25	2.52	2.17	301.67		
26	2.52	4.40	472.00		
27	损毁				
28	2.56	0.80	200.61	0.1735	38.94
29	2.63	0.98	269.81	0.1993	26.76

本次模型试验选取加速度、密度以及内摩擦角的相似比尺为 1，以罐滩反倾向边坡为例，依据相似理论求取相似材料的力学参数。罐滩滑坡前缘高程 708.00m，后缘高程 1270.00m，垂直高度约 560m，模型高度 1.6m，因此选取几何比尺为 350，相似材料主

123

要参数见表 3.8。

表 3.8 相似材料参数表

材料类型	天然密度 ρ /(g/cm³)	弹性模量 E /GPa	黏聚力 C /MPa	内摩擦角 φ /(°)	抗压强度 /MPa	泊松比 μ
罐滩白云岩	2.74	30.23	27.74	35.71	90.68	0.1
相似材料	2.74	0.09	0.08	35.71	0.3	0.1

由表 3.8 所配置的相似材料试验数据可知，第 12 组最符合要求，故试验中选择改组配比来制作边坡模型。

3.2.2.2 反倾结构边坡模型振动台试验

为了便于对边坡模型的动力加速度响应情况进行分析和比较，本章统一采用加速度放大系数这一指标来进行研究，加速度放大系数定义为坡体内某一监测点的加速度记录值与振动台台面加速度记录值的比值。

通过对实验过程中记录到的加速度值分析认为，除了坡脚附近岩体对地震波的抑制作用以外，动力加速度在边坡模型中的分布存在波动放大的效应，边坡模型地震加速度具有随高程增加的非线性增大特征，同时越接近于坡表其放大越明显，具有明显的趋表特征。边坡动力加速度沿边坡竖直剖面的变化规律表现出了以边坡某一高度为分界点的明显的差异性。试验结果表明，边坡在实际地震波作用下加速度放大效应要低于正弦波激励下的放大效应，但实际压缩地震波激励下边坡放大效应更明显。下面将以正弦波和实际压缩地震波为例分析边坡模型的动力响应情况，图 3.10 为反倾结构边坡模型图。

 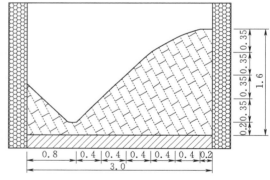

图 3.10 反倾结构边坡模型图（单位：m）

（1）边坡模型地震波输入方案。

为考虑地震动输入参数对边坡模型动力特性的影响，试验中输入了不同类型的波包括正弦波、实际地震波以及不同振幅、不同频率、不同持时的正弦波，以便于考察这些参数对边坡动力特性的影响。同时考虑到振动台的实际工作能力。反倾及均质结构边坡模型输入的地震波主要有白噪声、正弦波以及实际卧龙地震波。边坡模型地震波具体输入方案见表 3.9。

表 3.9　　　　　　　　　　　　　反倾结构边坡模型地震波输入方案

序号	激励方式	方向	频率/Hz	持时/s	加速度峰值/g
1	白噪声				
2	正弦波	X	5	10	0.05
3	正弦波	X	5	10	（分别输入 0.1g、0.2g 及 0.3g 的正弦波）
	正弦波	X	15	10	
	正弦波	X	20	10	
	正弦波	X	10	20	
	正弦波	X	10	30	
	正弦波	X	10	40	
	正弦波	X	5	20	
	正弦波	X	15	20	
	正弦波	X	20	20	
	正弦波	Z	10	20	
	正弦波	XZ	10	20	
4	白噪声				—
5	卧龙波	X			—
	卧龙波	XZ			
	卧龙波（$C_t=4$）	X			
	卧龙波（$C_t=4$）	XZ			
	卧龙波（$C_t=8$）	X			
	卧龙波（$C_t=8$）	XZ			
6	白噪声				
7	正弦波	X	10	20	0.4
8	正弦波	X	10	20	0.5
9	正弦波	XZ	10	20	0.4
10	正弦波	XZ	10	20	0.5
11	正弦波	XZ	10	20	0.6
12	正弦波	X	10	20	0.7
13	正弦波	XZ	10	20	0.7
14	正弦波	X	10	20	0.8
15	正弦波	XZ	10	20	0.8
16	白噪声				

（2）正弦波激励下边坡模型动力响应情况。

图 3.11 为正弦波 $0.181gX$ 单向激励下边坡模型水平向动力加速度响应情况。首先，坡脚水平加速度放大系数小于 1，说明坡脚岩体同样对地震波存在抑制作用，且反倾坡的坡脚抑制作用更明显。反倾边坡模型坡面水平动力加速度放大系数基本呈现非线性放大的规律，且这种放大存在边坡高度效应，即在边坡 1/3 高度以下水平加速度放大趋势缓慢，在此高度以上边坡水平加速度急剧放大，到达坡顶时达到了将近 1.8 倍［图 3.12（a）］。

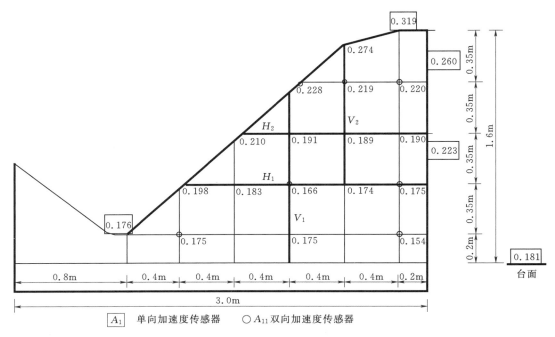

图 3.11　反倾层状结构边坡模型正弦波 $0.181gX$ 向激励加速度响应值

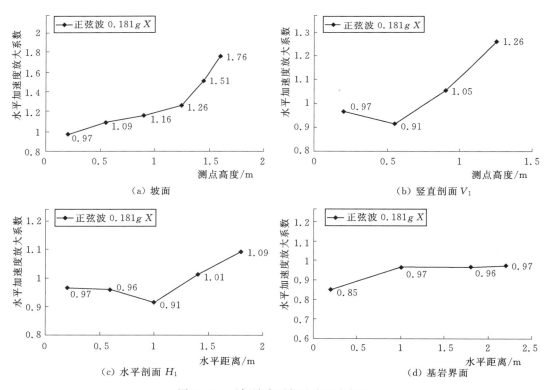

图 3.12　反倾坡水平加速度响应情况

而边坡模型竖直剖面上水平加速度放大系数虽然总体上呈现放大趋势，但表现出了明显的波动性，在边坡模型中下部水平加速度放大趋势缓慢甚至出现了局部缩小的现象，而在中上部边坡模型水平加速度迅速被放大［图 3.12（b）］。边坡模型底部基岩接触面上以及水平剖面 H_1 上水平加速度均具有明显的局部缩小现象，证明边坡越接近底部基岩的部位由于岩体强度的提高及上部岩体自重作用的影响对地震波有一定的抑制作用［图 3.12（c）］。水平剖面上水平加速度放大情况同样存在明显的节律特性以及波动增大的特性，但接近坡表时水平加速度放大系数基本达到最大［图 3.12（d）］。

反倾层状结构边坡模型在正弦波 0.2g 单向 Z 向激励下，坡体竖直加速度响应表现出了与水平加速度不同的特性。边坡模型坡面上竖直加速度放大系数表现出了明显的波动性放大特征。除坡脚测点外，坡面上各点的加速度放大系数均大于 1，加速度放大的最大值约 1.4 倍，小于水平加速度放大系数，边坡坡面上加速放大情况也同样表现出了边坡高度效应，在边坡高度 3/4 以上，加速度急剧放大，在此高度以下波动特性更明显。边坡模型竖直剖面上竖直加速度放大并不明显，但与水平加速度放大情况不同的是，虽然竖直加速度放大系数不大，但其在边坡模型中下部的值要高于在其上部的值，说明边坡中下部对竖直加速度放大作用比较明显。边坡模型水平剖面 H_1 及 H_2 上竖直加速度的响应均呈现波动性放大的特性，水平剖面 H_1 上竖直加速度具有明显的局部缩小的现象，除试验误差的影响外可能与边坡靠近坡脚部位岩体对地震波的抑制作用有关。水平剖面 H_2 上竖直加速度的放大系数基本大于 1，且到达坡表时加速度放大系数达到最大值（图 3.13）。

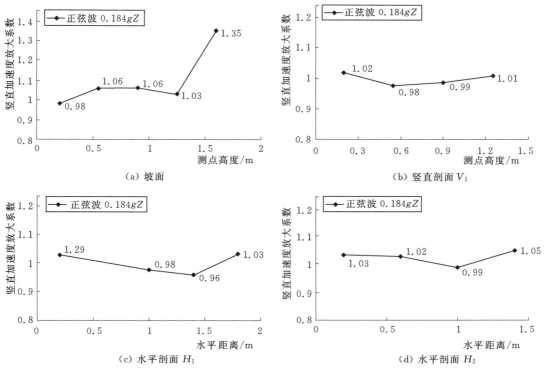

图 3.13　反倾层状结构边坡竖直加速度响应情况

反倾结构边坡模型加速度响应情况表明，水平及竖直加速度放大系数在边坡上的分布规律具有明显的差异性。总体来讲竖直加速度在边坡模型中下部的放大效应比较明显，而水平加速度在边坡模型中上部的放大作用更明显。说明地震作用下，坡体中上部水平地震惯性力要比竖直地震惯性力大，而坡体中下部竖直地震惯性力较大。

（3）实际地震波激励下边坡动力响应情况。

卧龙波压缩 4 倍激励下，振动台台面输入加速度时程以及边坡模型坡顶加速度响应时程如图 3.14 所示。由加速度时程响应曲线可见，坡顶对加速度具有明显的放大作用，放大倍数达到了 2.5 倍以上。图 3.15 为反倾结构边坡模型卧龙波（$C_t = 4$）激励下加速度响应情况，从图中可以看出，水平地震加速度沿反倾边坡模型坡面同样呈现明显的非线性放大的特征，最大加速度放大系数在坡肩达到 2.6 倍。水平加速度放大系数在竖直剖面的分布情况与正弦波激励下的类似，在坡高 3/4 高度以下放大系数增大缓慢，在此高度以上急剧被放大，到达坡顶达到 1.68。水平加速度放大系数在 3/4 坡高以下存在明显的局部缩小现象，证明坡体底部岩体对加速度具有抑制作用。水平剖面 H_1 上水平加速度放大系数波动变化特征明显，H_1 剖面位于坡体中下部，其加速度放大系数总体上不大，最大值只有 1.14，证明水平加速度在坡体中下部的放大作用并不显著。

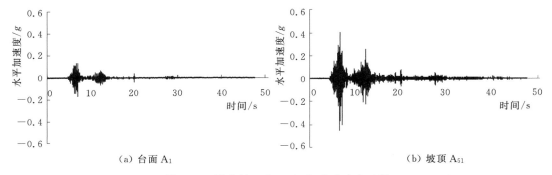

（a）台面 A_1 （b）坡顶 A_{51}

图 3.14   卧龙波（$C_t = 4$）加速度响应时程

竖直加速度放大系数在反倾边坡模型坡面上具有明显的波动放大的特性，其放大系数均大于 1，在坡肩及坡顶部位的放大系数最大，分别达到了 1.68 和 2.23。在竖直剖面上，坡高 3/4 以下竖直加速度放大系数大于水平加速度放大系数，但在坡高 3/4 以上竖直加速度放大系数要小于水平加速度放大系数，说明竖直加速度在坡体中下部被放大的作用要比水平加速度明显。竖直加速度沿竖直剖面的分布存在明显的波动特性，在约坡高 3/4 的地方有明显的局部缩小现象，之后到达坡顶受高程作用的影响，加速度放大系数又有所增大。竖直加速度放大系数在水平剖面 H_1 上也存在明显的波动特性，但其竖直总体上大于水平加速度放大系数，最大值达到 1.76，说明坡体中下部对竖直加速度的放大作用显著。

反倾结构边坡模型坡顶及坡肩测点在压缩实际地震波作用下的最大放大系数达到了 2.62，而正弦波作用下最大放大系数为 1.8，同样说明如果严格按照相似比，对原型边坡进行缩尺模拟，同时将模型试验结果反算到原型边坡的话，那么原型边坡在实际地震波作用下坡顶及坡肩部位的加速度放大效应将十分显著。

（4）地震作用下反倾结构边坡变形破坏特征。

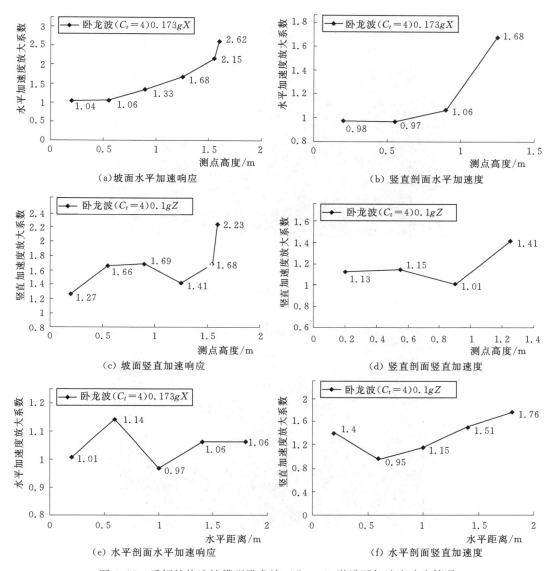

图 3.15　反倾结构边坡模型卧龙波（$C_t = 4$）激励下加速度响应情况

　　野外调查发现汶川地震诱发大型岩质滑坡具有明显的"山扒皮"现象，反倾层状结构模型试验结果也表明，边坡岩体不仅在表层破坏最为强烈，同时沿边坡水平方向具有明显的分带性，如图 3.16 所示。试验结束后，反倾坡基本形成了四个明显的变性破坏带，这是边坡动力响应波动效应以及趋表效应的重要体现。坡肩岩体的弯折、弯曲变形现象明显，这也是地震动力响应高程效应的重要体现。

　　试验中还发现了地震波在边坡中呈现非线性趋表特性，坡体内水平剖面加速度放大系数在同一水平剖面上总体上是呈非线性增大的，但在接近坡表的位置加速度放大系数突然急剧增大。这一规律很好地解释了实验过程中及现场地震滑坡观测到的"山扒皮"现象，如图 3.17 所示。

图 3.16　反倾边坡模型动力破坏的分带现象

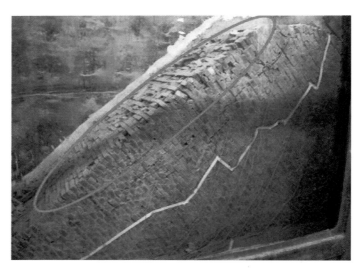

图 3.17　反倾边坡的趋表"山扒皮"现象

同时，可以观察到反倾边坡模型明显的渐进破坏过程，发生大范围结构松动、破坏具有分带性、剪断块体形成破裂面等现象。在峰值 0.3g 频率 10Hz 持时 10s 正弦波 X 单向激励下，边坡模型坡顶首先产生拉裂缝，坡顶灰浆大面积开裂且坡肩附近模型块体松动变形。在 30s 持时激励下，坡体上部距离坡顶 20cm 范围内的岩体大规模松动变形，基本呈散体状。在 0.3g 正弦波 XZ 双向激励下，坡体顶部 30cm 范围内的岩体松动变形严重基本呈散体状且坡肩出现局部岩体掉快现象，坡顶拉裂缝进一步扩展加密。0.4g 频率 10Hz 正弦波 X 单向激励下，边坡距离坡顶 70cm 范围内岩体均发生松动变形，坡肩岩层出现弯曲现象。随后随着地震波输入峰值的不断增加，边坡模型的变性破坏不断加剧，到 0.7g 频率 15Hz 持时 20s 正弦波 X 单向激励下，坡体出现模型块体被剪断现象，同时坡体多处出现近似弧形的剪切裂缝，坡体顶部下错现象明显。0.8g 频率 10Hz 正弦波激励下，坡体顶部下坐 15cm 左右，坡表岩体发生剧烈松动掉块，坡体内出现多条近似平行的弧形剪切裂缝，裂缝贯穿模型块体并将其剪断，坡肩部位岩体弯曲变形严重。变形破坏过程大体可以分为如图 3.18 所示的 4 个变形破坏阶段：①Ⅰ阶段——当振幅小于 0.3g 时，无明显变形；②Ⅱ阶段——坡肩部位开始有裂纹起裂并贯穿；③Ⅲ阶段——剪切裂缝开始张开，并形成一个线性圆弧形滑动面；④Ⅳ阶段——与滑动面平行的形成了一些浅层裂缝，坡肩和坡面处开始发生块体的崩落。

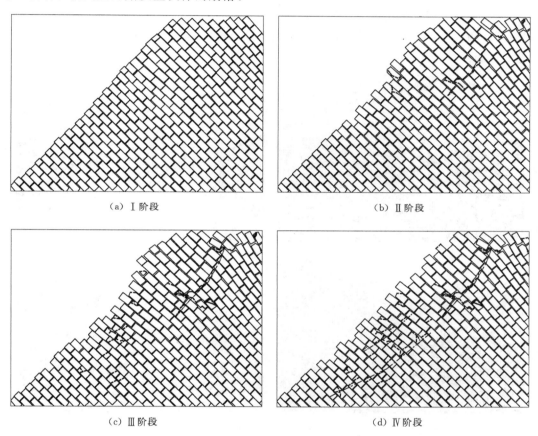

（a）Ⅰ阶段　　　　　　　　　　　　　（b）Ⅱ阶段

（c）Ⅲ阶段　　　　　　　　　　　　　（d）Ⅳ阶段

图 3.18　坡肩处明显的渐进变形破坏四阶段

3.2.3　地震作用下反倾边坡变形破坏模式

从以上反倾边坡的震动台试验发现，在动力作用下，坡顶结构面首先张开，由于加速度趋表效应的影响，坡体浅表层结构面张开，随着输入加速度的增加，张开数量逐渐增加，并向深处发展，并出现块体剪切现象。最后，边坡中、上部及表层岩体结构松动，坡体内出现顺坡向弧形贯通裂缝。总体而言，反倾层状结构边坡模型动力变形破坏主要表现为岩层的弯折、弯曲，模型块体的剪断以及弧形裂缝的产生。

通过对汶川地震中失稳破坏的反倾边坡考察发现，反倾边坡的地震失稳破坏具有后缘陡峻、规模大且破坏力强的特征，如四川绵竹市清平乡小涧坪对岸反倾边坡现场工作（图 3.19）。许强等（2009）对汶川地震大型滑坡主要成因模式归纳为拉裂—走向滑移型、拉裂—顺层（倾向）滑移型、拉裂—水平滑移型、拉裂—散体滑移型及拉裂—剪断滑移型5类。黄润秋（2009）将汶川地震触发地质灾害成因机制分为溃滑、溃崩、抛射、剥皮、震裂5中大类，进而又细分了32小类。其中，地震作用下反倾边坡的破坏成因主要有拉裂—剪断滑移型和拉裂—溃滑型。这种边坡变形破坏的动力过程是：在强震持续作用下，随着坡体的振动溃裂，在坡体后部形成陡峻、贯通的后缘拉裂面（震裂面）；之后，坡体下部也因垂向和水平向的震动而产生张剪性破坏，从而形成统一滑面，溃裂的坡体随之似"散粒体"一样溃散、滑动下来，形成滑坡。这类滑坡通常具有陡峻粗糙的滑坡后缘断壁（拉裂面）和一垮到底的堆积特征，此类典型滑坡有王家岩滑坡、大光包滑坡和小涧坪滑坡等（黄润秋，2009）。

图 3.19 汶川地震小涧坪对岸反倾边坡现场工作（绵竹市清平乡）

综合反倾边坡的震动台试验以及真实地震作用下反倾边坡的破坏特征可以发现，在地震作用下，反倾边坡的动力响应具有如下特征：

（1）加速度放大系数具有随坡高而增大，且越接近坡顶放大越明显的非线性高程效应及越接近坡表放大越强烈的非线性趋表效应。

（2）基本以3/4坡高为界，此高度以上，边坡水平加速度放大效应明显高于垂直加速度，而此高度以下，垂直加速度放大效应较明显。

（3）地震波频率对加速度放大系数影响最大，当地震波频率越接近坡体自振频率时，加速度放大越明显，且边坡出现波动特性的坡高越低。

（4）加速度峰值不改变动力加速度放大系数在坡体内的分布，但加速度峰值越高，边坡动力加速度放大系数越大。

　　地震作用下反倾边坡的变形破坏模式为：地震诱发→坡顶结构面张开→坡体浅表层结构面张开→浅表层结构面张开数量增加、张开范围向深处发展，且坡体中出现块体剪断现象→边坡中、上部及表层岩体结构松动，坡体内出现顺坡向弧形贯通裂缝→在地震强动力作用下，弧形裂缝内岩体发生溃散性破坏。

　　边坡变形破坏具有以下特点：①坡体变形分层分带；②坡体后缘形成陡倾拉裂缝；③滑坡"一垮到底"。

3.3　地震作用下反倾边坡稳定性评价方法

　　边坡稳定性分析方法很多，大致可以分为定性分析方法和定量分析方法。定性方法主要有自然历史分析法、工程类比法等。定量分析方法分为确定性方法和不确定性方法，其中确定性分析方法主要包括极限平衡分析方法和数值分析方法；而不确定分析方法主要包括灰色系统评价法、可靠度分析方法和模糊综合评价法等。

　　自然历史分析法是定性方法，主要用于天然边坡的稳定性评价。在查明边坡所处的地质环境（地质构造、地层岩性、水文地质、地震）、地形及外界影响条件等因素的基础上，通过野外踏勘及室内分析统计，并结合勘探、现场试验等方法，对边坡的变形机理及基本破坏特征进行详细的研究。

　　工程类比法是目前最为常用的一种边坡稳定性评价方法，属定性的经验方法。该法的实质就是将已有的边坡稳定性状况及设计等方面的经验和理论应用到同样类型的边坡中去。

　　极限平衡法是岩土工程界应用最早、最经典、最成熟的理论分析方法，其优点为参数易得、计算简便。极限平衡法主要有瑞典圆弧法、毕肖普法、简布法、不平衡传递系数法等。它是采用静力平衡、Mohr - Coulomn 准则、定义安全系数来对稳定性进行评价。但是，其不足之处在于未能满足材料本身的应力—应变关系，未考虑滑动产生的位移等。

　　数值模拟法等同于一个物理模型试验。通过对地质模型划分有限单元网格或者离散元网格，其目的在于进行力与力之间的传递、位移与位移之间的传递等。并研究各种情况下的岩土体的应力—应变关系，通过分析其应力—应变关系来研究其变形发生、发展过程及其稳定性。

　　有限单元法（FEM）：可用于求解非均质、非线性为主的岩石材料等问题。可对边坡进行应力、应变计位移分析。其优点：①在复杂的边界条件、荷载条件及震动条件下进行模拟研究；②对于岩土体弹塑性、弹性、塑性模型均有较强的适用性；③可考虑层间错动、软弱夹层、节理裂隙、断层构造、初始应力等对边坡的影响。

　　有限差分方法（FDM）：主要用于模拟由岩土体达到屈服极限后的变形破坏特征。其优点：①可以求解不连续材料的大变形、大位移问题；②求解过程中，适用内存少，求解速度快等特征，对于规模较大的工程具有普遍的适用性；③不仅能够较为准确自动地搜索边坡潜在的滑动面，而且还能够通过对不平衡力的跟踪及坡体各个部位的变形发展过程，并能够准确地判断岩土体的稳定性现状；④其计算原理与离散单元法相似，其共同点在于适用于弹塑性、弹性及塑性材料，并且能够求解边界条件为不规则区域的问题。其缺点：

计算边界及网格的划分具有很大的随意性。

离散单元法（DEM）：多用于裂隙岩质边坡的稳定性分析中。其原理：假定岩体是由于节理裂隙切割而成的，利用牛顿第二定律计算各个切割岩石块体在自重作用及外荷载作用下随时间而变化产生位移的变化。其优点：①不仅反映岩体结构面之间产生的滑移、分离、倾倒等大变形问题，而且又能够计算岩体内部的应力—形变；②对于任何一种非连续、连续岩土体材料模型都能够计算；③利用差分法来求解非线性大位移与稳定性问题较为方便；④采用离散元使得塑性破坏区域及塑性流动区域得以展现。

3.3.1 反倾边坡稳定性静力分析方法

3.3.1.1 块体形状分析

在对反倾边坡稳定性进行详细分析之前，可先通过几何方法对岩质边坡发生倾倒变形的潜在可能进行定性分析，即块体运动分析。主要有两种方法，一种通过块体的形状分析；另一种基于层状结构面与边坡坡度的夹角分析。这种分析可以初步判断岩质边坡发生倾倒变形的可能性，一般要结合极限平衡、数值模拟等方法进一步分析。

如图 3.20（a）所示，以反倾边坡一个块体作为研究对象，将其简化为一个长方体，则其块体高度 y、宽度 Δx、边坡坡度 ψ_p 以及结构面摩擦角 φ_p 一起决定着块体发生滑动破

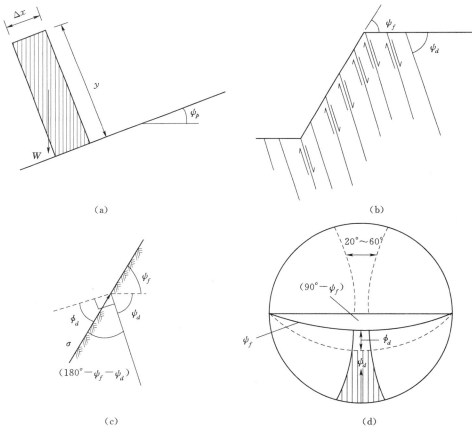

（a）   （b）

（c）   （d）

图 3.20　反倾边坡块体运动学稳定性分析示意图

坏、倾倒破坏或者保持稳定。当边坡坡度 ψ_p 大于结构面摩擦角 φ_p 时，边坡将发生滑动失稳，如式（3.7）。

$$\psi_p > \varphi_p \tag{3.7}$$

式中：ψ_p 为边坡坡度；φ_p 为结构面摩擦角。

但是，当块体重心线在超过块体底部时，将发生倾倒失稳，如式（3.8）。

$$\frac{\Delta x}{y} < \tan\psi_p \tag{3.8}$$

3.3.1.2　层间滑动分析

反倾岩层发生错动是反倾边坡发生倾倒变形的必要条件［图 3.20（b）］。边坡表面的应力状态可看做单轴压缩，轴向应力 σ 与坡表平行，垂直坡面方向无约束。若发生层间错动，σ 与层面的夹角 $180° - \psi_f - \psi_d$ 须满足下式［图 3.20（c）］

$$180° - \psi_f - \psi_d \geqslant 90° - \varphi_d \tag{3.9}$$

即

$$\psi_d \geqslant 90° - \psi_f + \varphi_d \tag{3.10}$$

式中：ψ_f 为边坡坡度；ψ_d 为反倾结构面倾角；φ_d 为岩层摩擦角。

3.3.1.3　层面与边坡走向一致性分析

边坡发生倾倒变形，需要反倾结构面走向与边坡走向近于平行，Wyllie 和 Mahr（2004）在其专著《Rock Slope Engineering–Civil and Mining》中推荐岩层走向与边坡走向夹角应小于 ±10°，而 Goodman（1980）则认为不小于 ±30° 即可，根据工程经验，Goodman（1980）推荐的 ±30° 应该更符合实际，±10° 明显范围偏小。综合上述，在赤平投影图中当反倾结构面落于阴影区时，则可初步判断此边坡可发生倾倒变形破坏（图 3.20）。

3.3.1.4　极限平衡分析方法

Goodman 和 Bray（1976）最早提出了分析倾倒稳定的极限平衡法。随后有一些学者对这一方法作出了改进（Zanbank，1983；Bobet，1999；Aydan & Kowamoto，1992；Wylie，1980；Choquet，1985）。本节介绍 Goodman 和 Bray 的极限平衡稳定性分析方法。

（1）反倾边坡几何特征。如图 3.20 所示，边坡高度为 H，假设块体均为长方体，宽为 Δx，高为 y_n，块体顶面（底面）倾角为 ψ_p，反倾结构面倾角 ψ_d（即 $90° - \psi_p$），坡脊以下开挖坡度为 ψ_f，坡脊以上坡度为 ψ_s，经过前人研究发现（Goodman & Bray，1976；Pritchard & Savigny，1990，1991；Adhikary et al.，1997），变形体与基岩的交面（变形面）应为台阶状，总体倾角为 ψ_b，范围见式（3.11）。

$$\psi_b \approx (\psi_p + 10°) \sim (\psi_p + 30°) \tag{3.11}$$

根据图 3.20，边坡中发生倾倒和滑动的块体共有 n 个，其中

$$n = \frac{H}{\Delta x}\left[\csc\psi_b + \frac{\cot\psi_b - \cot\psi_f}{\sin(\psi_b - \psi_f)}\sin\psi_s\right] \tag{3.12}$$

块体从坡脚开始向上编号，坡脚第一个块体为 1，则在图 3.20 的理想模型中，坡脊以下第 n 个块体高度为

$$y_n = n(a_1 - b) \tag{3.13}$$

坡脊以上第 n 个块体高度为

$$y_n = y_{n-1} - a_2 - b \tag{3.14}$$

a_1、a_2 分别为坡顶以下和以上相邻块体高差，b 为边坡变形面台阶高度（图 3.23），则

$$a_1 = \Delta x \tan(\psi_f - \psi_p) \tag{3.15}$$

$$a_2 = \Delta x \tan(\psi_p - \psi_s) \tag{3.16}$$

$$b = \Delta x \tan(\psi_b - \psi_p) \tag{3.17}$$

（2）块体稳定性分析。根据失稳模式，图 3.21 中的块体可分为 3 组：

1）稳定块体，主要分布于边坡最上部，这些块体的摩擦角大于滑动面角度（$\varphi_p > \psi_p$），块体重心在块体支撑点以内（$y/\Delta x < \cot\psi_p$）；

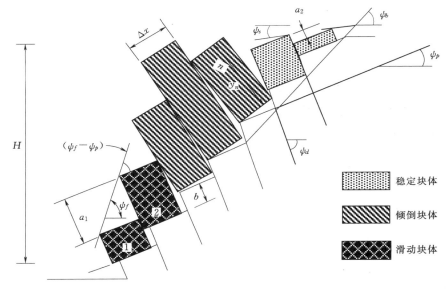

图 3.21 极限平衡方法反倾边坡模型

2）倾倒块体，主要分布于稳定块体与滑动块体之间，块体重心在块体支撑点以外（$y/\Delta x > \cot\psi_p$）；

3）滑动块体，主要分布于坡脚区域，受其上方倾倒块体推挤而发生滑动。

图 3.22 为块体受力图示，由图 3.24（a）可以看出，块体主要受到底部基座的力和相邻变形块体的力，前者为（R_n，S_n），后者为（P_{n-1}，Q_{n-1}，P_n，Q_n）。M_n 为 P_n 到块体底面的距离，L_n 为 P_{n-1} 到块体底面的距离，k_n 为 R_n 到块体左边界的距离。如果块体为倾倒变形体，对于坡脊以上的块体

$$M_n = y_n - a_2 \tag{3.18}$$

$$L_n = y_n \tag{3.19}$$

对于坡脊块体

$$M_n = y_n - a_2 \tag{3.20}$$

$$L_n = y_n - a_1 \tag{3.21}$$

对于坡脊以下块体

$$M_n = y_n \tag{3.22}$$

$$L_n = y_n - a_1 \tag{3.23}$$

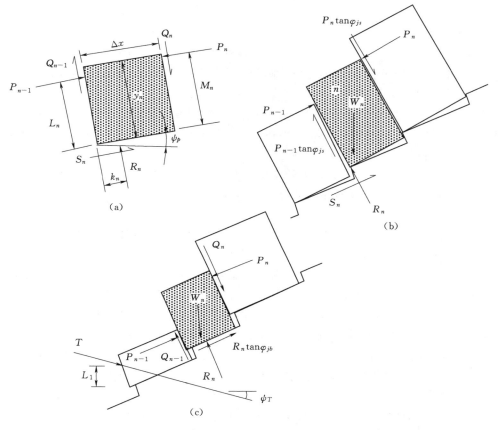

图 3.22　第 n 个滑动或倾倒块体极限平衡受力状态（Goodman & Bray，1976）

(a) 第 n 个块体受力状态；(b) 倾倒块体；(c) 滑动块体

当块体发生倾倒或滑动变形时，主要为两侧和底面受法向力和摩擦力，对于大多数地质体，这两者的摩擦系数并不相等，比如，对于砂岩反倾边坡来说，如果存在页岩夹层，则块体两侧面为页岩，而块体底面则为砂岩面，此时侧面的摩擦角 φ_{js} 小于底面摩擦角 φ_{jb}。

第 n 个块体自重为 W_n，块体达到滑动失稳极限的力平衡方程 [图 3.22（c）]:

$$R_n = W_n \cos\psi_p + (P_n - P_{n-1})\tan\varphi_d \tag{3.24}$$

$$S_n = R_n \tan\varphi_p = W_n \sin\psi_p + (P_n - P_{n-1}) \tag{3.25}$$

则联立两式可解得第 n 个块体滑动临界状态所需下方块体的力为

$$P_{n-1,s} = P_n - \frac{W_n(\cos\psi_p \tan\varphi_p - \sin\psi_p)}{1 - \tan\varphi_p \tan\varphi_d} \tag{3.26}$$

137

块体达到倾倒失稳极限的力矩平衡方程 [图 3.24（b）]：

$$P_{n-1}L_n + W_n\cos(\psi_p)\Delta x/2 + P_n\tan(\varphi_d)\Delta x = P_n M_n + W_n\sin(\psi_p)y_n/2$$

则可解得第 n 个块体倾倒临界状态所需下方块体的力为

$$P_{n-1,t} = \left[W_n(y_n\sin\psi_p - \Delta x\cos\psi_p)/2 + P_n(M_n - \Delta x\tan\varphi_d)\right]/L_n \tag{3.27}$$

计算步骤如下：

1）根据式（3.12）~式（3.17）计算块体的数量和几何尺寸；

2）通过实验或经验，分别确定块体两侧和底面的摩擦角 φ_d 和 φ_p，底面的摩擦角取值应大于变形面的坡度，即 $\varphi_p > \psi_p$；

3）从最上面的块体开始，根据式（3.8）判断倾倒变形稳定性，假设第一个发生倾倒变形的块体编号为 n_1，利用式（3.26）和式（3.27）分别计算使其不发生倾倒变形和滑动变形所需下面相邻块体的力 $P_{n-1,t}$ 和 $P_{n-1,s}$；

4）如果 $P_{n-1,t} > P_{n-1,s}$，此块体处于倾倒变形临界状态，取 $P_{n-1} = P_{n-1,t}$；若 $P_{n-1,s} > P_{n-1,t}$，则此块体处于滑动变形临界状态，取 $P_{n-1} = P_{n-1,s}$；同时，应验证基座对块体的法向应力 $R_n > 0$，$|S_n| > R_n\tan\varphi_p$；

5）对下面所有块体依次用步骤3）和4）的方法判断其倾倒和滑动稳定性，若所有块体均 $P_{n-1,t} > P_{n-1,s}$，则所有块体均发生倾倒变形；

6）如果块体出现 $P_{n-1,s} > P_{n-1,t}$，则将会发生滑动变形，记第一个发生滑动变形的块体编号为 n_2，则此块体和下面块体均利用 $S_n > R_n\tan\varphi_b$ 判断其滑动稳定性；

7）最后，最下面的块体（编号为1的块体）若不发生滑动或倾倒（即 $P_0 < 0$），则边坡整体稳定；若该块体发生滑动或倾倒（即 $P_0 > 0$），则该边坡整体不稳定。

对于反倾边坡，经过上节的步骤，可以得出边坡的稳定现状，但是边坡安全系数尚需通过下述方法确定：如果块体1不稳定，则逐渐提高块体之间的摩擦角，通过上节所述的极限平衡方法找到 $P_0 \approx 0$ 的摩擦角；相反，若块体1稳定，则逐渐减小块体之间的摩擦角，通过上节所述的极限平衡方法找到 $P_0 \approx 0$ 的摩擦角。如果极限平衡状态的摩擦角为 φ_{limit}，实际的摩擦角为 φ_{actual}，则边坡的安全系数可以用其正切的比值表示：

$$F_S = \frac{\tan\varphi_{actual}}{\tan\varphi_{limit}} \tag{3.28}$$

3.3.2　极限平衡分析方法

3.3.2.1　极限平衡公式推导

在以往的反倾边坡极限平衡方法中，均没有考虑地震作用的影响，本部分将考虑地震加速度的影响，对反倾边坡块体变形破坏的极限平衡方法进行改进。

图 3.23 及图 3.24 为考虑地震作用下反倾边坡块体受力图示，与图 3.25（a）所示几何尺寸及受力状态相同，块体主要受到底部基座的力和相邻变形块体的力，图 3.25 为 (R_n, S_n)，图 3.26 为 $(P_{n-1}, Q_{n-1}, P_n, Q_n)$。$M_n$ 为 P_n 到块体底面的距离，L_n 为 P_{n-1} 到块体底面的距离，k_n 为 R_n 到块体左边界的距离。对于坡脊以上、坡脊和坡脊以下块体的 M_n、L_n，可以通过式（3.18）~式（3.23）计算。同时，块体侧面的摩擦角和底面摩擦角分别为 φ_{js} 和 φ_{jb}。

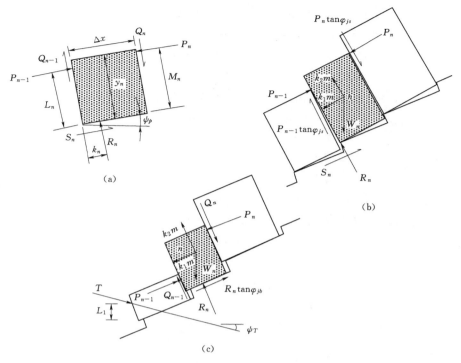

图 3.23　考虑地震作用的反倾边坡块体示意图（k_1 和 k_2 分别为平行坡面和垂直坡面的地震加速度）

（a）第 n 个块体受力图；（b）倾倒块体；（c）滑动块体

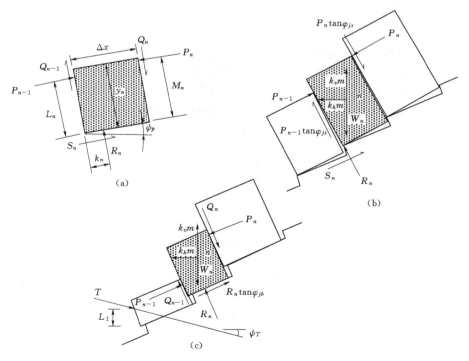

图 3.24　考虑地震作用的反倾边坡块体示意图（k_v 和 k_h 分别为竖直和水平地震加速度）

（a）第 n 个块体受力图；（b）倾倒块体；（c）滑动块体

第 n 个块体自重为 W_n，受到的地震力分为平行坡面和垂直坡面两个分量，加速度分别为 k_1 和 k_2，则块体达到滑动失稳极限的力平衡方程：

$$R_n = W_n \cos\psi_p + (P_n - P_{n-1})\tan\varphi_{js} - k_2 W_n/g \tag{3.29}$$

$$S_n = R_n \tan\varphi_{jb} = W_n \sin\psi_p + (P_n - P_{n-1}) + k_1 W_n/g \tag{3.30}$$

联立两式可解得第 n 个块体滑动临界状态所需下方块体的力为

$$P_{n-1,s} = P_n - \frac{W_n(\cos\psi_p \tan\varphi_{jb} - k_2 \tan\varphi_{jb}/g - k_1/g - \sin\psi_p)}{1 - \tan\varphi_{jb}\tan\varphi_{js}} \tag{3.31}$$

块体达到倾倒失稳极限的力矩平衡方程为

$$P_{n-1}L_n + W_n(\cos\psi_p - k_2/g)\Delta x/2 + P_n \tan\varphi_{js}\Delta x$$
$$= P_n M_n + W_n(\sin\psi_p + k_1/g)y_n/2$$

则可解得第 n 个块体倾倒临界状态所需下方块体的力为

$$P_{n-1,t} = [W_n(k_2/g - \cos\psi_p)\Delta x/2 + W_n(k_1/g + \sin\psi_p)y_n/2 + P_n(M_n - \Delta x\tan\varphi_{js})]/L_n \tag{3.32}$$

如果地震加速度分量为竖直 k_v 和水平 k_h 时（图 3.23），则第 n 个块体滑动及倾倒临界状态所需下方块体的力分别为

$$P_{n-1,s} = P_n - \frac{W_n[\cos\psi_p\tan\varphi_{jb} + k_h/g(\cos\psi_p + \sin\psi_p\tan\varphi_{jb}) - k_v/g(\cos\psi_p - \cos\psi_p\tan\varphi_{jb}) - \sin\psi_p]}{1 - \tan\varphi_{jb}\tan\varphi_{js}} \tag{3.33}$$

$$P_{n-1,t} = \begin{bmatrix} W_n(k_h\sin\psi_p/g + k_v\cos\psi_p/g - \cos\psi_p)\Delta x/2 + \\ W_n(k_v\cos\psi_p/g - k_h\sin\psi_p/g + \sin\psi_p)y_n/2 + P_n(M_n - \Delta x\tan\varphi_{js}) \end{bmatrix}/L_n \tag{3.34}$$

然而，上述方法假定岩柱底滑面完全连通，实际岩体中一般都没有这样完全贯通的底滑面。在岩柱底面，节理和岩桥共同作用，使得岩柱产生对倾倒和滑动的抵抗力和抵抗力矩。将底滑面的连通率视为 100%，会得出过于保守的计算结果。接下来，我们将把节理连通率（joint connetivity，Jc）考虑到倾倒变形极限平衡计算中。假设边坡岩块的黏聚力为 c_b，摩擦角为 φ_b，抗拉强度为 σ_{bt}。仍然假定各个岩柱的侧面是贯通的。假设圆柱底面承受法向荷载 R_b 和力矩 M_b，则岩柱为一偏心受压杆件（图 3.25）。

岩柱受力矩弯曲在截面产生的应力为

$$\sigma_M = \frac{M_b x}{I_y}$$

式中：x 为截线上距中性点的距离；I_y 为截面对 y 轴的惯性积，本例中 $I_y = \frac{1}{12}(\xi\Delta x)^3$，其中 $\xi = 1 - J_c$，则拉力最大处位于底面最左边，大小为

$$\sigma_{tM} = \frac{M_b \frac{1}{2}\xi\Delta x}{\frac{1}{12}(\xi\Delta x)^3} = \frac{M_b}{\frac{1}{6}(\xi\Delta x)^2} \tag{3.35}$$

岩柱受轴向压力在截面产生的应力为

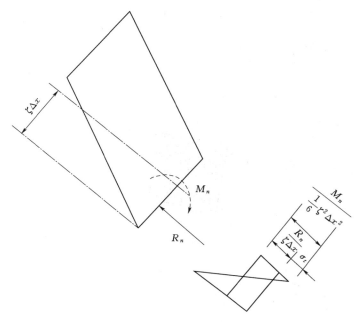

图 3.25　岩柱底面应力分析

$$\sigma_{tP} = \frac{P_b}{\xi \Delta x} \tag{3.36}$$

则岩柱底面上坡侧受到的拉应力为

$$\sigma_t = \frac{M_b}{\frac{1}{6}\xi^2 \Delta x^2} - \frac{R_n}{\xi \Delta x} \tag{3.37}$$

则

$$M_b = \frac{\xi \Delta x}{6}(\sigma_t \xi \Delta x + R_n) \tag{3.38}$$

块体达到滑动失稳极限的力平衡方程〔图 3.28（a）〕：

$$R_n = W_n \cos\psi_p + (P_n - P_{n-1})\tan\varphi_{js} - k_2 W_n/g \tag{3.39}$$

$$S_n = J_c R_n \tan\varphi_{jb} + (1 - J_c)(R_n \tan\varphi_b + c_b \Delta x)$$

$$= W_n \sin\psi_p + (P_n - P_{n-1}) + k_1 W_n/g \tag{3.40}$$

则可解得第 n 个块体滑动临界状态所需下方块体的力为

$$P_{n-1,s} = P_n - \frac{[\sin\psi_p + k_1/g - (J_c \tan\varphi_{jb} + \xi\tan\varphi_b)(\cos\psi_p - k_2/g)]W_n - \xi c_b \Delta x}{(J_c \tan\varphi_{jb} + \xi\tan\varphi_b)\tan\varphi_{js} - 1}$$

$$\tag{3.41}$$

块体达到倾倒失稳极限的力平衡方程〔图 3.26（b）〕：

$$P_{n-1}L_n + W_n(\cos\psi_p - k_2/g)\Delta x/2 + P_n \tan\varphi_{js}\Delta x + M_b$$

$$= P_n M_n + W_n(\sin\psi_p + k_1/g)y_n/2 \tag{3.42}$$

则可解得第 n 个块体倾倒临界状态所需下方块体的力为

$$P_{n-1,t} = \left[\begin{array}{c} \left(M_n - \dfrac{1}{6}\xi\Delta x\tan\varphi_{js} - \Delta x\tan\varphi_{js}\right)P_n + \dfrac{\Delta x W_n}{2}\left(\dfrac{\xi}{3}+1\right)\left(\dfrac{k_2}{g}-\cos\psi_p\right) \\[2mm] -\dfrac{\xi^2\Delta x^2}{6}\sigma_t + \dfrac{y_n W_n}{2}\left(\sin\psi_p + \dfrac{k_1}{g}\right) \end{array} \right] \Big/ \left(L_n + \dfrac{\xi\Delta x}{6}\tan\varphi_{js}\right)$$

$$(3.43)$$

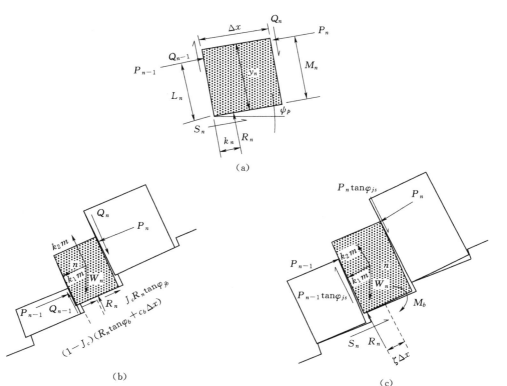

图 3.26　考虑地震作用及节理连通情况的反倾边坡块体示意图

（k_v 和 k_h 分别为竖直和水平地震加速度）

(a) 第 n 个块体受力图；(b) 滑动块体；(c) 滑动块体

岩柱底部贯通（$J_c = 1$，$\xi = 0$），则式（3.43）简化为

$$P_{n-1,s} = P_n - \frac{W_n(\cos\psi_p\tan\varphi_{jb} - k_2\tan\varphi_{jb}/g - k_1/g - \sin\psi_p)}{1 - \tan\varphi_{jb}\tan\varphi_{js}}$$

与式（3.31）相同。

式（3.43）简化为

$$P_{n-1,t} = \left[(M_n - \Delta x\tan\varphi_{js})P_n + \frac{\Delta x W_n}{2}(k_2/g - \cos\psi_p) + \frac{y_n W_n}{2}(\sin\psi_p + k_1/g)\right]\Big/L_n$$

与式（3.32）相同。

若静力状态（$k_1 = k_2 = 0$），且岩柱底部贯通（$J_c = 1$，$\xi = 0$），则式（3.41）简化为

$$P_{n-1,s} = P_n - \frac{W_n(\cos\psi_p\tan\varphi_{jb} - \sin\psi_p)}{1 - \tan\varphi_{js}\tan\varphi_{jb}}$$

与式（3.26）相同。

式（3.43）简化为

$$P_{n-1,t}=\left[(M_n-\Delta x\tan\varphi_{js})P_n+\frac{W_n}{2}(y_n\sin\psi_p-\Delta x\cos\psi_p)\right]/L_n$$

与式（3.27）相同。

3.3.2.2　计算步骤

按照以下步骤，Excel 表中或编制简单程序，即可完成相关运算（图 3.27）。

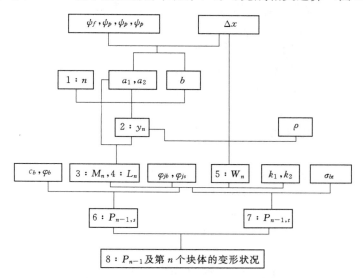

图 3.27　地震作用下反倾边坡稳定性分析的极限平衡方法流程图

（1）根据式（3.12）~式（3.17）计算块体的数量和几何尺寸。

（2）通过实验或经验，分别确定块体两侧和底面的摩擦角 φ_d 和 φ_p，底面的摩擦角取值应大于变形面的坡度，即 $\varphi_p>\psi_p$。

（3）从最上面的块体开始，根据式（3.8）判断倾倒变形稳定性，假设第一个发生倾倒变形的块体编号为 n_1，利用式（3.41）和式（3.43）分别计算使其不发生倾倒变形和滑动变形所需下面相邻块体的力 $P_{n-1,t}$ 和 $P_{n-1,s}$。

（4）如表 3.10 所示，如果 $P_{n-1,t}>P_{n-1,s}$，此块体处于倾倒变形临界状态，取 $P_{n-1}=P_{n-1,t}$；若 $P_{n-1,s}>P_{n-1,t}$，则此块体处于滑动变形临界状态，取 $P_{n-1}=P_{n-1,s}$；同时，应验证基座对块体的法向应力 $R_n>0$，$|S_n|>R_n\tan\varphi_p$。

（5）对下面所有块体依次用步骤（3）和（4）的方法判断其倾倒和滑动稳定性，若所有块体均 $P_{n-1,t}>P_{n-1,s}$，则所有块体均发生倾倒变形。

（6）如果块体出现 $P_{n-1,s}>P_{n-1,t}$，则将会发生滑动变形，记第一个发生滑动变形的块体编号为 n_2，则此块体和下面块体均利用 $S_n>R_n\tan\varphi_b$ 判断其滑动稳定性。

（7）最下面的块体（编号为 1 的块体）若不发生滑动或倾倒（即 $P_0<0$），则边坡整体稳定；若该块体发生滑动或倾倒（即 $P_0>0$），则该边坡整体不稳定。

（8）最后，根据式（3.28）计算边坡的稳定性系数。

143

表 3.10   第 n 个块体稳定所需力 P_{n-1} 及其变形情况

计 算 结 果			P_{n-1}	变形情况
$P_{n-1,t}<0$	$P_{n-1,s}<0$	—	0	稳定
$P_{n-1,t}>0$	$P_{n-1,s}<0$	—	$P_{n-1,t}$	倾倒
$P_{n-1,t}>0$	$P_{n-1,s}>0$	$P_{n-1,t}>P_{n-1,s}$	$P_{n-1,t}$	倾倒
$P_{n-1,t}<0$	$P_{n-1,s}>0$	—	$P_{n-1,s}$	滑动
$P_{n-1,t}>0$	$P_{n-1,s}>0$	$P_{n-1,s}>P_{n-1,t}$	$P_{n-1,s}$	滑动

3.3.2.3 应用示例

基于一个简单的反倾结构边坡模型（图 3.28），对地震作用下边坡安全系数以及所需锚固力的计算方法及过程予以说明。边坡坡肩以下坡面高 $H=92.5\text{m}$，坡度 $\psi_f=56.6°$，反倾结构面倾向坡外，坡度 $\psi_d=60°$，每个块体的宽度 $\Delta x=10\text{m}$，坡肩上部边坡的坡度 $\psi_s=4°$，每个块体底部与相邻块体高差 $1\text{m}[a\tan(1/10)=5.7°$，$\psi_b=(5.7+\psi_p)=35.7°]$。在这个模型中，从坡脚到坡顶共有 16 个块体，编号依次为 1 到 16，块体 10 在坡脊处。据式（3.15）~式（3.17），可得：

$$a_1=\Delta x\tan(\psi_f-\psi_p)=5(\text{m})$$
$$a_2=\Delta x\tan(\psi_p-\psi_s)=4.9(\text{m})$$
$$b=\Delta x\tan(\psi_b-\psi_p)=1(\text{m})$$

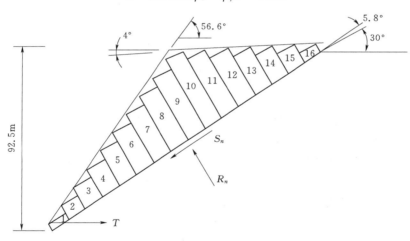

图 3.28   地震作用下倾倒变形边坡极限平衡计算几何模型

假设块体底面和侧面的摩擦角相等，均为 $\varphi_p=38.5°$（$\varphi_{available}$），岩体的密度为 2.5g/cm³，边坡除了自重，还受到地震作用，平行于滑面和垂直滑面的加速度分别为 k_1 和 k_2。

（1）根据式（3.13）和式（3.14）计算每个块体的高度。

（2）根据式（3.18）~式（3.23）计算每个块体的受力点位置。

（3）根据每个块体的密度及体积计算重量。

（4）根据式（3.41）及式（3.43）分别计算坡体最上面块体（本例即块体 16）达到滑动极限平衡和倾倒极限平衡所需的力 $P_{n-1,s}$ 和 $P_{n-1,t}$（本例即块体 $P_{15,s}$ 和 $P_{15,t}$），则

P_{n-1} 取 max（$P_{n-1,s}$，$P_{n-1,t}$，0）或按表 3.10 取值。

（5）按照上面方法，根据式（3.41）及式（3.43）依次计算所有块体的滑动极限平衡和倾倒极限平衡所需的力 $P_{n-1,s}$、$P_{n-1,t}$，通过对比确定 P_{n-1}。

（6）根据表 3.10，判断块体的变形模式，如果 $P_{n-1,t} > P_{n-1,s}$ 且 $P_{n-1,t} > 0$，此块体处于倾倒变形临界状态；若 $P_{n-1,s} > P_{n-1,t}$ 且 $P_{n-1,s} > 0$，则此块体处于滑动变形临界状态；若 $P_{n-1,s} \leqslant 0$ 且 $P_{n-1,t} \leqslant 0$，则此块体稳定。同时，应验证基座对块体的法向应力 $R_n > 0$，$|S_n| > R_n \tan\varphi_p$。

（7）最后，最下面的块体（编号为 1 的块体）若不发生滑动或倾倒（即 $P_0 < 0$），则边坡整体稳定；若该块体发生滑动或倾倒（即 $P_0 > 0$），则该边坡整体不稳定。

根据以上步骤，若 $k_1 = k_2 = 0$（即无地震作用），计算得到反倾边坡极限平衡方法块体尺寸、不平衡力以及稳定性情况见表 3.11（a），由表中可以看出，顶部 3 个块体（块体 14~16）为稳定块体，中间 10 个块体（块体 3~10）发生倾倒变形，底部 3 个块体（块体 1~3）发生滑动变形，边坡整体不稳定，保持稳定所需外力为 $P_0 \approx 161.43 \text{kN}$，若使边坡达到极限平衡（即 $P_0 \approx 0$），边坡摩擦角 $\varphi_{limit} \approx 38.67°$，则根据式（3.28），边坡的安全系数为

$$FS = \frac{\tan\varphi_{actual}}{\tan\varphi_{limit}} = \frac{\tan 38.5°}{\tan 38.76°} = 0.994$$

若 $k_1 = k_2 = 0.1g$，结果见表 3.11（b），由表中看出，顶部块体 15 和 16 稳定，中间块体 7~14 发生倾倒变形，底部块体 1~6 发生滑动变形，边坡整体不稳定，保持稳定所需外力 $P_0 \approx 570.86 \text{kN}$，若使边坡达到极限平衡（即 $P_0 \approx 0$），边坡摩擦角 $\varphi_{limit} \approx 42.17°$，则根据式（3.28），边坡的安全系数为

$$FS = \frac{\tan\varphi_{actual}}{\tan\varphi_{limit}} = \frac{\tan 38.5°}{\tan 42.17°} = 0.878$$

若 $k_1 = k_2 = 0.2g$，结果见表 3.11（c），由表中看出，边坡中所有块体均发生滑动变形，边坡整体不稳定，保持稳定所需外力 $P_0 \approx 38.53 \text{MN}$。

根据式（3.41）：

$$\begin{aligned}
P_{n-1,s} &= P_n - \frac{W_n(\cos 30° \tan\varphi_p - 0.2\tan\varphi_p - 0.2 - \sin 30°)}{1 - \tan^2\varphi_p} \\
&= P_n + \frac{W_n(0.7 - 0.666\tan\varphi_p)}{1 - \tan^2\varphi_p} > P_n + \frac{0.666W_n}{1 + \tan\varphi_p} > P_n
\end{aligned}$$

故在此种地震作用下，不管边坡块体摩擦角取值多少，边坡都将发生失稳。边坡安全系数与地震加速度关系如图 3.29 所示，从图中可以看出，随着地震加速度的增加，边坡安全系数逐渐降低，呈现线性特征。

3.3.3　数值方法（UDEC、混合有限元—离散元）

由于边坡倾倒主要表现为倾斜的岩柱发生弯曲折断破坏，因此建立在非连续介质模型基础上的应力应变分析方法（如离散元、DDA、流形元等），是分析岩质边坡倾倒破坏的更为有效的手段（Ishida，1987；Prichard & Savigny，1990；孙东亚，2002）。本研究基于 Itasca 公司的离散元 UDEC 数值模拟软件，以及混合有限元离散元算法（FDM）对岩

高山峡谷区大型水库岸坡变形破坏机理与防治研究

表3.11　考虑地震作用反倾边坡极限平衡方法块体尺寸、不平衡力以及稳定性情况

(a) $k_1 = k_2 = 0$

c	y_n	$y_n/\Delta x$	M_n	L_n	W_n	$P_{n,t}$	$P_{n,s}$	P_n	R_n	S_n	S_n/R_n	MODE
16	4.72	0.472	−0.48	4.72	1180000	0	0	0	1021910	590000	0.57735	stable
15	10.6	1.06	5.4	10.6	2650000	−787532	−606793	0	2294967	1325000	0.57735	stable
14	16.48	1.648	11.28	16.48	4120000	−420032	−1362713	0	3568025	2060000	0.57735	stable
13	22.36	2.236	17.16	22.36	5590000	−52531.8	−2118633	0	4481082	2795000	0.57735	Toppling
12	28.24	2.824	2304	28.24	7060000	314968.2	−2874552	314968.2	6364676	3844968	0.604000	Toppling
11	34.12	3.412	28.92	34.12	8530000	850722.4	−3315504	850722.4	7813355	4800754	0.614429	Toppling
10	40	4	34.8	35	10000000	1572710	−3535670	1572710	9234549	5721987	0.619628	Toppling
9	36	3.6	36	31	9000000	2826261	−3569602	2826261	8791348	5753551	0.65456	Toppling
8	32	3.2	32	27	8000000	3912682	−1801820	3912682	7792382	5086422	0.652743	Toppling
7	28	2.8	28	23	7000000	4571924	−201167	4571924	6586562	4159241	0.631474	Toppling
6	24	2.4	24	19	6000000	4797228	972305.3	4797228	5375368	3225305	0.600016	Toppling
5	20	2	20	15	5000000	4578623	1711841	4578623	4156241	2281395	0.548908	Toppling
4	16	1.6	16	11	4000000	3900121	2007467	3900121	2924397	1321498	0.451887	Toppling
3	12	1.2	12	7	3000000	2732588	1843196	2732588	1669378	332466.7	0.199156	sliding
2	8	0.8	8	3	2000000	1009941	1189894	1189894	504936.9	−542694	−1.07478	sliding
1	4	0.4	4	−1	1000000	−1535315	161431.7	161431.7	47949.47	−528462	−11.0212	sliding

(b) $k_1 = k_2 = 0.1g$

c	y_n	$y_n/\Delta x$	M_n	L_n	W_n	$P_{n,t}$	$P_{n,s}$	P_n	R_n	S_n	S_n/R_n	MODE
16	4.72	0.472	−0.48	4.72	1180000	0	0	0	903910	708000	0.783264	STABLE
15	10.6	1.06	5.4	10.6	2650000	−853532	−29956.5	0	2029967	1590000	0.783264	
14	16.48	1.648	11.28	16.48	4120000	−412532	−67275.1	0	3156025	2472000	0.783264	
13	22.36	2.236	17.16	22.36	5590000	28468.25	−104594	28468.25	4304727	3382468	0.785757	
12	28.24	2.824	23.04	28.24	7060000	481188.7	−113444	481188.7	5768249	4688720	0.81285	
11	34.12	3.412	28.92	34.12	8530000	1167516	301957.6	1167516	7080126	5804328	0.819806	TOOPLING
10	40	4	34.8	35	10000000	2068869	950966.7	2068869	8377223	6901353	0.823824	
9	36	3.6	36	31	9000000	3635396	1815001	3635396	8140300	6966526	0.855807	

146

续表

(b) $k_1=k_2=0.1g$

c	y_n	$y_n/\Delta x$	M_n	L_n	W_n	$P_{n,t}$	$P_{n,s}$	P_n	R_n	S_n	S_n/R_n	MODE
8	32	3.2	32	27	8000000	5022125	3406914	5022125	7231257	6186729	0.85554	TOOPLING
7	28	2.8	28	23	7000000	5885896	4819030	5885896	6049253	5063771	0.83709	
6	24	2.4	24	19	6000000	6216333	5708188	6216333	4855994	3930437	0.808899	
5	20	2	20	15	5000000	5998120	6064012	6064012	3708965	2847679	0.767783	
4	16	1.6	16	11	4000000	5259619	5937078	5937078	2963134	2273066	0.767116	SLIDING
3	12	1.2	12	7	3000000	4331554	5835531	5835531	2217302	1698453	0.766	
2	8	0.8	8	3	2000000	2845440	5759370	5759370	1471470	1123840	0.763753	
1	4	0.4	4	−1	1000000	−1532464	5708597	5708597	725638.2	549226.3	0.756887	

(c) $k_1=k_2=0.2g$

c	y_n	$y_n/\Delta x$	M_n	L_n	W_n	$P_{n,t}$	$P_{n,s}$	P_n	R_n	S_n	S_n/R_n	MODE
16	4.72	0.472	−0.48	4.72	1180000	0	0	0	903910	708000	0.783264	sliding
15	10.6	1.06	5.4	10.6	2650000	−919532	546879.9	546879.9	2464975	2136880	0.866897	
14	16.48	1.648	11.28	16.48	4120000	−536817	1175042	1775042	4132949	3700162	0.895284	
13	22.36	2.236	17.16	22.36	5590000	467669.3	3684487	3684487	5800923	5263445	0.907346	
12	28.24	2.824	23.04	28.24	7060000	2140876	6275215	6275215	7468897	6826728	0.914021	
11	34.12	3.412	28.92	34.12	8530000	4490651	9547225	9547225	9136871	8390010	0.918259	
10	40	4	34.8	35	10000000	7519431	13500518	13500518	10804845	9953293	0.921188	
9	36	3.6	36	31	9000000	12832251	18135093	18135093	10580736	10034575	0.948382	
8	32	3.2	32	27	8000000	18517393	22306211	22306211	9446060	8971118	0.949721	
7	28	2.8	28	23	7000000	21604671	26013871	2601387	8311384	7907660	0.951425	
6	24	2.4	24	19	6000000	24032775	29258074	29258074	7176708	6844203	0.953669	
5	20	2	20	15	5000000	25678094	32038819	32038819	6042032	5780745	0.956755	
4	16	1.6	16	11	4000000	26285165	34356107	34356107	4907355	4717288	0.961269	
3	12	1.2	12	7	3000000	25226945	36209937	36209937	3772679	3653830	0.968497	
2	8	0.8	8	3	2000000	20443146	37600310	37600310	2638003	2590373	0.981944	
1	4	0.4	4	−1	1000000	−1114715	38527225	38527225	1503327	1526915	1.015691	

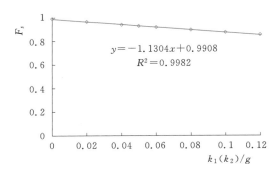

图 3.29　边坡安全系数与地震加速度关系

质边坡进行数值模拟尝试，提供可以考虑块体破碎过程的渐进破坏稳定性分析数值模拟方法。

3.3.3.1　UDEC 数值方法

UDEC 是 Universal Distinct Element Code 的缩写，即通用离散单元法程序，顾名思义，UDEC 是一款基于离散单元法理论的计算分析程序。离散单元法最早由 Peter Cundall 在 1971 年提出理论雏形，最初意图是在二维空间描述离散介质的力学行为，Cundall 等人在 1980 年开始又把这一方法思想拓展到研究颗粒状物质的微破裂、破裂扩展和颗粒流动问题。物理介质通常均呈现不连续特征，这里的不连续性可以表现为材料属性的不连续，或空间结构（构造）上的不连续。以岩体为例，具有不同岩性属性的岩块（连续体）和结构面（非连续特征）构成岩体最基本的两个组成要素，与有限元技术、FLAC/FLAC3D 等通用连续力学方法相比较，属于非连续力学方法范畴的 UDEC 程序基于离散的角度来对待物理介质，以最为朴素的思想分别描述介质内的连续性元素和非连续性元素，如将岩体的两个基本组成对象——岩块和结构面分别以连续力学定律和接触定律加以描述，其中接触（结构面）是连续体（岩块）的边界，单个的连续体在进行力学求解过程中可以被处理成独立对象并通过接触与其他连续体发生相互作用，其中连续体可具有可变形、或刚性受力变形特征。具体到具备可变形能力的单个连续体分析环节而言，介质受力变形求解方法完全遵从 FLAC/FLAC3D 快速拉格朗日定律。

本研究中，基于 UDEC 建立块状结构、碎裂结构、反倾—碎裂结构边坡模型，输入地震波，可模拟不同结构边坡的破坏过程，如图 3.30～图 3.32 所示。结果表明，UDEC 方法可以模拟块体的破碎，实现反倾边坡在地震作用下受力状态及破坏过程的仿真模拟，可用于地震作用下反倾边坡变形破坏模式及稳定性分析的研究。

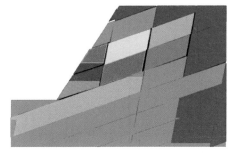

图 3.30　块状岩体结构边坡地震过程模拟

3.3.3.2　混合有限元—离散元算法

混合有限元—离散元算法（FDEM）是由帝国理工大学的 Munjiaza（1995）教授提出的结合连续介质力学原理和离散元方法（DEM）来模拟变形体之间相互作用的一种先进的岩土数值分析方法。近年来多伦多大学的 Grasselli 教授及其团队对 FDEM 进行了系统

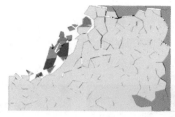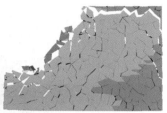

图 3.31　碎裂结构岩体边坡地震过程模拟

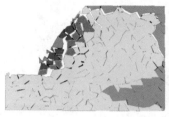

图 3.32　反倾—碎裂结构岩体边坡地震过程模拟

的发展，对算法进行了改进，并开发了 FDEM 操作界面 Y - GUI，使用户能够方便利用 FDEM 进行数值分析。FDEM 充分继承了连续介质力学中有限元算法（FEM）网格的自适性以及 DEM 模拟裂纹起裂、扩展、贯通和非连续变形体相互作用的优势。在 FDEM 中首先通过 FEM 的网格生成技术将模型离散为三角形网格，模型在破坏前内部的应力、变形由传统的 FEM 进行计算，当应力超过模型内部单元的强度以后，相邻单元之间的边界将会自动破裂成两个独立的界面，从而实现裂纹的扩展过程，此后通过 DEM 模拟接触界面的相互作用。

　　FDEM 采用弹塑性断裂力学中的内聚力模型来实现模型中三角网格边界的自动破裂过程。当两个单元间边界上所受拉应力或剪应力超过其峰值强度时，单元间元边界首先发生屈服变形，峰后不发生瞬间断裂，峰后曲线所包围的两块面积分别对应为 I 型裂纹和 II 型裂纹的断裂能。FDEM 模型中通过内聚力模型描述断裂过程区的非线性耦合的应力—应变应关系。FDEM 方法中采用三角形单元（绿色）来描述模型的弹性变形特性，同时通过在相邻单元的边界上引入四节点的裂纹单元（黄色）来实现内聚力模型对相邻单元间边界断裂的控制。当裂纹单元所受的外力超过其峰值强度时，完整的裂纹单元首先形成屈服裂纹单元（浅灰色），此时裂纹尖端发生塑性变形，但并未完全扩展。当外力所做的功超过其断裂能时，屈服裂纹单元转化成破坏裂纹单元（深灰色），此时裂纹完全扩展。随着外力的继续增加，相邻的下个裂纹单元将继续经历上述过程，从而实现单元的自动破裂过程，裂纹向前扩展。

　　汶川地震发生后诱发了大量的高速远程碎屑流滑坡，斜坡岩体在巨大的地震动作用下，在运动过程中破碎解体形成碎屑流，物质形态发生了显著地改变。而目前已有的大型数值模拟软件一个显著的局限性就是预先划分结构的单元块体，无法实现地质体由连续体—破裂体—块体—碎屑化—流态化全过程的数值模拟技术。通过建立的基于 FDEM 的网格自动破裂技术的大型数值模拟平台，对典型的岩质滑坡的运动过程进行了精细的数值模拟。如图 3.33 所示。该成果给出了滑坡体在滑动过程中内部的拉裂纹从产生、扩展到贯通的全过程，精细给出了滑坡体最先破裂的位置及其破裂模式，能对工程边坡稳定性分析、抗震支护设计、滑坡运移距离预测等应用提供重要的理论依据。该数值模拟方法可以应用于地震作用下反倾边坡的稳定性分析及破坏模式的研究。

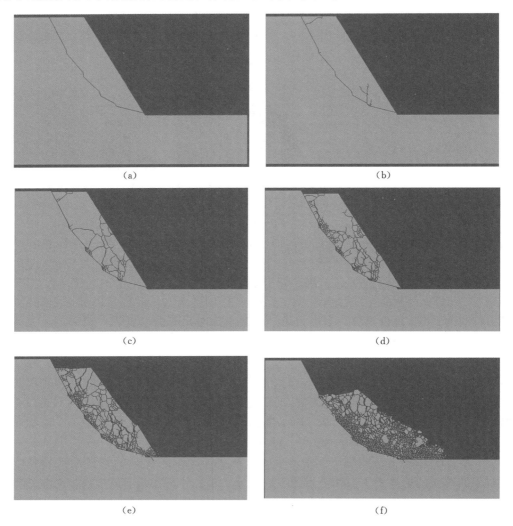

(a)　　　　　　　　　　　　　　　(b)

(c)　　　　　　　　　　　　　　　(d)

(e)　　　　　　　　　　　　　　　(f)

图 3.33　高速远程滑坡全过程物质相态变化 FDEM 数值分析

3.4　二古溪工程案例

　　二古溪倾倒变形体基本地质条件见上面章节。二古溪倾倒变形体基岩岩层走向与该段杂谷脑河河谷基本一致，大致为 NW～SE 向，基岩岩层产状为 N40°～50°W/NE∠60°～70°，陡倾—近直立。由此可判断，狮子坪水电站二古溪变形体斜坡结构为逆向坡。陡倾坡内的岩层结构使研究区具备了形成倾倒变形的较好的岸坡条件。由结构面分级来看，二古溪倾倒变形体的结构面主要为Ⅳ级，部分为Ⅲ、Ⅴ级结构面，完整性较差，加之河谷下切、岩体卸荷与高地应力的作用，岩体很容易发生变形和位移，岩体结构类型也以薄层状结构、镶嵌结构、碎裂结构为主，这些都有利于坡体发生变形和库水入渗。

3.4.1　倾倒变形控制因素

狮子坪水电站二古溪倾倒变形岩体的产生，与研究区地形地貌、地层岩性、岩体结构和地质构造等因素都有密切的关系。根据野外调查资料显示，研究区的地形地貌、地层岩性以及岩体结构面均为边坡岩体倾倒变形的控制因素。同时，河流演化过程中的快速下切、局部小断层的分布也对倾倒变形有较大影响。

从地形地貌的角度分析，研究区属高山区深切河谷地貌，两岸地形较为复杂。坡度总体上 30°～50°，局部发育陡崖。斜坡上缓下陡，上部坡度 30°～55°，下部斜坡陡峭，平均 45°左右，局部近直立。高陡边坡为倾倒变形提供了较好的临空条件。同时，变形体所在河段河谷岸坡延伸方向与地层方向基本一致，具备岩体侧向倾倒变形的地形临空条件。

从地层岩性的角度分析，斜坡岩体主要由薄层变质砂岩和千枚状板岩构成，地层及片理走向与坡面近于平行或小角度相交，倾角接近 80°，岩体陡倾坡外，这种陡倾角斜坡结构，有利于斜坡岩体倾倒变形的发生与发展。且二古溪边坡总体上处于下部软岩，中部及以上为软硬互层的岩体结构，软硬相间的岩性特征也利于倾倒变形的发生。

从岩体结构面的角度分析，斜坡岩体以Ⅲ、Ⅳ级结构面为主，岩体层间错动带较为发育。调查资料显示，层间错动带物质结构类型有泥质型、泥夹屑型、岩屑型等，这些物质较为软弱。随着岩体倾倒变形的发展，沿层间错动带的剪切作用逐渐加剧，导致层间拉张效应加剧，有利于岩体的倾倒变形。

从河流下切的历史演化过程分析，确定杂谷脑河在理县境内共发育 8 级阶地，在更高的山肩，还发育了一级冲洪积扇形地。从阶地的发育状况可以分析出，河谷在地质历史时期经历多次的抬升与河谷下切，而当岸坡的应力状态发生变化时，边坡内部的应力也相应地会发生应力调整以适应新的外部应力条件，在坡体内部的应力发生应力调整与变化的过程中，边坡岩体将会向临空面发生一定的变形位移来适应应力解除的环境，因而在多次河谷下切演化的过程中，边坡岩体向临空面产生了倾倒变形的位移趋势，并且可以在部分天然的剖面上（例如冲沟）能看到明显的倾倒变形特征。河谷的多次下切导致边坡发生多次的卸荷回弹变形，逐步加剧倾倒变形程度。因此河谷下切是倾倒变形体形成的重要影响因子之一。

3.4.2　倾倒变形地质力学模式

根据对狮子坪水电站二古溪变形体的调查分析资料，可以判断二古溪倾倒变形体的地质力学模型为弯曲—拉裂模式。

弯曲—拉裂这类变形主要发育在由直立或陡倾坡内的层状岩体组成的陡坡中，且结构面走向与坡面走向夹角应小于 30°，变形多半发生在斜坡前缘部分。陡倾的板状岩体在自重弯矩作用下，于前缘开始向临空方向作悬臂梁弯曲，并逐渐向内发展。弯曲的板梁之间互相错动并伴有拉裂，弯曲体后缘出现拉裂缝，形成平行于走向的反坡台阶和槽沟。板梁弯曲剧烈部位往往产生横切板梁的折裂。渗入裂隙中水的控隙水压力作用、水的楔入作用等，是促进这类变形的主要因素。具体过程如图 3.34 所示。

（a）卸荷回弹，陡倾结　（b）板梁弯曲，拉裂面扩展　（c）弯曲倾倒加剧，板梁折断　（d）弯曲进一步发展，
　　构面拉裂　　　　　　　　　　　　　　　　　　　　　　　　　　　　　　　　　累进性破坏

图 3.34　弯曲—拉裂地质力学模式发展过程

在二古溪倾倒体的变形过程中，边坡中陡立的层状岩体在受到河流下切等因素的影响下发生了卸荷回弹，并且在自重应力的作用下岩体向临空方向发生弯曲，在后缘产生拉裂。

3.4.3　倾倒变形力学机制及演化过程

狮子坪水电站二古溪变形体的倾倒变形破裂现象的产生，经历了从河谷下切、岩体卸荷到岩体倾倒弯折的漫长的地质动力发展过程。这种特殊的表生改造作用，除了该地区发育了特殊的薄层状及板状岩体结构条件外，高强度的重力作用和山体临空条件不可或缺。

在杂谷脑河深切峡谷形成的早期，坝址区河谷地貌形态是尚未被进一步剥蚀的高陡斜坡，因此边坡岩体受到高强度的地应力作用，再加上良好的临空条件，岩体倾倒变形得以强烈发展。经过长期的地貌剥蚀作用，岸坡高度逐渐降低，坡度逐步减缓，倾倒变形亦随之减缓，岩体变形以浅表层的岩体松弛为主。通过已有资料及前人研究成果，倾倒变形体的形成与演变可以概括为四个基本阶段，各阶段变形有着不同的破裂力学机制和特征变形现象。

（1）初期卸荷回弹—倾倒变形发展阶段：在河谷下切、岩体卸荷—变形发展的初期，近直立的层状或板状岩体在自重弯矩的作用下，开始向临空方向发生悬臂梁式倾倒，并由坡体浅表部逐渐向深部发展。由于岩体内因构造变形产生的层间错动带发育，极易发生倾向剪切滑移。由于此阶段尚属倾倒变形的初期，层间岩板拉张效应较弱，通常不发生宏观拉张破裂。

（2）倾倒—层内拉张发展阶段：随着岩体倾倒的进一步发展，底部滑移控制面开始发生倾向剪切位移。受此影响，前期已经发生倾倒变形的板状岩体，在重力弯矩和底部剪切滑移的共同作用下，悬臂梁式倾倒变形加速发展，层内拉张效应逐渐强烈。当张应力累加，达到或超过岩板的抗拉强度时，产生拉张破裂或沿已有结构面发生拉张变形。

（3）倾倒—弯曲、折断变形破裂发展阶段：岩体倾倒变形的持续发展，必将导致作用于岩板的力矩加大。当作用于岩板根部的力矩超过该部位的抗弯折强度时，沿最大弯折带形成倾向坡外的断续变形破裂带。此时，沿片理面及软弱结构面的剪切作用十分强烈，层间岩板除继续承受拉张作用外，剪切效应逐渐增强。原有破裂形式转变为沿已有缓倾角节理发生张剪性破裂。

（4）底部滑移—后缘深部折断面贯通破坏发展阶段：经过倾倒—弯曲、折断变形破裂发展阶段后，倾倒变形已相当强烈。岩板根部的折断破裂面将持续发展并与后缘拉裂面贯通，最终形成统一的张剪性破裂面。因受到倾向坡外的破裂面控制的持续倾倒变形，整体转为滑移—拉裂型破坏。

根据现场的调查情况来分析，现在二古溪倾倒边坡正处于倾倒变形的第一阶段，也就是处于初期的卸荷回弹—倾倒变形发展阶段。在降雨、地震以及人类工程活动的影响下，变形位移还会有所增加，但是短时间内不会出现剧滑等突变性的变形。

3.4.4　二谷溪反倾边坡成因机理

FLAC3D 软件的运用能够更直观地反映边坡变形的区域和不同位置变形的状态，有利于对边坡进行成因机制及稳定性分析。利用 FLAC3D 软件模拟杂谷脑河下切形成边坡的过程，能够直观重现二古溪变形体岩体的变化情况。

3.4.4.1　模型建立

二古溪倾倒变形体真实岩层的构成十分复杂，数值模拟无法将真实情况完全反映出来，因此，必须对实际情况进行简化处理。

（1）忽略不同地质年代发育的变质砂岩、板岩、千枚岩岩性差异，忽略实际状态下的风化及剥蚀破坏，只考虑基岩状态下边坡的变形发展。将变形岩体概化为上部为软硬相间的千枚岩与变质砂岩的互层，下部为较软的千枚岩层。

（2）据野外实地地貌调查，确定了川西高原杂谷脑河理县段发育了 8 级阶地，主要因构造隆升形成。因二古溪变形体坡表阶地发育情况不明显，无法判断明显的阶地分布。故依据杂谷脑河理县段阶地发育情况，假设在边坡形成过程中共有 9 次明显的河流下切过程，下切过程中只考虑河谷变形体一侧岩体变化情况。

（3）坡体内部各岩层赋存状态不规则，结构面特征均存在差异，为便于模型的建立，假定岩层平整，节理面平行，结构面参数默认相同。

（4）对岩体相关参数的取值过程，因二古溪倾倒变形体属于较差岩体，选取相对弱化的岩性参数。

在 AutoCAD 中绘制模型形状，将所绘制模型导入 ANSYS 软件中进行网格划分，将划分好的网格节点数据导入 FLAC3D 软件中进行参数赋值，展开计算。本次建立的边坡模型为假三维模型，默认 y 方向网格数为 1，只考虑 x、z 方向应力及位移的变化。如图 3.35 所示，假设原有岩体为一千枚岩与板岩的互层基岩，在 9 次下切过程中得到图 3.35 中第九阶段所示的边坡。原有岩体模型［图 3.35（a）］共有 13066 个网格和 26578 个节点，经过 9 次下切后最终所得边坡模型总体高度 1000m，宽度 1300m，坡脚基岩高度为 100m，边坡高 900m、宽 1100m，坡面角度总体大于 45°，岩层倾角大约 80°。

按标准剖面建立应变模型，施加位移边界条件。水平方向：左右边界约束 x 方向位移，垂直方向：底部边界固定，模型顶部为自由表面。约束 y 方向位移。

3.4.4.2　参数选取

本次计算采用了遍布节理本构模型（ubiquitous - joint model），遍布节理模型是莫尔—库仑模型（Mohr - Coulomb model）的扩展，即在莫尔—库仑体中增加节理面，此节理面也服从莫尔—库仑屈服准则。该模型同时考虑岩体和节理的物理力学属性，破坏可能首先出现在岩体中或沿节理面，或两者同时破坏，其主要取决于岩体应力状态、节理产状、岩体

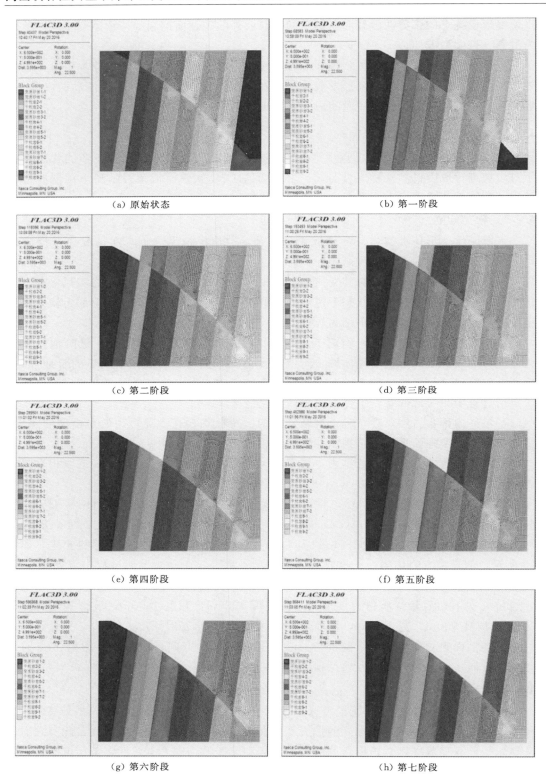

（a）原始状态　　　　　　　　　　　（b）第一阶段

（c）第二阶段　　　　　　　　　　　（d）第三阶段

（e）第四阶段　　　　　　　　　　　（f）第五阶段

（g）第六阶段　　　　　　　　　　　（h）第七阶段

图 3.35（一）　边坡层状岩体模型及分布下切示意图

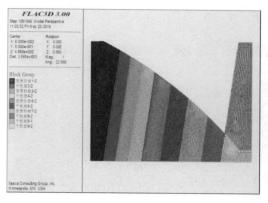

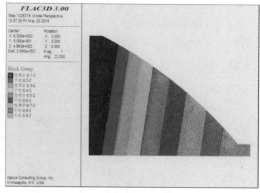

(i) 第八阶段　　　　　　　　　　　　　　　(j) 第九阶段

图 3.35 (二)　边坡层状岩体模型及分布下切示意图

及节理力学性质等，见表 3.12。

表 3.12　　　　　　　　　　　　遍布节理模型的材料参数

序号	关键字	说　明	量纲
1	bulk	弹性体积模量，K	$ML^{-1}T^{-2}$
2	shear	弹性剪切模量，G	$ML^{-1}T^{-2}$
3	cohesion	黏聚力，C	$ML^{-1}T^{-2}$
4	friction	内摩擦角，φ	—
5	tension	抗拉强度，σ_s	$ML^{-1}T^{-2}$
6	jdip	节理面倾角	—
7	jdd	节理面倾向	—
8	jcoh	节理黏聚力，c_j	$ML^{-1}T^{-2}$
9	jfric	节理内摩擦角，φ_j	—

　　本次计算使用的岩体的参数指标，参考了《工程地质手册》（第五版）中砂岩、千枚岩的强度指标值，节理的参数指标参考了千枚岩千枚理面的强度指标，倾倒变形体岩体物理力学性质参数取值见表 3.13。因遍布节理本构模型已包含岩体中存在节理的条件，因此在参数选取过程中参考岩块参数，黏聚力取值相对偏大。

表 3.13　　　　　　　　　　　　倾倒变形体物理力学性质参数

岩体名称	密度 /(kg/m³)	体积模量 /GPa	剪切模量 /GPa	黏聚力 /GPa	内摩擦角 /(°)	抗拉强度 /MPa
变质砂岩	2700	2.1	2.08	2.0	35	4
千枚岩	2200	1.5	0.83	1.5	35	1

　　节理面倾角为 80°，倾向与岩层层面倾向一致，节理黏聚力为 100kPa，节理内摩擦角为 30°。

3.4.4.3 计算结果及稳定性分析

（1）位移场规律分析。

图 3.36 是河流下切边坡整体位移云图，图 3.37 是河流下切边坡水平位移云图；图 3.38 是河流下切边坡竖直位移云图。

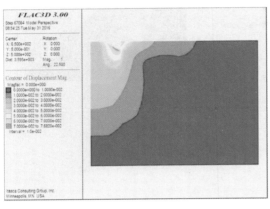

（a）第一阶段

（b）第二阶段

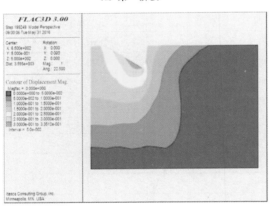
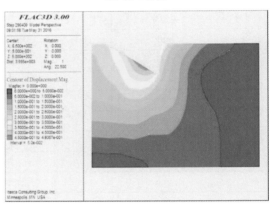

（c）第三阶段

（d）第四阶段

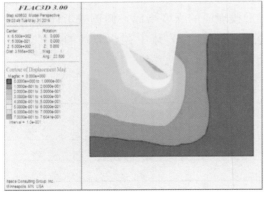
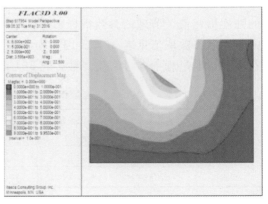

（e）第五阶段

（f）第六阶段

图 3.36（一）　河流下切边坡整体位移云图

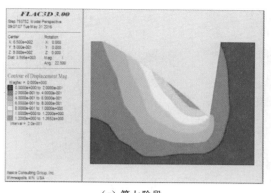

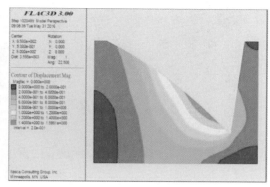

（g）第七阶段　　　　　　　　　　　　（h）第八阶段

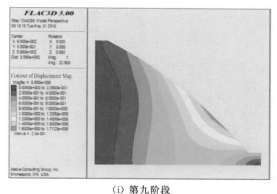

（i）第九阶段

图 3.36（二）　河流下切边坡整体位移云图

　　根据图 3.36 可知，在河流下切过程中，岩体变形逐渐加剧，变形体坡表中下部变形较为明显，坡肩变形不明显。整体位移最大值发生在坡表中下部，具体位置接近变质砂岩与千枚岩接触面，位移量约为 1.7m。坡肩处位移约为 20～40cm，坡表高处位移基本未改变，坡脚处位移约为 1m。可判断，随着河流的下切，在下切进行至下部较软弱的千枚岩层时，变形加剧，且千枚岩位移量偏大。

　　根据图 3.37 可发现，在河流下切过程中，坡体产生了明显的"点头哈腰"现象，符

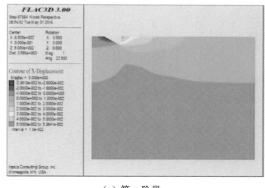

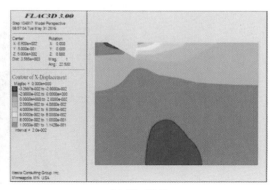

（a）第一阶段　　　　　　　　　　　　（b）第二阶段

图 3.37（一）　河流下切边坡水平位移云图

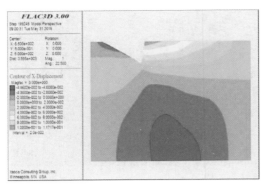
（c）第三阶段

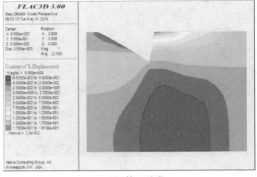
（d）第四阶段

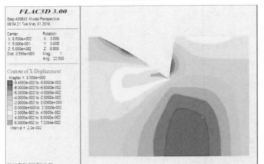
（e）第五阶段

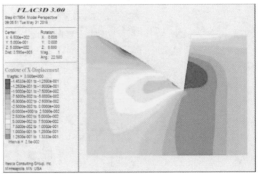
（f）第六阶段

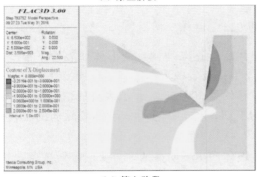
（g）第七阶段

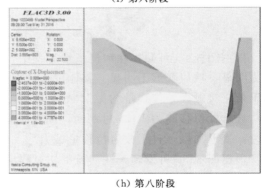
（h）第八阶段

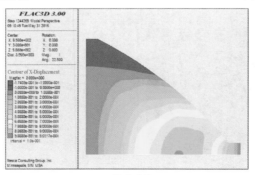
（i）第九阶段

图 3.37（二）　河流下切边坡水平位移云图

合前文对二古溪倾倒变形体的地质力学模式中的分析。当河流下切至坡体下部千枚岩时，倾倒变形加剧。水平位移最大值约为 90 cm，位于边坡中下部千枚岩所在位置。在仅考虑河流下切作用的情况下，二古溪变形体仍处于倾倒—弯曲变形阶段。

根据图 3.38 可发现，重力方向上坡表位移量最大，且中下部千枚岩与变质砂岩相接处变形最为强烈，随深度增加，岩体竖向位移逐渐减小。

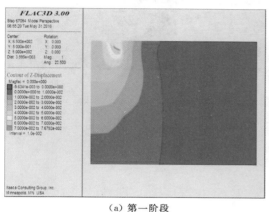

（a）第一阶段

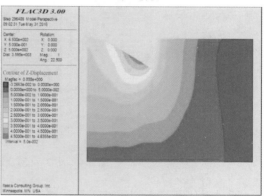

（b）第二阶段

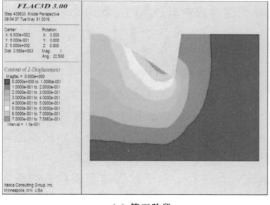

（c）第三阶段

（d）第四阶段

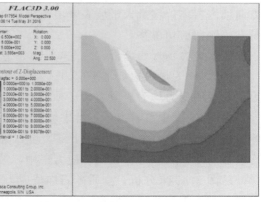

（e）第五阶段

（f）第六阶段

图 3.38（一）　河流下切边坡竖直位移云图

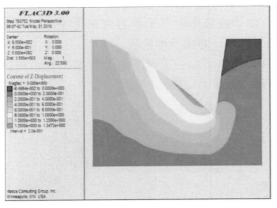 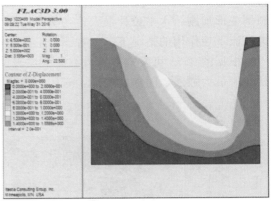

（g）第七阶段　　　　　　　　　　　　　（h）第八阶段

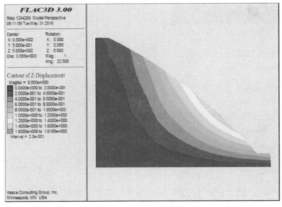

（i）第九阶段

图 3.38（二）　河流下切边坡竖直位移云图

通过对比河流下切边坡水平位移云图和竖直位移云图可以发现，最终形成的边坡变形最强烈的区域位于变质砂岩与千枚岩的交界处，重力方向上坡表位移大于坡内岩体，水平方向坡内岩体位移量大于坡表。由此分析，岩体内因构造变形产生的层间错动带发育，极易发生倾向剪切滑移。

（2）应力场规律分析。

图 3.39 为最终边坡水平应力云图，图 3.40 是最终边坡竖直应力云图。图中应力值均为负，说明受力均为压应力，这种压力来自于重力作用下坡体自身的坠覆效应。

由图 3.39 中可看出，不考虑坡肩的状态下，垂直坐标 220m 以上的边坡的水平应力绝对值要小于垂直坐标 220m 下部边坡，这说明河流下切过程中卸荷作用产生的回弹效应比较显著。在坡脚处存在明显应力集中，坡肩处同样存在一定的应力集中现象。

从图 3.40 来分析，变质砂岩部位应力等值线近似平行，在千枚岩与变质砂岩的软弱交界面应力等值线出现明显突变。因干状的千枚岩硬度大于变质砂岩，图中所示相同深度的情况下变质砂岩部位的应力值明显大于千枚岩部位，说明在变质砂岩岩所在位置产生了应力集中。同时，千枚岩部位竖向应力值的变小，表明千枚岩吸收了一部分应变能。

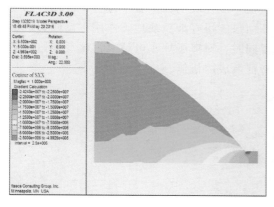
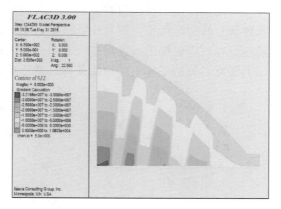

图 3.39　最终边坡水平应力云图　　　　图 3.40　最终边坡竖直应力云图

本节通过利用 FLAC3D 软件建立二古溪变形体的概念模型，分析其位移变化、应力分布以及塑性区屈服状态，可进一步判断，在杂谷脑河下切过程中，倾倒变形体在重力作用下产生一定程度的坠覆位移，破裂仅发生在倾倒变形极为强烈的坡面浅表层，坡体内部未见明显破裂区。该变形体仍处于初期卸荷回弹—倾倒变形发展阶段，短时间内不会产生大面积滑坡。

本项目对地震作用下反倾边坡的变形破坏模式及稳定性分析进行了研究，主要有以下结论及建议：

（1）通过原位工作、资料收集及分析，探讨了反倾边坡的地质演化过程，分析了反倾边坡的类型，总结了反倾边坡的工程地质特征。

（2）通过地震区反倾边坡变形破坏考察、反倾结构边坡相似材料试验及大型振动台试验，结合边坡原位地震动监测，研究了反倾边坡的地震动响应规律，总结了地震作用下反倾边坡的破坏特征和模式。

经过研究发现，在地震作用下反倾边坡的加速度放大系数具有随坡高而增大，且越接近坡顶放大越明显的非线性高程效应及越接近坡表放大越强烈的非线性趋表效应。地震作用下反倾边坡的变形破坏模式为：地震诱发→坡顶结构面张开→坡体浅表层结构面张开→浅表层结构面张开数量增加、张开范围向深处发展，且坡体中出现块体剪断现象→边坡中、上部及表层岩体结构松动，坡体内出现顺坡向弧形贯通裂缝→在地震强动力作用下，弧形裂缝内岩体发生溃散性破坏。同时，边坡变形破坏具有分层分带、后缘陡张裂缝以及滑坡"一跨到底"的三大特征。

（3）通过理论推导，提出了地震作用下反倾边坡稳定性分析的极限平衡方法，并给出了适合反倾边坡稳定性分析的数值模拟方法。

基于 Goodman-Bray 的静力极限平衡方法，考虑块体底部连通率以及动力加速度，推导了适合地震动力作用下的反倾边坡极限平衡方法，并利用离散元方法（UDEC）和耦合离散元—有限元方法（FDEM），分别对动力作用下边坡的稳定性和破坏过程进行了模拟，两种方法均能较好地模拟地震作用下不同结构岩质边坡的稳定性和变形破坏过程。

（4）对典型反倾边坡工程进行了分析。

将地震作用下反倾边坡稳定性分析的极限平衡方法在震动台试验中进行了应用，与震动台试验的实际结果进行对比，结果表明，计算结果能很好地反映地震作用下反倾边坡的破坏过程，说明提出的极限平衡方法是有效的；同时，对狮子坪水电站二古溪反倾边坡进行了研究，分析了其工程地质条件、变形破坏特征及成因机制。

第 4 章　硬壳覆盖层岸坡变形破坏机理研究

4.1　概述

在溪洛渡水电站库区地质调查过程中，发现某些覆盖层斜坡等上部存在着一层胶结硬壳，如溪洛渡库区的黄坪上游堆积体、芦稿集镇后边坡等（图 4.1、图 4.2）。以溪洛渡库区黄坪上游堆积体滑坡为典型代表。该堆积体位于阳新灰岩山脚下，山体表面的降雨及山体内的地下水内溶解有一定的 $CaCO_3$，流经坡脚下的堆积体时，在其表面形成一层钙质胶结硬壳，而内部仍为松散结构。

图 4.1　黄坪上游堆积体及其胶结盖层

这类覆盖层斜坡的共同特点是：①分布在陡峻的碳酸盐岩山坡坡角；②盖层以泥质、钙质胶结为主；③由于表部胶结盖层保护，坡度较一般的崩坡积覆盖层坡度陡。

另外，许强等（2009）发现在三峡库区黄土状土构成的一级台阶的表面上，覆盖有厚度不等的钙壳层，这里壳体起到一定护坡作用。

根据溪洛渡库区黄坪上游堆积体和芦稿集镇后边坡现场调查资料，表层硬壳厚度一般

图 4.2　芦稿集镇后边坡及胶结盖层

数米，泥钙质胶结；内部覆盖层一般为结构松散，呈似层状构造；在表层硬壳的保护下，覆盖层斜坡的自身稳定条件较好，经历过暴雨、金沙江洪水（黄坪上游）的考验。可见表层硬壳对内部的松散覆盖层堆积体起到较好的防护作用，使得坡度较陡的松散覆盖层能经历暴雨、金沙江洪水考验而未发生明显变形与失稳。但表层硬壳为钙质、泥质胶结，一旦开挖切脚（集镇修建）、库水浸泡软化（水库蓄水），表层硬壳破坏，坡度 40°左右、高度超过 100m 的堆积体斜坡就可能发生变形失稳，引起灾害事故；且表层硬壳呈现出明显的脆性破坏特征，这类岸坡失稳往往具有突发性、难以预测的特点。

　　因此有必要结合典型工程案例，从岸坡结构特点、变形破坏机理、致灾效应等角度进行较为深入分析，探讨此类特殊岸坡的防灾减灾与防治措施。

4.2　岸坡变形破坏机理

4.2.1　岸坡结构特点

　　典型硬壳覆盖层岸坡主要结构特征见表 4.1。

表 4.1　　　　　　　　　　典型硬壳覆盖层岸坡主要结构特征汇总表

位　　置	溪 洛 渡 库 区		三峡库区 黄土状土
	黄坪上游堆积体	芦稿集镇后坡	
堆积体成因	崩坡积为主	崩坡积为主	
平均坡度/(°)	42～48	35	
平均高度/m	240	275	
硬壳厚度/m	1～3	5	
胶结类型	泥质、钙质	泥质、钙质	钙质

　　堆积体后坡一般为高陡的碳酸盐岩斜坡，雨水或地表水流经这类基岩陡坡过程中溶解并携带了一定 $CaCO_3$ 等，部分坡面水流在坡脚堆积体表层下渗，并在表层逐渐形成钙质、

泥质胶结硬壳，形成了这种具有特殊结构的岸坡。

4.2.2　变形破坏特点

由于表层胶结硬壳的保护，覆盖层边坡在破坏前往往不会表现出明显的宏观变形迹象，而一旦覆盖层硬壳被突破，该类边坡的破坏具有突发性，且呈现出一定的脆性破坏特点。典型的如黄坪上游堆积体，"7·27"滑塌后对周边残留的堆积体进行变形监测，发现水库蓄水过程中变形量很小，2013 年 9 月至 2015 年 4 月期间横江方向的累计变形在 5mm 以内（图 4.3）。

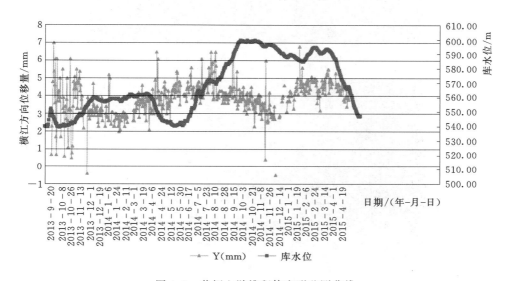

图 4.3　黄坪上游堆积体变形监测曲线

4.2.3　扰动因素

（1）工程开挖。在坡脚或坡体中下部进行公路路基开挖、建筑地基场平等施工，将表层硬壳中下部切断，导致残留部分硬壳悬空，对内部松散覆盖层的防护作用削弱或丧失；破坏；破坏胶结盖层的整体性，降低坡体稳定性。另外，掏挖胶结盖层以下的崩坡积碎石、角砾砂等，导致盖层悬空，局部发生变形解体，削弱了对内部松散覆盖层的防护作用（图 4.4、图 4.5）。

（2）水库蓄水。水库蓄水是黄坪滑坡的重要诱发因素，触发了堆积体失稳。受上游降雨影响，2013 年 7 月 22—25 日溪洛渡库水位累计抬升 12.47m，24 日、25 日的日水位变幅 4m/d 左右（图 4.6）。库水位的快速上升，导致了下部胶结硬壳软化、强度降低；在上部百余米坡体的重压下突发失稳，从而导致堆积体快速滑移，坠入库内；库水在快速挤压下形成高压水流沿库底快速运动至对岸并冒出水面形成涌浪。

（3）其他因素。地震、暴雨、洪水等也可能造成胶结硬壳发生弱化或破坏，从而导致覆盖层岸坡失稳。

图 4.4　公路开挖导致胶结盖层完整性破坏

图 4.5　人工掏挖造成的盖层悬空

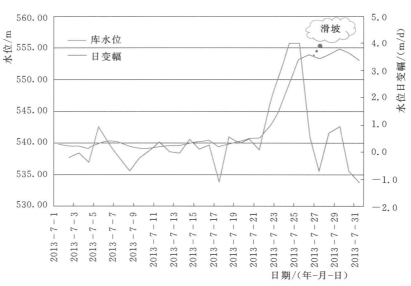

图 4.6　2013 年 7 月库水位动态

4.3　灾害效应

水库运行后，库岸变形破坏可能对变形范围内的建构筑物、水上交通、甚至会对对岸设施等造成影响（图 4.7）。水库蓄水后库岸失稳的灾变效应可分为直接灾害与间接灾害两大类。

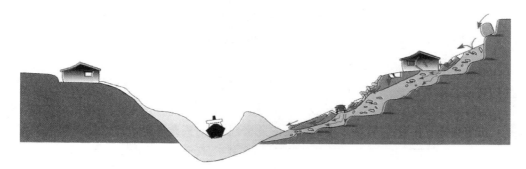

图 4.7　库岸变形破坏影响图示

4.3.1　直接灾害

由水库岸坡变形破坏直接导致的灾害效应。包括岸坡变形破坏范围内的建构筑物造成的灾害，岸坡破坏后运动过程中或在堆积区对敏感对象造成的灾害效应。

主要采用现场地质测绘法（图 4.8），将变形裂缝标示到相应的图件上（图 4.9）。

图 4.8　现场地质测绘

图 4.9　测绘成果图示

1）变形边界：查明库岸变形边界是否完备及其展布特点。

2）变形裂缝：变形坡体内部的变形裂缝展布、宽度、深度、错坎特征，以及裂缝之间的组合、配套关系。

3）局部垮塌：坡体不同部位的垮塌范围、规模以及严重程度等。

其他特殊异常迹象。

4）影响范围：以边界变形裂缝为主，确定库岸变形破坏的直接影响范围。当紧邻变形边界存在敏感对象时，须将该直接影响范围适当调整把紧邻的敏感对象包括进来。

5）库岸变形破坏演化阶段及危险性：根据变形边界的完备性、变形裂缝的配套特征，分析库岸变形破坏的演化阶段及危险程度，为后续库岸防护奠定基础。

4.3.2 次生灾害

岸坡失稳导致的次生灾害主要有滑坡堵江和涌浪等。

（1）堵江。凡斜坡或边坡岩土体因崩塌、滑坡及转化为泥石流而造成江河堵塞和回水的现象，统称为滑坡堵江事件（图 4.10）。江河堵塞有两方面的含义：一是堵断江河水体，使下游断流，上游积水成湖，称为完全堵江；二是失稳坡体进入河床或导致河床上拱，使过流断面的宽度或深度明显变小，上游形成壅水，称为不完全堵江。

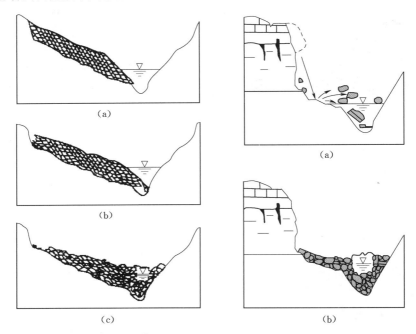

图 4.10　滑坡和崩塌堰塞湖形成过程

河谷的宽度、河水的流量，对崩滑堵江的成生具有控制作用。并非任何一个滑坡、崩塌体入江都会造成完全堵江，它取决于河床条件、河水流量、滑坡入江体积和物质组成等因素。

滑坡完全堵江需满足地形条件和水动力条件。地形条件是指河谷深切和地形坡度等方面，堵江滑坡易发生在坡度为 $30°\sim45°$ 的斜坡地带；水动力条件是指滑坡体进入河床并完全堵塞河床需要有一定的体积，即堵塞河床所需最小土石方量计算公式为

$$V_{\min}=H_r^2 B_r(7-0.5\cot\varphi_s) \tag{4.1}$$

式中：$V_{\min}$ 为完全堵江所需最小土石方量，m^3；H_r 为河水深度，m；B_r 为河床宽度，m；φ_s 为堵江岩土体饱水状态下的内摩擦角。

由式（4.1）可见，完全堵江所需要的最小土石方量 $V_{\min}$ 与河床宽度、河床水深的平方成正比关系。因此河床越窄，河水越浅，所需滑坡入江体积越小。这就是一些河流的上游峡谷区或支流、支沟中大量发生崩滑堵江的原因之一。

我国滑坡堵江的总体分布规律与自然地理、地形、地貌和地质条件密切相关其且受其

严格控制，同时受地震、降雨和人类活动的影响。据 Costa 和 Schuster（1988）统计，降雨和地震引起的滑坡堵江形成的堰塞湖占堰塞湖总量的 90%；汶川地震后，新增了大量的地震堰塞湖，其中具有严重危害的有 34 处。

由滑坡堵江造成的不良地质环境，滑坡运动造成的破坏，滑坡入江时形成的涌浪、滩险，堰塞湖的淹没及水位升降变形引起的岸坡变形破坏和天然堆石坝溃决导致的次生洪灾及冲刷、淤积对生态环境的影响等，可统称之为滑坡堵江事件的环境效应。这些环境效应的发生范围就是对应的影响范围。

对于峡谷河道型水库或大型水库的支库、支沟部位，一旦发生滑坡堵江可能造成严重影响：支沟或支库部位水面宽度往往有限，很容易造成完成堵江；堰塞体上游侧为沟水或支流流水，下游侧为库水，一般难以自行溃决，且施工处理难度很大；堵江后支流回水会浸泡岸坡坡脚，恶化其稳定性，也可能对支沟或支流上游的小型水电工程造成影响。如溪洛渡库区的左岸支流美姑河内发育有多处大型高位堆积体，部位已有明显变形迹象，一旦发生失稳堵江，回水可能对上游的坪头电站造成严重影响。堵江后的回水影响范围，可由堵江后壅水的高程最终确定。

（2）涌浪。关于滑坡涌浪的计算，国内研究人员开展了大量研究，建立了多种分析方法和计算公式，代表性的有 Noda 针对水平和垂直滑坡模式提出的初始涌浪经验公式；潘家铮在 Noda 的基础上，考虑滑坡运动过程中速度的变化，提出了常称为"潘家铮法"的涌浪预测公式；中国水利水电科学研究院参考国内外多个坝体的涌浪试验资料，建立了"水科院经验公式法"。上述计算方法都具有一定的局限性，分析精度往往有限（图 4.11），尤其在分析预测地形较复杂或峡谷型水库涌浪时，往往需要配合一些特殊的模型试验或数值模拟方法。

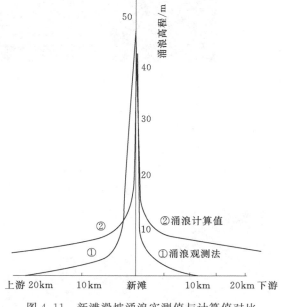

图 4.11　新滩滑坡涌浪实测值与计算值对比

通过计算不同部位的涌浪高度，然后将这些高度彼此相连，就可获得涌浪影响范围。

4.4　典型工程案例

4.4.1　黄坪上游堆积体概况

2013 年 7 月 27 日下午，溪洛渡库区右岸永善县黄华镇黄坪村大石包附近发生滑坡。滑坡对应黄码公路桩号 K42+000～K42+200m 段。滑坡区位于预测坍岸点（编号 C24）范围内的上游部分（图 4.12）。滑塌范围顺江方向长约 200m，江水位高程 554.00m 以上约 110m（后缘至黄码公路附近高程约 660.00m），滑体厚度 3～5m，滑坡体积数十万立方米。

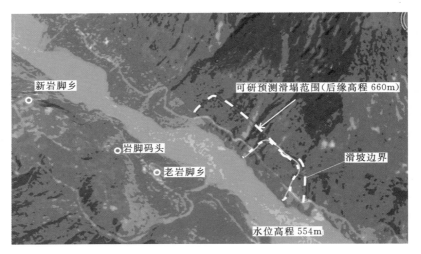

图 4.12　黄坪上游滑坡位置示意图

黄坪上游滑坡分两次滑动：第一次发生在 27 日 15:30—16:00，黄码公路桩号 K42＋000～K42＋200m 段下方部分坡体滑至江中；第二次发生在 27 日 17:30—18:00，公路桩号 K42＋000～K42＋200m 段上下边坡至路基高程 50m 范围整体滑入金沙江江中；库岸瞬间滑塌形成的涌浪导致对岸四川境内（正在施工的岩脚乡码头附近）12 人失踪、3 人受伤（1 轻伤 2 重伤）以及两艘快艇损坏（图 4.13）。

（a）黄码路路基垮塌　　　　　　　　　（b）涌浪打翻的快艇

图 4.13　滑坡造成的影响

该部位覆盖层分布高程为 520.00～760.00m，原始坡度下陡上缓，高程 550.00m 以下平均坡度为 48°，高程 550.00～620.00m 为 42°，高程 620.00m 以上为 35°（图 4.14、图 4.15）。下伏基岩为奥陶系上统与志留系灰色、深灰色、灰黄色砂岩、粉砂岩、泥岩、页岩、砂质页岩夹泥灰岩、泥质灰岩，岩性较软弱，陡倾山内，在高程 520.00m 以下的江边零星出露；高程 770.00m 以上为裸露的阳新灰岩。覆盖层为崩坡积与冲洪积形成的

图 4.14　滑前地貌

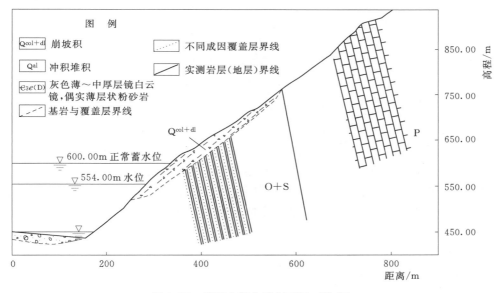

图 4.15　黄坪上游典型剖面图（滑前）

块碎石，粒径较小，一般 5～20cm，表部含量较高约 40%～50%，下部含量较低约 25%～35%，细粒部分主要由细粉砂与黏粒组成，在堆积体表层可见 1～3m 的钙质胶结的硬壳（图 4.16）。

4.4.2　失稳机理

不难看出，崩坡积堆积体表层的胶结硬壳这一特殊结构，在黄坪上游滑坡灾变中起到关键作用。由于表层硬壳的存在，堆积体坡形较陡，存储了较大势能；在库水作用下，软化后强度降低，在上部百余米堆积体下滑推力下突发失稳，引起高程 660.00m 以下堆积体快速下滑，导致次生灾害。

171

图 4.16　坡体表部胶结硬壳

黄坪上游滑坡产生的主要原因：

（1）堆积体物质以细粒为主，除表层 1～3m 为泥钙质胶结硬壳外，内部物质松散，具有明显的斜层理；天然坡形较陡，正常蓄水位高程 600.00m 以下坡度为 42°～48°。天然状况下，由于表层胶结硬壳的保护，具有一定自稳能力。

（2）水库蓄水。受上游降雨影响 2013 年 7 月 22—25 日溪洛渡库水位累计抬升 12.47m，24 日、25 日的日水位变幅 4m/d 左右，直至"7·27"发生滑塌。受此影响，库水位的快速上升，导致了下部胶结硬壳软化、强度降低，并在上部百余米坡体的重压下突发失稳。

4.4.3　灾害效应

（1）直接危害。黄坪上游堆积体滑塌直接导致：黄码公路 50m 长路基滑入江中。

（2）次生灾害。黄坪上游堆积体滑塌还间接导致：①滑坡涌浪影响对岸岩脚码头施工人员；②涌浪威胁水上交通安全；③涌浪威胁水边线附件人员安全；④周边残留坡体的稳定性恶化。

4.4.4　启示

通过对黄坪上游堆积体滑塌事件的反思，至少可以得到四个启示：

（1）某些特殊情况下，塌岸灾变发生前几乎捕捉不到明显的变形信息，无法基于宏观变形迹象、监测数据的开展灾变预警。

（2）在蓄水前开展塌岸灾变条件分析、危害性评估是十分必要的。

（3）崩坡积覆盖层表层胶结盖层是塌岸灾变的一种约束机制，这类岸坡发生灾变的风险较高，可作为岸坡灾变的判断条件之一。

（4）水库运行期间，某一区域内的敏感对象可能发生变化（如黄坪对岸岩脚码头，施工期的主要敏感对象为施工人员及设备，竣工后主要敏感对象则转变为码头管理人员、乘船人员、船只等），必须针对相应时段内敏感对象开展灾变预警研究。

第5章 库岸灾变预警研究

综观目前已建成的大中型水库的库岸灾变情况可以发现，库岸灾变在覆盖层岸坡和基岩岸坡中均有发生。相较而言，覆盖层岸坡在水库蓄水后发生灾变的概率更高，也更常见。基于此，本章对库岸灾变预警的研究主要基于覆盖层岸坡展开。

5.1 库岸灾变可能性

大中型水库库区中的库岸变形点数量众多，针对所有库岸变形点都开展专业的地质勘探和变形监测是不现实的。在实际工作中，往往只针对一些影响重大的变形体开展专业的地质勘探和变形监测，并根据变形监测资料进行库岸灾变的定量分析。在这种情况下，为了避免重点勘探或监测范围之外库岸突发破坏而导致灾害后果，就需要根据库岸岸坡结构、变形迹象等开展库岸灾变的定性评价，以便开展后续的灾变影响与预警工作。同时，还可根据定性评价结果筛选出后续需要重点勘探或监测的库岸变形点，以便更有针对性地深入开展专项工作。因此，在库岸灾变可能性判别工作中，定性评价和定量分析互为补充、缺一不可。

5.1.1 定性评价

研究表明，库岸灾变的主要类型包括崩塌、塌岸、滑坡、塌陷等，其中，崩塌、坍岸和滑坡三类较为常见。下面分别对这三类常见库岸灾变的定性评价方法进行研究。

（1）崩塌类灾变判别。崩塌类灾变的判别首先要判断岸坡是否具备崩塌发生的条件，《岩土工程勘察规范》（GB 50021—2001）（2009 年版）总结的崩塌发生的基本条件如下：

1）斜坡高陡是崩塌形成的必要条件，规模较大的崩塌一般产生在高度大于 30m、坡度大于 45°的陡峻斜坡上；而斜坡的外部性状，对崩塌的形成也有一定影响；一般在上陡下缓的凸坡和凹凸不平的陡坡上易发生崩塌。

2）坚硬岩石具有较大的抗剪强度和抗风化能力，能形成陡峻的斜坡，当岩层节理裂隙发育，岩石破碎时易产生崩塌；软硬岩石互层，由于风化差异，形成锯齿状坡面，当岩层上硬下软时，上陡下缓或上凹下凸的坡面亦易产生崩塌。

3）岩石的各种结构面，包括层面、裂隙面、断层面等都是抗剪强度较低的、对边坡稳定性不利的软弱结构面，当这些不利的软弱结构面倾向临空面时，被切割的不稳定岩块易沿结构面发生崩塌。

4）其他如昼夜温差变化、暴雨、地震、不合理的采矿或开挖边坡，都能促使岩体产生崩塌。

若岸坡具备上述崩塌发生的基本条件，则可将其判定为崩塌类灾变易发岸坡。在库岸崩塌破坏识别时，除了关注是否具备崩塌发生条件外，还需重视调查该部位过去是否发生过崩塌，以及崩塌的发生规模和出现季节等信息。

（2）塌岸类灾变判别。水库蓄水后，整体稳定的覆盖层岸坡、强风化基岩岸坡可能发生坍岸破坏。一般而言，当库水淹没部分岸坡的坡角大于其磨蚀角（或水下稳定坡角）时，可识别为该段岸坡会发生坍岸破坏，在定性评价过程中，可首先根据表 5.1 所列岩土体参数判断岸坡发生坍岸的可能性，再采用图解法对最终的坍岸范围进行预测，常用的图解法有卡丘金法、佐洛塔廖夫法、两段法及岸坡结构法等（图 5.1）。

表 5.1 水库塌岸预测岸坡土体参数取值表

岩 土 类 别			主要地质成因	水下稳定坡角 $\theta/(°)$	冲磨蚀角 $\alpha/(°)$	水上稳定坡角 $\beta/(°)$
室内土工定名		野外地质定名				
细粒类土		高液限黏土	黏土	风积、残积、冲积、冰水积、洪积、滑坡堆积	5～10	7～12	20～45
		低液限黏土					
		高液限粉土	粉土	风积、残积、冲积、冰水积、洪积、滑坡堆积	8～12	10～15	20～45
		低液限粉土					
粗粒类土	砂类土	细粒土质砂	砂	残积、冲积、冰水积（冰缘冻融）、洪积	12～16	14～18	25～40
		含细粒土砂			14～18	16～20	30～40
		砂			16～21	18～23	35～45
	砾类土	细粒土质砾	砾石	崩积、坡积、残积、冲积、洪积、冰水积（冰缘冻融）、滑坡堆积	14～21	17～24	25～45
		含细粒土砾			20～24	24～28	30～40
		砾			24～28	28～32	40～50
巨粒类土		巨粒混合土	漂石、块石、卵石、碎石	崩积、坡积、冲积、洪积、冰水积	22～29	27～34	45～55
		混合巨粒土			27～36	32～40	50～65
		巨粒土					

水库塌岸是个逐渐坍塌后退的演化过程，每次垮塌范围相对有限，但垮塌速度快，可能威胁附近船只和人员安全，库岸塌岸的演化进程如图 5.2 所示，其单次塌岸范围可借助宏观变形迹象确定（图 5.3）。

结合高山峡谷区的地形地貌特点，库区两岸较大规模的支沟沟口部位一般切割较深，沟壁陡立，水库蓄水后，受主河道与支沟两侧库水影响，沟口部位垮塌多相对严重，需引起足够重视（图 5.4）。

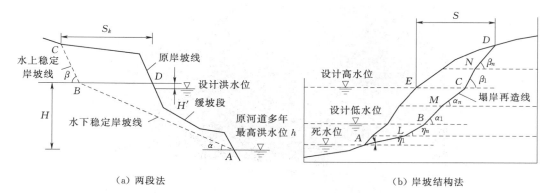

（a）两段法　　　　　　　　　　　　　　（b）岸坡结构法

图 5.1　塌岸范围预测的部分图解法图示

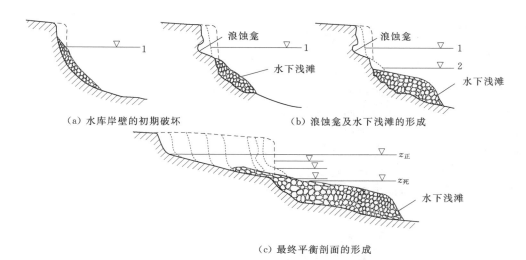

（a）水库岸壁的初期破坏　　　　　　　（b）浪蚀龛及水下浅滩的形成

（c）最终平衡剖面的形成

图 5.2　库岸塌岸演化进程示意图（张咸恭，1983）
1、2—不同时期水库水位；$z_正$—水库正常蓄水位；$z_死$—水库死水位

图 5.3　塌岸前的岸坡变形

图 5.4　支沟塌岸

（3）滑坡类灾变判别。滑坡类灾变的判别主要根据岸坡的宏观变形迹象和滑坡临滑前的异常现象进行。

1）基于宏观变形迹象。20世纪70年代，王兰生、张倬元共同提出在斜坡发展至斜坡破坏（滑坡或崩塌）之间存在一个变形阶段，将斜坡变形破坏划分为斜坡变形、斜坡破坏及破坏后的继续运动3个不同的演化阶段。根据岩体变形破坏的力学机制，将斜坡变形概括为下列几种基本地质力学模式，即蠕滑（滑移）—拉裂，滑移—压致拉裂，弯曲—拉裂，塑流—拉裂，滑移—弯曲。并将这些力学模式与斜坡的原始岩土体结构类型及外形特征联系，建立了一套斜坡演化与稳定性分析评价预测系统。应用这一系统，可依据斜坡结构与外形特征，对其可能出现及产生的变形方式与模式做出判定，并根据斜坡变形破裂的地质现象，对斜坡变形的演化阶段及发展趋势做出预测评价。

库岸变形破坏模式受坡体结构控制，可采用表 5.2 判定。

表 5.2　　　　　　　　　斜坡岩体结构类型与变形破坏方式对照

类型	主要特征		主要变形模式	可能破坏方式
	结构及产状	外形		
Ⅰ. 均质或似均质体斜坡	均质的土质或半岩质斜坡，包括碎裂状或碎块状体斜坡	决定于土、石性质或天然休止角	蠕滑—拉裂	转动型滑坡或滑塌
Ⅱ. 层状体斜坡	1. 平缓状体坡 $\alpha = 0 \sim \pm \varphi_r$	$\alpha < \beta$	滑移—压致拉裂	平推式滑坡，转动型滑坡
	2. 缓倾外层状体坡 $\alpha = \varphi_r \sim \varphi_p$	$\alpha \approx \beta$	滑移—拉裂	顺层滑坡，或块状滑坡
	3. 中倾外层状体坡 $\alpha = \varphi_p \sim 40°$	$\alpha \geqslant \beta$	滑移—弯曲	顺层-切层滑坡
	4. 陡倾外层状体坡 $\alpha = 40° \sim 60°$	$\alpha \geqslant \beta$	弯曲—拉裂	崩塌或切层转动型滑坡
	5. 陡立—倾内层状体坡		弯曲—拉裂（浅部）；蠕滑—拉裂（深部）	崩塌，深部切层转动型滑坡
	6. 变角倾外层状边坡，上陡下缓 （$\alpha < \varphi_r$）	$\alpha \leqslant \beta$	滑移—弯曲	滑坡、滑塌

续表

类型	主要特征		主要变形模式	可能破坏方式
	结构及产状	外形		
Ⅲ. 块状体斜坡	可根据结构面组合线产状按Ⅱ类方案细分		滑移—拉裂为多见	滑坡、滑塌
Ⅳ. 软弱基座体斜坡	1. 平缓软弱基座体斜坡 2. 缓倾内软弱基座体斜坡	一般情况上陡下缓（软弱基座）	塑流—拉裂	扩离，块状滑坡崩塌，转动型滑坡（深部）

注　φ_r，φ_p 为结构面的残余（或启动）和基本摩擦角；α 为软弱面倾角；β 为斜坡坡角。

根据地表破裂迹象及其力学机制、裂缝的贯通程度等，可判断出斜坡/岸坡所处的演化阶段（表5.3）。当岸坡处于演化初期时，整体发生破坏的可能性很低；当岸坡处于演化晚期时，发生破坏的可能性很大；随着蓄水过程中岸坡不断演化，其破坏可能性会发生动态变化。

表5.3　　斜坡变形破坏机制模式演进图式及判据

模式类型	典型演进图示及阶段划分 ①初期；②中期；③晚期（加速蠕变→破坏）	判据
A（蠕滑—拉裂）		根据潜在滑动面扰动贯通程度按弧形滑面验算
B（滑移—压致拉裂）		当 $\dfrac{\sigma_1}{\sigma_2} > \dfrac{\sin(\alpha+\varphi_1)+\sin\varphi_1}{\sin(2\alpha+\varphi_1)-\sin\varphi_1} + \dfrac{2\sin c_j\cos\varphi_j}{\sigma_2\left[\sin(2\alpha+\varphi\phi_j)-\sin\phi_j\right]}$ 时，有变形可能；进入 c 期可按弧形面考虑
C_1（滑移—拉裂） C_2（旋转式滑移—拉裂）		按滑移体在后缘拉裂带（缝）拉应力值判断：旋转式 $\beta > \beta_0$ 时启动 $\beta_0 = \cos^{-1}A\left(\dfrac{\tan\varphi}{\tan\alpha}\right) - B;\left(A=\dfrac{L}{\sqrt{L^2+b^2}},B=\tan^{-1}\dfrac{b}{L}\right)$ 具多米诺效应
D_1（滑移—弯曲，平面） D_2（滑移—弯曲，椅型面）		按多层板梁弯曲计算 $\sigma_{cr} = \dfrac{Ey^2}{12\pi^2} + \dfrac{\rho gy^2}{\pi^2}\cos\alpha + \dfrac{n+1}{2}\times$ $\rho gh\tan\varphi\cos\alpha + c_y$；$y$ 为板梁单层厚 h 与弯曲段长比值，$\sigma \geqslant \sigma_{cr}/3$ 则有变形可能
E（弯曲—拉裂）		按悬臂梁弯曲流变判据验算。计算板梁根踵根趾应力判断失稳方式，具多米诺效应
F_1（塑流—拉裂，平缓） F_2（塑流—拉裂，倾内）		根据软弱基座流变性能，抗变形和塑性破坏强度计算。进入后 b、c 可按组合或弧形滑面计算

借助表 5.2 和表 5.3 对岸坡失稳模式及演化阶段做出评价。但表 5.3 并未给出斜坡演化阶段的判别方法或指标等。为此，需要针对水库岸坡特点，结合滑坡形成演化过程裂缝形态特征，建立岸坡破坏可能性宏观评价方法。考虑到水库岸坡前缘往往受库水淹没（图 5.5），后缘裂缝的宽度受坡体旋转、滑坡主错壁垮塌影响严重，不宜作为代表性宏观变形迹象；而滑坡的整体边界轮廓与侧边界则往往具有普遍代表性，且与滑坡的发展阶段具有较好的对应性，可作为滑坡灾变预警的代表性宏观迹象。其他宏观变形迹象则可以作为辅助指标来加以利用。基于此，提出了库岸灾变的可能性定性判别方法（表 5.4）。

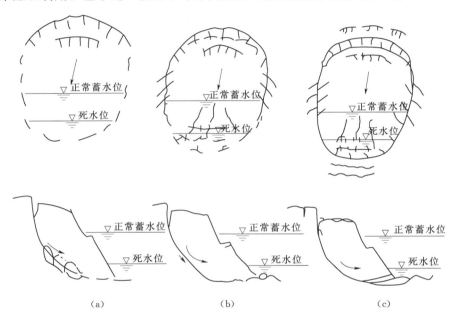

图 5.5　滑坡发育阶段示意图（据郑颖人等）
（a）蠕动阶段；（b）挤压阶段；（c）滑动阶段

表 5.4　　　　　　　　　　　　　　库岸灾变的可能性等级

等级	宏　观　迹　象		演化阶段	建议措施
	侧边界	边界完备性		
低	未见或零星	不完备，仅见后缘拉裂缝	蠕动阶段、初期	加强警示
中	断续	较完备；后缘拉裂缝连续分布，但侧向边界断断续续	挤压阶段、中期	人员撤离，交通管制
高	连续	完备；侧向边界完全贯通，与后缘拉裂缝连为一体	临滑阶段、晚期	禁止通行

2）基于异常现象。斜坡失稳破坏前（尤其是大规模整体滑动前），会出现前兆异常特征，这些信息在滑坡临滑前表现直观，易于捕捉，用于临滑前预报可能有效。

典型滑坡临滑前异常特征见表 5.5，大致可分为四类：①地形变异常；②地声、地热、地气异常；③动物异常；④地下水异常。

表 5.5　　　　　　　　　　　　　　　滑坡临滑前兆异常现象

滑坡名称	临滑前兆异常信息
湖北秭归新滩滑坡	1983 年滑坡前缘斜坡柳林至湖北省西陵峡岩崩调查工作处招待所一线泉水变浑，水量增大，湿地面积突然增大，在滑坡上段姜家望人角一带（高程 520.00m）70 万 m³ 土石下滑前 5min 左右，斜坡突然喷射超高压泥沙水流（或气流）三丈余高
广元县大石区滑坡	滑坡前，发现大、小猴子下山糟蹋庄稼，抢吃山粮。同时发现蛇和老鼠爬树，过后不几天发生大滑坡
贵州平溪特大滑坡	2003 年 5 月 11 日发生，发生前半小时内听见狗狂吠
鹤哥山崩	据记载"1599 年（明万历二十七年）狄道城东五里外，地名鹤哥山崩稍北拥出小山五座，分袭田地陷没坟墓未崩之先土民夜闻山中鼓吹之声不数日而山崩焉"
三峡库区千将坪滑坡	滑坡在 2003 年 7 月 14 日发生，发生前数天内，青干河滑坡部位突然鱼群聚集，致使周围渔民纷纷聚集于此打鱼
砂岭滑坡	滑坡发生前有明显的变形，滑坡前缘开始有小的滑动，滑坡体上农田普遍开裂，裂缝最宽达 1m。且地下泉水变大水质变浑和冒气，有的地方还出现新泉。动物也有异常，诸如猪翻圈，耕牛惊叫、老鼠搬家等
石柱县盈丰大滑坡	滑坡前，滑体上出现猪拱地，翻圈外逃，耕牛惊叫，老鼠搬家等动物反常现象
四川青神县白菜滑坡	1980 年四川青神县白菜崩滑体崩滑前，正在耕田的牛，骤然惊慌乱跑，不听主人呼叫，之后约一刻钟暴发了一场大滑大崩灾害
四川省马头嘴滑坡	1981 年 7 月 16 日 4 时地裂缝迅速扩大，随着一声巨响滑坡开始滑动。滑坡发生前地声明显，滑坡前滑体上曾有牛不进圈等动物异常前兆，滑坡后也有鼠爬竹子等动物异常现象
天宝滑坡	滑坡在大滑动前 1 天听到地像打闷雷的声响，猪牛不宁，不停嚎叫，扯人裤脚。1982 年 7 月 17 日 7 时，滑坡前缘开始滑动，8~9 时，房屋普遍开裂。11 时，开始大滑动
西藏易贡滑坡	2000 年西藏易贡滑坡发生前数日，见扎隆沟内水流变黑，并散发出一股难闻的味道
云阳大滑坡	滑坡前，滑体前缘龙头处出现小股承压自喷浑泉，喷射水头高达 2~3m，出现狗哭泣，只喝水不吃食，悲伤得死去活来，两天后发生大于 1000 万 m³ 的滑坡
中江县滑坡	滑坡前一个星期，老鼠上山偷吃玉米，2~3d 吃光了 3~4 亩地玉米，白天定居树上
资中枣树公社滑坡	滑坡前 3 天，地面鼓包开裂，冒出浑水；滑前 1~2d，发现家蜂陆续飞逃，大雀鸟叼着没长毛的小鸟强行搬迁，次日发生滑坡
旺苍县滑坡	1981 年 8 月旺苍县许多滑坡滑动前出现猪、牛在圈内惊恐不安，大声惨叫，次日发生滑坡。王家沟滑坡前，地面溢出红泥浆水，涌出浑泉，湿地遍布
南江县大滑坡	1974 年 9 月 14 日大滑坡前 1 天，于滑体前缘突然冒出一股泉水，14 日 7 时泉水流量增大，水变浑，8~9 时出现喷泉，9 时 20 分就发生大滑坡
攀钢石灰石矿滑坡	1981 年滑前亦听到岩体位移的错断声
四川越西铁西滑坡	1980 年滑前起动均听到闷雷式隆隆声
恩施杨家滑坡	1980 年滑坡滑前 1 天，滑体中部碗口粗浑水上涌 12h 才消失
利川石坪寨滑坡	1982 年滑前 3 天，滑体中部冒出脸盆粗二股含泥浑泉；同年巴东罗圈岩崩滑坡，滑前 12h 在前缘多处冒浑水
陕西宁强石家坡滑坡	1981 年滑坡前，前缘出现了高压射流的泥气流喷发，几小时后即发生了高速滑坡

5.1.2　定量评价

　　库岸灾变的定量评价主要依托监测资料进行。一般而言，定量评价可大致分为监测数据预处理、监测数据特征分析及库岸灾变定量评价等三个阶段。

5.1.2.1　监测数据预处理

　　由于地处野外，环境条件相对较差，因此，不管是人工观测还是自动监测，获取的监测数据（或曲线）一般都会存在以下几个典型问题：①部分时段数据缺失，监测曲线为空白段；②部分时段数据异常，监测曲线上比其他时段突增或突降；③观测噪声，监测曲线异常的小幅、高频波动。所以，在监测资料分析之前，首先需要对原始数据中可能存在的问题进行处理，以确保得到正确的分析结果。

对于部分时段缺失数据的问题，可采用线性差值法补齐缺失数据；对于部分时段数据异常的问题，可通过在原数据上叠加一线性增量，来实现与其他时段观测数据的平稳衔接；对于原始观测数据的噪声问题，可采用数字滤波法进行处理，对于减弱或消除高频噪声可采用数据平滑法处理，数据平滑处理法有包括线性滑动平滑法、二维线性滑动平滑法、非线性滑动平滑法、二维非线性滑动平滑法等。

5.1.2.2　监测数据特征分析

（1）单点变形特征。监测资料的直观表现形式主要为变形—时间曲线，根据曲线形态的不同，岸坡的变形—时间监测曲线可分为渐变型、突发型和稳定型三类。典型的渐变型、突发型岸坡变形监测曲线如图5.6所示。渐变型滑坡从斜坡出现变形开始到最终失稳破坏，一般需经历初始变形、等速变形和加速变形三个阶段，如图5.6（a）所示；突发型滑坡从出现宏观变形迹象到最终的失稳破坏所经历的时间往往比渐变型滑坡要短得多〔图5.6（b）〕，位移监测曲线无明显的初始变形、等速变形阶段。突发型曲线可以视作渐变型曲线的加速变形阶段，而前两阶段或因历时很短或者缺失。

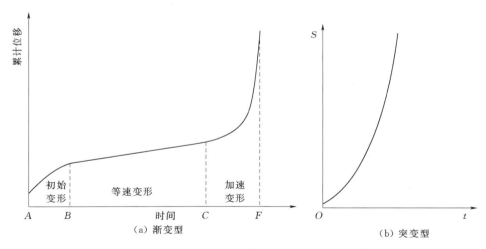

图5.6　渐变型与突变型滑坡的典型位移曲线[8]

对于灾变研究来说，最重要的工作就是根据变形监测资料，判断岸坡是否进入加速变形阶段。根据变形曲线类型可对岸坡破坏的可能性做出如下初步评价：当变形处于初始变形阶段时，破坏可能性很低；当处于等速变形阶段时，暂无破坏可能，一旦外界扰动（库水位变化），可能突然转化为加速变形；加速变形阶段，破坏可能性大。

由岸坡破坏的变形监测曲线可知，岸坡破坏前位移往往有个突然增大幅大的过程〔式（5.1）〕，表现为位移—时间监测曲线突然上翘。在临滑阶段，只要监测周期足够小，位移—时间曲线的上翘角度会无限接近90°。

$$\left(\lim_{\Delta t \to 0}\frac{\Delta s}{\Delta t}\right)\Bigg|_{t \to t_p} \to \infty \tag{5.1}$$

式中：Δs 为位移增量；Δt 为时间增量；t_p 为岸坡破坏时间。

　　对变形—时间曲线处理可以得到速率—时间曲线和加速度—时间曲线。许强等通过研究多个滑坡的位移—时间、速率—时间、加速度—时间曲线发现，不同滑坡的监测数据具有类似特点（图 5.7 和图 5.8）：位移—时间曲线一致呈增长趋势，只是不同阶段变形速率（曲线斜率）有所差别。初始变形阶段速率从零开始先增大（突然启动）然后逐渐减小，进入等速变形阶段后基本维持在一恒定值，加速变形阶段以较明显的幅度逐渐增大，临滑前则骤然剧增直至失稳破坏。初始变形阶段，加速度有一个由零增大到一定值后很快将为零甚至负值的过程，反映出此阶段斜坡突然启动后变形有迅速减弱的特点；等速变形阶段加速度主要以零为中心上下波动，宏观上（均值）基本为零；进入加速变形阶段初期，加速度仍在零附近波动，只是震荡幅度比等速变形阶段显得强一些，总体上正值多于负值；一旦进入临滑阶段，加速度突然呈现出急剧增长的特点。

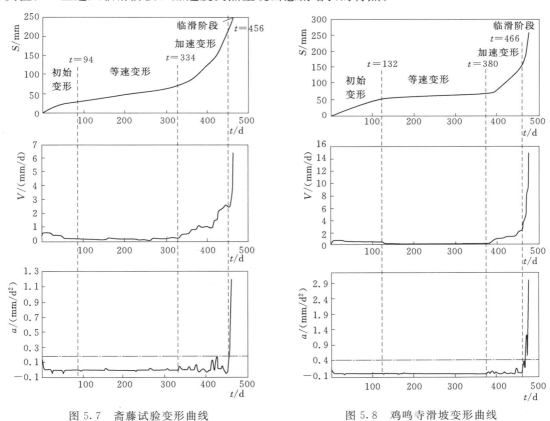

图 5.7　斋藤试验变形曲线　　　　　　　图 5.8　鸡鸣寺滑坡变形曲线

　　许强等通过分析滑坡变形的加速度—时间曲线，提出了对滑坡临滑预报非常重要的认识，即坡体进入临滑阶段之前，加速度总体上表现为以零为中心上下震荡的特点，其震荡幅度在等速变形阶段最小，初始变形和加速变形阶段相对较大，但总体震荡幅度不大，存在一个界限值 δ。对于不同滑坡，此界限值 δ 并不是唯一的，但根据加速度—时间曲线形态（重点参考在进入临滑阶段之前的加速变形阶段的加速度峰值和均值），不难确定该指标值。

同时，许强等还以加速度为桥梁，建立了斜坡稳定性系数与斜坡变形阶段之间（即强度稳定性与变形稳定性）之间的关系：

在初始变形阶段，加速度 $a<0$，斜坡稳定性系数范围 $1.05 \leqslant K < 1.15$，斜坡处于基本稳定状态；

在等速变形阶段，加速度 $a \approx 0$，斜坡稳定性系数范围 $1.00 \leqslant K < 1.05$，斜坡处于欠稳定状态；

在加速变形阶段，加速度 $a>0$，斜坡稳定性系数范围 $K<1.00$，斜坡处于不稳定状态；

在临滑阶段，加速度 $a \gg 0$，斜坡稳定性系数范围 $0<K \ll 1.00$，斜坡处于极不稳定状态。

（2）整体变形特征。对于同一库岸变形点，不同部位的变形发展过程可能会有所差异甚至差异明显，若仅仅根据单点监测曲线进行岸坡灾变预测，所得结果可能会出现较大差异。目前关于岸坡不同部位变形的一致性或差异性评价还没有统一的评价方法和标准。分析认为，可从全时段对比和分时段对比两个方面进行分析，二者所采用的工具均为图表和矢量图等。

1）全时段对比。当变形库岸的不同监测点变形不一致时，位移—时间曲线呈发散状，即步调不一致曲线之间的间距越来越大，预示着岸坡发生拉裂解体或局部解体；当不同部位变形步调一致时，表现为不同曲线相互平行、曲线之间间距保持恒定，反映出岸坡不同部位同步变形、无（或停止）解体。

位移、速度、加速度等矢量图（图 5.9、图 5.10）不仅可以表达量的大小信息，还可综合地表示出变形或变化方向、相对位置等，能更直观地反映出变形的分区特点。

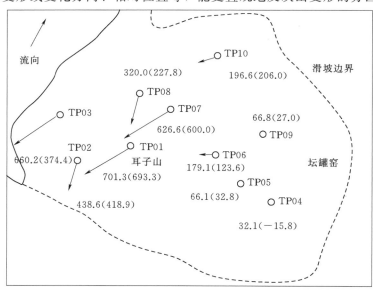

图 5.9　溪洛渡库区星光三组岸坡位移矢量图

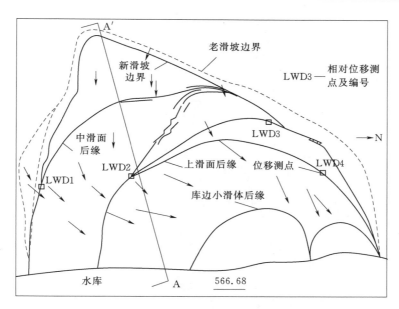

图 5.10　宝珠寺水库金洞滑坡水平位移矢量图

2）分时段对比。不同时段岸坡的变形演化也会存在一定差异性，因此在全时段分析掌握岸坡整体演化过程的基础上，还应重视不同时段变形特征对比分析。分时段变形分析时同样可以采用图表、矢量图等工具（图 5.11、表 5.6）。

表 5.6　　　　　　　　　　干海子滑坡部分测点分时段位移量　　　　　　　　单位：mm

日期 /（年-月-日）	库水位/m	测　点				
		TP1	TP2	TP3	TP4	TP5
2013-5-24—2013-6-23	水位升至 540.00 时段	7.31	2.15	7.24	8.29	65.29
2013-6-24—2013-7-26	水位 540.00 平稳时段	25.03	7.69	10.80	16.41	137.84
2013-7-27—2013-8-11	水位升至 554.00 时段	23.24	23.81	12.08	13.25	115.23
2013-8-12—2013-8-22	水位降至 540.00 时段	4.12	16.13	11.99	11.56	损坏后修复
2013-8-23—2013-10-19	水位 540.00 平稳时段	42.62	42.72	42.38	47.10	83.11
2013-10-20—2013-12-14	水位升至 560.00 时段	30.84	14.26	13.50	13.12	20.45
2013-12-15—2014-4-7	水位 560.00 平稳时段	49.41	42.09	36.27	39.16	63.09
2014-4-8—2014-5-8	水位降至 540.00 时段	33.31	30.16	27.78	56.91	82.59
2014-5-9—2014-6-8	水位 540.00 平稳时段	18.42	19.25	17.30	20.79	42.78
2014-6-9—2014-9-26	水位升至 600.00 时段	39.04	36.08	42.69	66.89	232.46
2014-9-27—2014-11-6	水位 600.00 平稳时段	14.96	9.93	11.35	21.66	27.49
2014-11-7—2015-3-11	水位 600.00 附近时段	48.11	43.77	47.82	58.19	79.57
2015-3-12—2015-5-6	水位降至 560.00 时段	52.52	43.29	46.69	51.32	85.98
累　计　量		388.9	331.3	327.9	424.6	1035.9

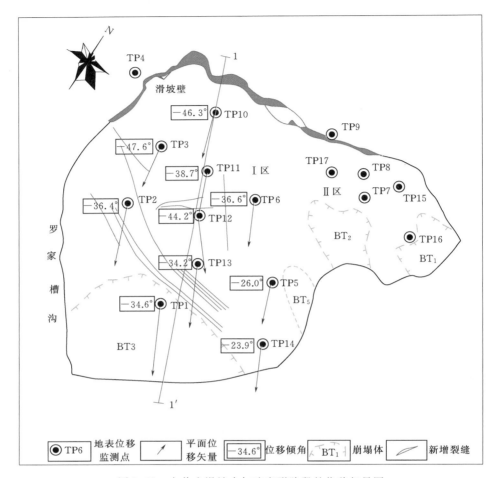

图 5.11　白什乡滑坡中加速变形阶段的位移矢量图

根据图 5.11 可知，在中加速变形阶段，白什乡滑坡 I 区部位的变形量与变形方向呈现出高度一致性，说明坡体已经呈整体变形，而不会进一步解体；II 区则无明显变形。同样，表 5.6 则反映出干海子滑坡体不同时段、不同部位的变形特点。

由上述分析可知，根据斜坡的整体变形特征可直观得知变形体本身的解体情况，而对于变形体灾变可能性的评价仍需主要依靠对典型监测点单点变形特征的分析进行。

在对渐变型监测曲线的单点变形特征分析过程中，许强等曾提出坡体在进入临滑状态之前其加速度存在一个界限值 δ，并以加速度为桥梁建立了斜坡稳定性系数与斜坡变形阶段之间（即强度稳定性与变形稳定性）之间的关系。而库区边坡在周期性蓄放水的影响下，其变形监测曲线往往具有明显的阶跃性，许强等进一步研究表明，阶跃型曲线阶跃段的加速度已大幅超过已有渐变型滑坡的预警界限值，显然，采用加速度来对该类库岸灾变进行评价有可能出现明显的误判。

（3）相对切线角特征。

1）位移曲线切线角简介。斜坡变形（累积位移）—时间曲线中各变形阶段的主要差别在于曲线斜率不同，因此监测曲线的斜率可作为划分斜坡变形阶段、灾变判断的重要依据。为了便于数学表达和直观理解，曲线上各点的斜率可用相应点处曲线的切线角来表达（图5.12）。变形曲线切线角可由式（5.2）计算。王家鼎等（1999）认为，变形速率最大的时间对应着滑坡剧滑时间，也即位移曲线的切线斜率为无穷大，变形曲线的切线与时间坐标轴垂直（切线角 $\alpha = 90°$）；但实际中由于时间坐标有间隔，即不可能出现此理论值，根据大量的滑坡监测资料分析，滑坡剧滑时的切线角往往在 $89° \sim 89.5°$。李天斌等（1999）也开展过类似研究。

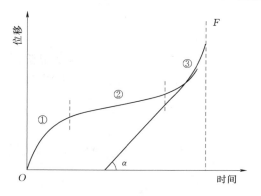

图 5.12　位移曲线与切线角
①初始变形阶段；②稳定变形阶段；
③加速变形阶段；α—切线角

$$\alpha_{0i} = \arctan \frac{S_i - S_{i-1}}{t_i - t_{i-1}} = \arctan \frac{\Delta S(i)}{\Delta t(i)} \tag{5.2}$$

式中：α_{0i} 为变形曲线切线角；t_i、t_{i-1} 为监测时刻；S_i、S_{i-1} 为 t_i、t_{i-1} 时刻对应的变形量；$\Delta t(i)$ 为 t_{i-1} 至 t_i 时段；$\Delta S(i)$ 为 $\Delta t(i)$ 时间段的位移增量。

许强等（2015）认为，即使同一组滑坡位移监测数据，当采用不同尺度的纵横坐标来绘制曲线时，会得到不同切线角，即直接采用变形—时间曲线定义切线角存在不确定或不唯一问题。并以瓦依昂滑坡监测曲线做了具体说明（图5.13），保持横坐标尺度不变而对纵坐标做拉伸变换后点 A 处的切线角由 $79°$ 增加至 $87°$，保持纵坐标尺度不换而对横坐标拉伸变换后点 B 处的切线角由 $85°$ 减小为 $82°$。

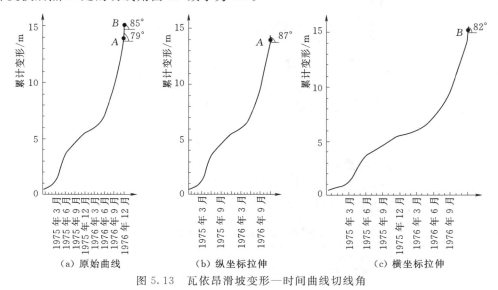

（a）原始曲线　　　（b）纵坐标拉伸　　　（c）横坐标拉伸

图 5.13　瓦依昂滑坡变形—时间曲线切线角

为了解决直接采用监测曲线确定切线角存在的不确定或不唯一的问题，许强等（2015）提出了改进切线角法：对纵坐标（位移轴）除以匀速变形阶段的平均速率，将其转换为与横坐标轴相同的时间单位，然后求取切线角（这里称之为"改进切线角"，以示区别）。具体的坐标变换过程如下：

对于某一个滑坡来说，匀速变形阶段的位移速率 v 基本为一恒定值，那么可以通过式（5.3）将 S—t 曲线的纵坐标变换为与横坐标相同的时间量纲：

$$T(i)=\frac{\Delta S(i)}{v} \tag{5.3}$$

式中：$T(i)$ 为变换后与时间相同量纲的纵坐标值；其余符号同上。

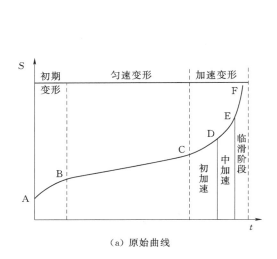 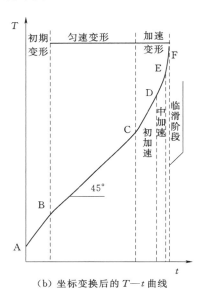

（a）原始曲线　　　　　　（b）坐标变换后的 T—t 曲线

图 5.14　坐标变化处理前后的监测曲线

根据 T—t 曲线，可以得到改进切线角 α_i 的表达式：

$$\alpha_i=\arctan\frac{T(i)-T(i-1)}{t_i-t_{i-1}}=\arctan\frac{\Delta T}{\Delta t} \tag{5.4}$$

式中：α_i 为改进的切线角；Δt 为与式（5.3）计算 $\Delta S(i)$ 时对应的单位时间段；ΔT 为单位时间段内 $T(i)$ 的变化量。

上述成果已应用到多个滑坡的预测预警中，实践表明，改进切线角法具有较强的适用性。配套的滑坡预警级别定量划分标准（表 5.7）如下：

表 5.7　　　　　　　　　　滑坡预警级别的定量划分标准

变形阶段	匀速变形阶段	初加速阶段	中加速阶段	加加速（临滑）阶段
预警级别	注意级	警示级	警戒级	警报级
预报形式	蓝色	黄色	橙色	红色
切线角	$\alpha\approx45°$	$45°<\alpha<80°$	$80°\leq\alpha<85°$	$\alpha\geq85°$

当切线角 $\alpha \approx 45°$，斜坡变形处于匀速变形阶段，进行蓝色预警；

当切线角 $45° < \alpha < 80°$，斜坡变形进入初加速变形阶段，进行黄色预警；

当切线角 $80° \leqslant \alpha < 85°$，斜坡变形进入中加速变形阶段，进行橙色预警；

当切线角 $\alpha \geqslant 85°$，斜坡变形进入加加速变形（临滑）阶段，进行红色预警；

当切线角 $\alpha \approx 89°$，滑坡进入临滑状态，应发布临滑预警。

2）存在的问题。为了获得唯一性的位移曲线切线角，许强等（2015）提出了改进切线角法，该方法的关键是合理确定等速变形段的变形速率 v。但由于外界因素干扰以及测量误差等原因，即使斜坡处于等速变形阶段，各个时刻的变形速率也不可能绝对相等，往往是在一定区间内波动，因此只能从宏观的角度将等速变形阶段变形速率的均值作为等速变形速率 v。具体做法：①划分斜坡变形阶段，根据变形监测曲线，结合斜坡宏观变形破坏迹象，综合判断和划分斜坡的变形阶段，从中区分出等速变形阶段；②确定等速变形段的变形速率 v，将等速变形阶段各时段的变形速率作算术平均，即可得到等速变形阶段的速率 v［式（5.5）］。

$$v = \frac{1}{m} \sum_{i=1}^{m} v_i \tag{5.5}$$

许强等（2015）为了解决变形曲线切线角的唯一性问题，引入了等速变形段的平均速率进行转换，提出了改进切线角法。但是通过上述分析不难看出，由于斜坡变形曲线来说，等速变形段的划分往往具有很大的人为性，难以确保其唯一性、合理性；等速变形段划分的人为性，同时也导致该段变形速率也就可能只有唯一结果。换言之，用一个不能唯一确定的 v，进行转换后得到的 T—t 曲线［图 5.14（b）］也肯定不是唯一的。而当 v 大小改变时，T 轴相应地或拉伸或缩短（T 轴缩短与 t 轴伸长是等效的，对切线角来说），可见并不能避免发生图 5.13 所示问题。

根据式（5.2）和式（5.3）可将修正切线角表达为坡体的真实变形速率 v_i 与匀速变形段速度 v 之间的关系［式（5.6）］：

$$\alpha_i = \arctan \frac{v_i}{v} \tag{5.6}$$

不同条件下，匀速变形段平均变形速率 v 的取值误差对切线角的影响情况如图 5.15 所示。

由图 5.15 可知：随着 v_i/v 的比值增大 v 的误差影响快速降低，$v_i/v > 10$ 以后影响程度明显降低；在 v_i/v 相同时，v 的误差越大影响越大，当 v 的误差在 5% 范围内时，切线角的误差多在 1.5° 之内，当 v 的误差大于 20% 时切线角误差多在 2° 以上，最大可达 8° 左右。在 v 误差相同的条件下，等速变形段的速率与预警段的速率差异越大时（反映在曲线上斜率差异越大），改进切线角的可靠度越高；对等速变形段速率与破坏段（或预警段）速率小于 5 倍的情况下，误差多在 1° 以上，在进行临滑预警时就需要非常小心（可能导致漏报或误报）。对于同一监测曲线，不同人员在划分等速变形阶段的差异，可能导致得到不同的预警结果。

如前所述，对于改进的切线角法而言，等速变形阶段的平均速率是一个非常重要的转

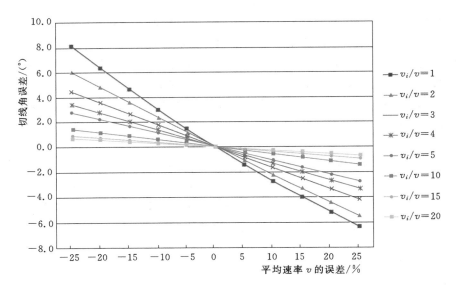

图 5.15　不同速率 v 对切线角的影响

换指标。但是，在某些情况下，监测曲线上很难划分出等速变形阶段，此时改进切线角法就不适用了。改进切线角法可能不适用的情况有：①突变型滑坡；②未监测到完整等速变形阶段的渐变型滑坡（尤其是在滑坡应急监测时）；③阶跃状变形边坡。

　　3）对位移切线角的新改进——相对切线角。针对位移曲线切线角法、改进切线角法存在的问题，这里提出另一种改进方法——位移监测曲线相对切线角法（简称"相对切线角法"）。具体改进方法：①对位移量除以单位位移（这里取 1mm），对时间量除以单位时间（这里取 1d），分别进行标准化或无量纲化；②根据标准化后的位移—时间监测数据或曲线，计算位移曲线切线角，即相对切线角。

　　相对切线角的计算公式如下：

$$\alpha_{Si} = \arctan \frac{\Delta S(i)/S_s}{\Delta t/t_s} = \arctan \frac{v_i}{v_s} \tag{5.7}$$

式中：α_{Si} 为第 i 时刻的相对切线角；S_s 为标准化时采用的单位位移，这里取 1mm；t_s 为标准化时采用的单位时间，这里取 1d；v_s 为单位速率，这里等于 1mm/d；其余符号同上。

　　与位移曲线切线角法、改进切线角法相比，相对切线角法具有以下明显优点：①彻底解决了位移切线角的唯一性问题；不论监测资料采用什么量纲，通过标准化处理后，均转为 mm/d 量纲的倍数。②不再受监测时段及监测曲线完备性限制，只要有某时段监测数据，即可计算出确定的相对切线角；可适用于各类变形岸坡，也适用于变形监测的各个阶段；避免了等速变形阶段划分与平均速率计算的人为性。③建立了位移速率（单位为mm/d）与相对切线角之间的对应关系（图 5.16），工程意义更为明确；根据变形速率即可方便地判断出相对切线角的大小（表 5.8）。

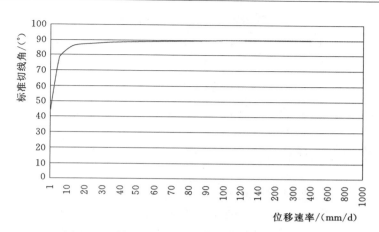

图 5.16　位移速率与相对切线角之间的对应关系

表 5.8　　　　　　　　　　典型位移速率与相对切线角对照表

序号	位移速率/(mm/d)	相对切线角/(°)	序号	位移速率/(mm/d)	相对切线角/(°)	序号	位移速率/(mm/d)	相对切线角/(°)
1	1	45.00	19	19	86.99	37	110	89.48
2	2	63.43	20	20	87.14	38	120	89.52
3	3	71.57	21	25	87.71	39	130	89.56
4	4	75.96	22	30	88.09	40	140	89.59
5	5	78.69	23	35	88.36	41	150	89.62
6	6	80.54	24	40	88.57	42	200	89.71
7	7	81.87	25	45	88.73	43	250	89.77
8	8	82.87	26	50	88.85	44	300	89.81
9	9	83.66	27	55	88.96	45	350	89.84
10	10	84.29	28	60	89.05	46	400	89.86
11	11	84.81	29	65	89.12	47	500	89.89
12	12	85.24	30	70	89.18	48	600	89.90
13	13	85.60	31	75	89.24	49	700	89.92
14	14	85.91	32	80	89.28	50	800	89.93
15	15	86.19	33	85	89.33	51	900	89.94
16	16	86.42	34	90	89.36	52	1000	89.94
17	17	86.63	35	95	89.40	53	1500	89.96
18	18	86.82	36	100	89.43	54	2000	89.97

5.1.2.3　库岸灾变定量评价

通过分析收集到监测数据的已发生灾变岸坡的位移监测曲线得到其失稳破坏时的相对切线角，同时，收集国内外滑坡失稳监测曲线或变形速率资料，分析其阶跃段的相对切线角，在二者的基础上，提出基于相对切线角的斜坡破坏判别标准（表 5.9）。

表 5.9　　　　　　　　　　　　　　　　　岸坡演化阶段与相对切线角

演化阶段	变形调整阶段	缓慢变形阶段	加速变形阶段	临滑阶段	失稳阶段
相对切线角/(°)	<70	70~80	80~85	85~87	>87
对应变形速率/(mm/d)	<3	3~6	6~11	11~19	>19
破坏可能性	低	中		高	

5.2　库岸灾变的影响评估

水库运行后，库岸变形破坏可能对变形范围内的建构筑物、水上交通、甚至会对对岸设施等造成影响。其影响范围与程度的大小既与库岸变形破坏类型、破坏后的运动特点有关，还与周边敏感对象的分布情况有关。前述已对库岸灾变的可能性进行了分析，本节将从库岸灾变的影响范围、影响对象以及影响程度等方面开展分析研究。

5.2.1　影响范围

库岸灾变的影响范围可以分为两类：直接影响范围——岸坡变形破坏的范围；间接影响范围——岸坡破坏后运动所经过或影响的范围。

（1）直接影响范围——水库影响区。蓄水后，水库岸坡变形破坏的范围就是直接影响范围，可通过现场变形、破坏范围调查来确定。其现场调查依据为《水电工程建设征地处理范围界定规范》（DL/T 5376—2007），调查方法为地质测绘法，调查内容包括变形边界、变形裂缝、局部垮塌及其他特殊异常迹象等。

其调查成果包括以下内容：①影响区范围。以边界变形裂缝为主，确定库岸变形破坏的直接影响范围，当紧邻变形边界存在敏感对象时，须将该直接影响范围适当调整，把紧邻的敏感对象包括进来。②库岸变形破坏演化阶段及危险性。根据变形边界的完备性、变形裂缝的配套特征，分析库岸变形破坏的演化阶段及危险程度，为后续预测预警奠定基础。

需要注意的是，在库水反复升降作用下，部分库岸变形垮塌范围可能多次扩大，随着变形垮塌范围的逐渐扩大，需要及时跟进开展影响范围调查，评估影响，采取对策。

（2）间接影响范围——威胁范围。水库岸坡破坏后还存在一个破坏后的运动阶段。在此阶段，可能引发一些次生灾害，如滑坡涌浪等。这些因库岸破坏后运动而产生的次生灾害的范围，就是间接影响范围，或称为威胁范围。范围的大小与岸坡灾变后的运动特征有关，如运动型式、运动距离和运动速度等。

库岸灾变的间接影响主要是由于岸坡破坏滑入水库中造成的，大致可归纳为：①涌浪影响；②支流堰塞影响。

目前，滑坡涌浪的计算主要根据经验公式进行，但 Noda 法、潘家铮法和"水科院经验公式法"等代表性计算方法大都存在一定的局限性，分析精度往往有限，尤其在分析预测地形较复杂或峡谷型水库涌浪时，往往需要配合一些特殊的模型试验或数值模拟方法。

凡斜坡或边坡岩土体因崩塌、滑坡及转化为泥石流而造成江河堵塞和回水的现象，统称为滑坡堵江事件。江河堵塞有两方面的含义：一是堵断江河水体，使下游断流，上游积水成湖，称为完全堵江；二是失稳坡体进入河床或导致河床上拱，使过流断面的宽度或深度明显变小，上游形成壅水，称为不完全堵江。完全堵江往往会引发一系列的灾害，给人民生命财产安全带来巨大损失，因此应给予足够的重视。滑坡完全堵江需满足地形条件和水动力条件，地形条件是指河谷深切和地形坡度等方面，堵江滑坡易发生在坡度为 $30°\sim45°$ 的斜坡地带；水动力条件是指滑坡体进入河床并完全堵塞河床需要有一定的体积，由堵塞河床所需最小土石方量计算公式可知，完全堵江所需要的最小土石方量 V_{min} 与河床宽度、河床水深的平方成正比关系。因此，河床越窄，河水越浅，所需滑坡入江体积越小。这就是一些河流的上游峡谷区或支流、支沟中大量发生崩滑堵江的原因之一。对于峡谷河道型水库或大型水库的支库、支沟部位，一旦发生滑坡堵江可能造成严重影响：支沟或支库部位水面宽度往往有限，很容易造成完全堵江；堰塞体上游侧为沟水或支流流水，下游侧为库水，一般难以自行溃决，且施工处理难度很大；堵江后支流回水会浸泡岸坡坡脚，恶化其稳定性，也可能对支沟或支流上游的小型水电工程造成影响。

5.2.2　影响对象

影响对象也称为承灾体（element at risk），指特定区域内受滑坡等灾害威胁的各种对象，包括人口、财产、经济活动、公共设施、土地、资源、环境等。通常承灾体位于滑坡的下方或滑坡体上，有时滑坡体上方的物体也受影响，因此承灾体要全面考虑。承灾体既包括静止的对象，如建筑物、基础设施、环境等；也包括移动的对象，如行人、运动的车辆及车辆内的人员等。

殷坤龙等（2010）将承灾体概括为社会类、经济类和土地资源类，见表 5.10。

表 5.10　　　　　　　　　　　　　　　　　承 灾 体 类 型

类型	亚类	示例
社会类	人类生命 社会发展 政治稳定	
经济类	（1）房屋建筑	住宅、宾馆、商厦、学校、医院、工业厂房……
	（2）交通运输	公路、铁路、航运、桥梁……
	（3）生命线工程	供水排水工程、供电系统、通信系统、供气系统……
	（4）水利工程	大坝、堤防、电站、机井……
	（5）生活与生产构筑物	水塔、烟囱、储油罐、井架……
	（6）室外设备及物品	汽车、拖拉机、机械、商储物资、生活用品……
	（7）农作物	捣鼓、棉花、烟草、果树……
土地资源类	耕地资源 建筑用地资源	

位于库岸灾变直接影响范围内的承灾体称为直接影响对象，处于间接影响范围内的承灾体为间接影响对象（或威胁对象），可通过实物指标调查方式获取。大量的滑坡灾害灾情表明，灾害发生后，其直接受害对象是位于滑坡影响范围内的居民、建筑物及居民财产等。因此在野外调查中，将居民、建筑物及居民财产的调查列在首位，且结合野外调查过

程，对这三者的调查同时进行。其中，建筑物调查指标包括结构类型、建筑面积、楼层数、成新度及变形情况；居民调查指标包括人数、年龄结构、文化程度、健康状况、性别比例和在建筑物内的停留时间；居民财产调查指标为居民室内财产总额和家庭年均总收入。公共设施主要包括学校、医院、政府机构、商业场所等，其调查指标包括建筑面积、建筑结构、用途、成新度、商用建筑的年均收益、室内设施价值、开放时间、日均人口流量、建筑物变形情况。道路和桥梁是滑坡灾害多发的山区重要的交通要道，其风险预测是不可或缺的，其调查指标主要为级别、建造时间、单位造价、长度、行人流量、行车流量和道路的变形情况。码头是库区多见的交通、物流设施，其主要调查指标为码头的用途、级别、物流码头日均停靠量、交通码头日均人流量和码头变形情况。生命线工程主要包括供水、供电、通信等设施，通过对其使用对象的调查反映其重要性，其主要指标还包括其变形情况、长度和单位造价。土地资源调查指标包括土地面积、使用类型、单位价值和变形情况。

5.2.3 影响程度

库岸灾变的影响程度可采用承灾体的易损性指标来表示。所谓易损性（vulnerability），是指一个承灾体或多个承灾体受破坏或损害的程度。它是一个条件概率，条件是灾变发生且能够到达承灾体，同时承灾体恰好在场。对财产损失来说，用 0（没有破坏）～1（完全破坏）来表示其易损性；对人员来说，也用 0（没有伤害）～1（死亡）来表示其易损性。在滑坡易损性评价中，易损性可以分为物理易损性、社会易损性、人员易损性、经济易损性以及总体易损性等。

关于承灾体易损性的定量计算，殷坤龙等（2010）开展了较为深入研究，分别给出了建筑物、人口易损性以及涌浪范围内承灾体易损性计算方法。

（1）建筑物易损性。利用地表变形与建筑物变形之间的定量关系，根据滑坡体的变形来确定出建筑物的破坏程度（表 5.11），并将不同破坏程度对应的破坏概率进行量化，即可确定出建筑物的易损性（表 5.12）。

表 5.11　根据破损程度对建筑物状态的评价

等　　级	磨损及损坏程度/%	状态评价
Ⅰ	≤10	保持较好
Ⅱ	11～20	损坏较小
Ⅲ	21～40	中等损坏
Ⅳ	41～60	损坏较大
Ⅴ	61～80	严重损坏
Ⅵ	81～100	不能使用

表 5.12　建筑物不同破坏等级条件下的破坏概率

等　　级	保持状态	破坏概率/%
Ⅰ	保持较好	≤10（5）
Ⅱ	损坏较小	11～20（15）
Ⅲ	中等损坏	21～40（30）
Ⅳ	严重损坏	41～60（60）
Ⅴ	极度严重损坏	81～100（90）

注　括号内为中间值。

（2）人口易损性。由于人口具有流动性，在空间和时间上表现出动态特征，所以在确定人口易损性时，除了考虑人口基本属性特征以外，还必须考虑人口出现在滑坡危险范围内的空间概率和时间概率。

1）滑坡变形阶段。在滑坡破坏之间的变形阶段，人员伤亡主要是由其所处的建筑物发生变形或破坏而间接导致的。

$$V_{p/def}=V_{p/l}P_tV_{b/def} \tag{5.8}$$

式中：$V_{p/def}$ 为滑坡变形阶段的人口易损性；$V_{p/l}$ 为建筑物发生变形或破坏，人没有察觉或察觉到但没有逃跑时间的易损性，根据式（5.9）确定；P_t 为人处于建筑物内的时间概率；$V_{b/def}$ 为建筑物发生某种变形程度时的破坏率，根据表 5.12 确定。

$$V_{p/l}=(\alpha\omega_a+\beta\omega_\beta)P_d \tag{5.9}$$

式中：α、ω_a 分别为建筑物用途对人口易损性值的修正系数及其权重，见表 5.13；β、ω_β 分别为人群灾害意识程度对人口易损性值的修正系数及其权重，见表 5.13；P_d 为建筑物破坏后人的易损性，见表 5.14。

表 5.13　　　　　　　　　　　　　不同人群的易损性修正系数

修正系数及其权重	建 筑 物 类 型			
	学校、医院、政府办公楼等	商业建筑	居民建筑	
			城市	农村
α（$\omega_a=0.4$）	0.1	0.3	0.3	0.1
β（$\omega_\beta=0.6$）	0.1	0.5	0.5	0.8

表 5.14　　　　　　位于建筑物内的人口易损性取值（Finlay et al.，1997）

状　态	取值范围	推荐值	描　述
如果建筑物垮塌	0.9~1.0	1.0	死亡的可能性很大
如果建筑物和人均被掩埋	0.8~1.0	1.0	死亡的可能性较大
如果建筑物被掩埋但人未被掩埋	0~0.5	0.2	存活的可能性大
仅仅是建筑物受到了袭击	0~0.1	0.05	无危险

2）滑坡失稳阶段。滑坡一旦失稳，位于滑坡体上的人群会采取各种可能的形式逃离。滑体运动的速度越大，人可以逃离的可能性越小。在综合考虑多种因素的基础上，建立了估算公式，即

$$V_{p/slide}=\begin{cases}\begin{cases}1 & v\geqslant5\text{m/s} \\ \sum_{i=1}^{3}\omega_ik_i & 3\text{m/s}<v<5\text{m/s} \\ 0 & v\leqslant3\text{m/s}\end{cases} & \text{无预警} \\ 0 & \text{有预警}\end{cases} \tag{5.10}$$

式中：k_i、ω_i 分别为人的属性因素及其权重，取值见表 5.15。

3）滑坡失稳时交通道路上的人口伤亡估算。滑坡失稳时，还可能威胁到交通道路上的流动人口。由于这部分人口在数量、属性、时间等方面存在较大变化，故不讨论其易损性，而讨论滑坡运动过程中的人口伤亡风险。行驶于交通道路上的人受滑坡影响而死亡的数量可采用下式估算：

$$N=\sum_{i=1}^{nr}p_hp_pm_i \tag{5.11}$$

表 5.15 滑体运动过程中人口易损性系数

属性因素及权重 ω_i	描　述	修正系数取值	
		范围	平均值
年龄 k_y （$\omega_y=0.4$）	13～60	0.1～0.3	0.20
	<13 或>60	0.5～0.8	0.65
健康状况 k_h （$\omega_h=0.4$）	健康	0.1～0.2	0.15
	残疾	0.8～1.0	0.9
文化程度 k_e （$\omega_e=0.4$）	高中及以上	0.0～0.2	0.10
	初中	0.2～0.3	0.25
	小学及以下	0.3～0.4	0.35

式中：N 为滑坡以一定速度发生而导致的交通道路上人口的伤亡风险；n_r 为滑坡影响范围内的道路数量；p_h 为滑坡发生的概率；p_p 为滑坡发生时，遭遇威胁人口的伤亡概率或易损性，由式（5.12）确定；m_i 为滑坡发生时，不同道路上受威胁人数（由车流量、车内人数和行人流量决定）。

$$p_p=\begin{cases} V_滑/V_车 & V_滑<V_车 \text{ 且 } V_车\neq0 \\ 1 & V_滑\geqslant V_车 \text{ 或 } V_车=0 \end{cases} \qquad (5.12)$$

（3）滑坡涌浪范围内承载体的易损性。

1）涌浪对大坝、码头的影响。涌浪以一定的波高和速度传播至大坝或码头时，对大坝造成的影响主要表现为涌浪爬高超出坝顶高程，造成坝顶瞬间漫水，给下游造成巨大水灾；或涌浪爬上码头，卷走码头上的人或财物等。涌浪对大坝、码头影响的评价，可以根据涌浪传播至大坝或码头时的高度定性确定。若传播浪高超出大坝或码头高度，大坝或码头会受到影响，其影响程度根据超出的涌水量以及大坝、码头自身的结构强度、所关联的其他承灾体共同决定。

2）涌浪对船舶的影响。具有一定浪高的波浪在传播的过程中，可能对船舶的航行安全构成严重威胁，主要表现为对船舶稳定性、航行船舶强度和靠泊船舶的影响等。通常，涌浪引发的人员伤亡事故多因船舶稳定性受到影响所致的。

当船舶的固有横摇周期与波浪的遭遇周期的比值处于一定范围内时，船舶会出现倾覆现象，即 $0.7\leqslant T_R/\tau_e\leqslant1.3$。当周期比值处于船舶倾覆范围时，认为易损性为 1，否则为 0，见表 5.16（殷坤龙等，2010）。

表 5.16 涌浪条件下船舶易损性对应表

T_R/τ_e	船舶易损性	T_R/τ_e	船舶易损性
[0.7, 1.3]	1	（$-\infty$, 0.7) 或 (1.3, $+\infty$)	0

其中，船舶在规则波中作小角度（<15°）无阻尼横摇时的周期称为船舶固有横摇周期，可用下式计算：

$$T_R=C_R\frac{B}{\sqrt{G_M}} \qquad (5.13)$$

式中：T_R 为船舶固有横摇周期，即自一舷横倾至另一舷再回到初始横倾位置所需的时间，s，见表 5.17；B 为船宽，m；G_M 为初稳定性高度，m；C_R 为横摇周期系数，客船为 0.75～0.85，货船为 0.7～0.8，油船（重载）为 0.7～0.75，油船（空载）为 0.74～0.94，渔船为 0.76～0.88，估算时可将该值定位 0.8。

表 5.17　　　　　　　　各类船舶的横摇周期（董艳秋等，1999）

船　舶　种　类		横摇周期/s
用途	吨位/t	
客船	500～1000	6～9
	1000～5000	9～13
	5000～10000	13～15
	10000～30000	16～20
	30000～50000	20～28
货船	满载	9～14
	空载	7～10
拖船	—	6～8
超大型油轮	满载	＞14
	空载	＜6

波浪相对于航行中的船舶的周期为波浪的遭遇周期 τ_e（也称为波浪视周期）。船舶航行时，其前进方向与波浪来向的夹角为遭遇浪向角 φ。设波速为 C，船舶以速度 v 并与波浪传播方向成 φ 角航行，则波峰相对船舶速度即波的表观传播速度 V_e 为

$$V_e = C + V\cos\varphi \tag{5.14}$$

则波浪的遭遇周期 τ_e 为

$$\tau_e = \frac{\lambda}{V_e} = \frac{\lambda}{C + V\cos\varphi} \tag{5.15}$$

式中：λ 为波长，m，一般为水深的 5 倍；C 为波速，m/s。

3）涌浪对沿岸居民及建筑物的影响。涌浪快速涌向库岸后，会将露天人员掩埋或卷走，造成人员伤亡；同时，位于库岸边的建筑物，如果整体稳定性差，抗水平推力能力弱，遭遇涌浪巨大水平推力后，会瞬间倒塌，将室内人员压埋或卷入水库中。

目前定量评价涌浪对沿岸建筑物的破坏程度很困难，有待进一步研究。但是涌浪的传播距离以及爬坡高程是可以解决的，在得到这些结论后，可以对灾害进行定性分析，指出滑坡涌浪的可能影响范围，为滑坡前期预警提供依据。

5.3　库岸灾变的危害性及预警

库岸灾变的危害性由影响对象（即承灾体）所遭受的影响来反应，与灾害后果的严重性与灾害事件发生的可能性密切相关。库岸灾变的危害性可用其风险性来表述。

5.3.1　风险估计

（1）定性估计。我国地质灾害风险评价多采用风险评价指数矩阵法（RAC 法）。RAC 法是定性风险估算常用的方法，它是将决定危险事件风险的危险严重性（S）和危险可能

性（P）两种因素，按其特点划分为相对的等级（表5.18、表5.19），形成一种风险评价矩阵，并赋以一定的加权值来定性地衡量风险大小（表5.20、表5.21）。

表5.18 危险性事件的严重度等级（S）表

严重度等级	等级说明	事故后果说明
Ⅰ	灾难的	人员死亡、整体系统的永久性报废
Ⅱ	危险的	人员严重受伤、严重职业病或局部系统的永久性破坏
Ⅲ	临界的	人员轻度受伤、轻度职业病或系统轻度损坏
Ⅳ	轻微的	人员伤害程度和系统损坏都轻于Ⅲ级

表5.19 危险性事件的可能性等级（P）表

可能性等级	说明	单个项目具体发生情况
A	频繁发生	频繁发生
B	很可能发生	在某期限内会出现若干次
C	有时发生	在某期限内有时可能发生
D	极少发生，或发生的可能性极小	在某期限内不易发生，但有可能发生
E	几乎不可能发生	极不易发生，以至于可以认为不会发生

表5.20 风险评价指数矩阵表

可能性等级 ＼ 严重度等级	Ⅰ（灾难的）	Ⅱ（危险的）	Ⅲ（临界的）	Ⅳ（轻微的）
A	1	3	7	13
B	2	5	9	16
C	4	6	11	18
D	8	10	14	19
E	12	15	17	20

表5.21 危险性事件风险分类表

危险性事件风险评价值	危险性事件风险分类	危险性事件风险接受层	建议接受的风险水平标准	风险控制措施及时间限制
1～5	一级风险（高危风险）	—	不能接受的风险	为降低风险，必须配给大量资源，立即进行综合治理，或者至风险降低后才能开始工作。当风险涉及正在进行中的工作时，应采取应急措施
6～9	二级风险（重度风险）	项目行政管理层	不希望有的风险	应努力降低风险，但应仔细测定并限定预防成本，并应在规定时间期限内实施风险减少措施。在该风险与严重事故后果相关的场合，必须进行进一步的评价，以便准确的确定该事故发生的可能性，以确定是否需要改进控制措施
10～17	三级风险（中度风险）	项目管理层	有条件接受的风险	
18～20	四级风险（低度风险）	直接管理层	可以接受的风险	通过评审决定是否需要另外的控制措施，如需要则应考虑投资效果最佳的解决方案或不增加额外成本的改进措施。同时，需要通过监测来确保控制措施得以维持，但必须执行控制措施，防止风险的升级

（2）定量计算。吴树仁等（2012）、唐亚明（2014）给出了滑坡风险计算或估算方法，财产风险按下式计算：

$$R_{prop} = P_{(L)} P_{(T:L)} V_{(S:T)} V_{(prop:S)} E \tag{5.16}$$

式中：R_{prop} 为年财产损失；$P_{(L)}$ 为滑坡发生概率；$P_{(T:L)}$ 为滑坡到达承灾体的概率；$P_{(S:T)}$ 为承灾体的时空概率；$V_{(prop:S)}$ 为承灾体的易损性；E 为承灾体的价值。

生命风险按下式计算：

$$R_{LOL} = P_{(L)} P_{(T:L)} V_{(S:T)} V_{(D:T)} \tag{5.17}$$

式中：R_{LOL} 为个体人年死亡概率；$V_{(D:T)}$ 为人的易损性；其他符号意义同上。

其中，滑坡到达承灾体的概率 $P_{(T:L)}$ 取决于滑坡源与承灾体各自的位置，以及滑坡体可能的运动路径。它是一个取值在0～1的条件概率，其条件是滑坡发生。对于坐落在滑坡体上的建筑物或其他承灾体来说，$P_{(T:L)} = 1$；对于位于滑坡源下方或滑坡运动路径上的建筑物或人员来说，$P_{(T:L)}$ 的确定需要综合考虑滑坡运移的路径、距离及滑坡源和承灾体的相对位置等，以判断滑坡体是否能达到某承灾体，以及在多大可能上能到达该承载体。

承灾体的时空概率 $P_{(S:T)}$ 是指在滑坡发生的时间内，承灾体恰好在场的概率。它是一个条件概率，其条件是滑坡发生且达到承灾体所处位置，这个概率值也在0～1。对于静止的承灾体而言，其时空概率为1；对于流动的承灾体而言，其时空概率为0～1。

以上两式是滑坡风险分析的理论基础，也可用于库岸灾变风险分析。

由于几个重要的概率指标很难合理确定，直接影响了定量计算方法在工程中的实际应用。工程中仍主要采用定性评价法。

5.3.2　灾变预警

（1）预警思路。对溪洛渡、锦屏一级及瀑布沟等一大批已建成的大型水电工程的具体实践归纳总结发现，库岸稳定性或灾变研究工作具有如下主要特点：

1）库岸变形或稳定研究深度有限。水库蓄水前，库岸稳定性研究多以地表调查为主，仅对近坝库岸分布的、可能对主体工程产生重大影响的大型滑坡（群）开展勘探或专题研究；水库运行期，库岸变形破坏调查也多以宏观现象调查为主，重要部位辅以必要的勘探或专题研究工作。与水电工程枢纽区相比，相关调查、研究的精度、深度都相对有限。

2）库岸变形破坏具有动态演化特点。随着库水位的反复升降，库岸变形的范围会有所增大，部分会明显扩大。同时，塌岸点数也会增加。在水库运行初期，增加趋势尤为明显。

3）库岸变形破坏具有明显的阶段性。库岸边坡变形与库水位的变化或水库运行阶段表现出明显相关性。一般表现为：蓄水初期变形速率大，随着水位升降循环增多，变形速率有降低的趋势；水位下降阶段变形速率最大，水位上升期间变形速率次之，水位稳定期间变形速率最小或变形不明显。库岸灾变也多发生在库水位变化时段，如瓦依昂水库滑坡（库水位上升）、柘溪水库塘岩光滑坡（库水位上升）、三峡库区千将坪滑坡（库水位上升）、溪洛渡库区黄坪上游滑坡（库水位上升）与青杠坪滑坡（库水位下降）等。值得注意的是，由于库岸岩土体水理性质差异，库岸变形、灾变发生时间往往会较库水位变化出现一定的滞后。

水库运行过程中，库岸变形呈现动态或周期性演化趋势；受经济等因素影响，库岸变形点不可能开展系统调查与勘探，一般多限于地表调查等，部分重点库岸变形点也可能布置一些勘探或监测，但与工程边坡相比，工作精度相差较大。在此背景下，通过灾变预警研究以指导防灾减灾，就成为水库运行期库岸工作的重要内容。

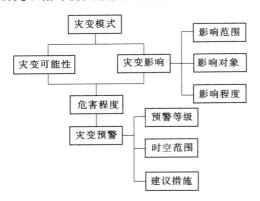

图 5.17　库岸灾变预警思路框图

由上述分析可知，与工程边坡相比，库岸变形点的变形深度、变形机理、演化过程等多未查明，因而也就很难直接套用工程边坡的预警方案，需要针对库岸变形具体特点开展灾变研究。根据库岸灾变预警的主要目标——通过调查分析库岸变形破坏现象，分析其灾变可能性及影响程度，并根据影响程度做出预警，为管理单位提供决策支持，以实现防灾减灾目标，梳理出库岸灾变预警思路框图如图 5.17所示。

（2）预警方案。

根据库岸灾变的预警思路，结合库岸现场工作程序，制定了各环节的具体实施方案，如图 5.18 所示。

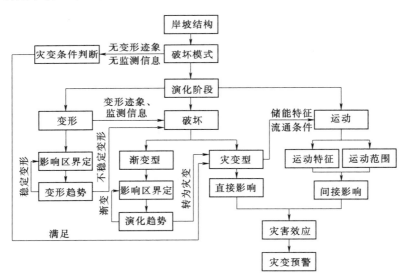

图 5.18　塌岸灾变预警实施流程图示

1）灾变模式辨识：①通过群测群防、专业巡视，筛查出水库运行期的（潜在的）库岸变形破坏点；②根据岸坡的宏观变形破坏特征，研判其变形破坏模式（表 5.23）；③针对岸坡破坏模式的特点，进一步开展塌岸灾变辨识（表 5.24）。

表 5.22　　**库岸变形破坏类型**

演化阶段	失稳模式	主要特征	图示
变形Ⅰ	拉裂Ⅰ-1	为拉裂变形，包括以拉应力为主造成的拉裂和以压应力为主造成的压致拉裂。其中拉应力引起的拉裂多发生在以块状、层状、散体状结构岸坡；压致拉裂多发生在层状或块状结构岸坡	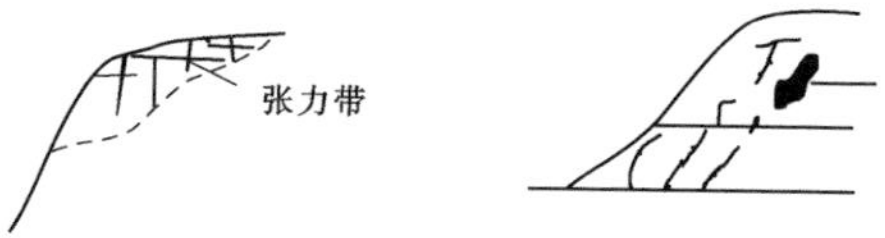
	弯曲Ⅰ-2	指弯曲变形，主要包括弯曲和倾倒两类岩体变形。其中倾倒变形多发生在陡倾层状结构岸坡，弯曲则多见于中陡（倾坡外）层状结构岸坡	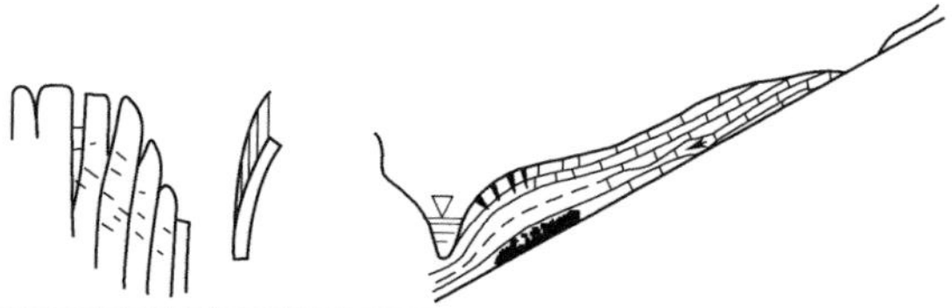
	蠕变Ⅰ-3	为剪切变形，主要指沿某潜在剪切面的剪切蠕变。多发生在块状、层状、散体状结构岸坡	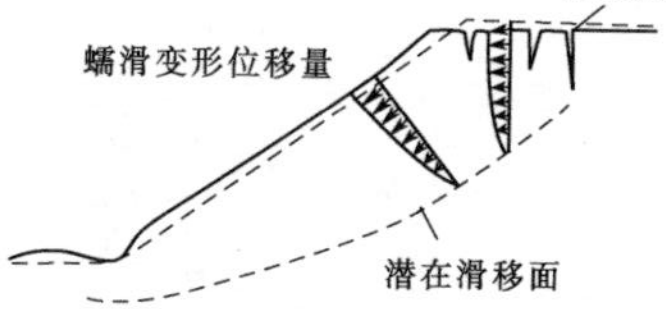
	塑流Ⅰ-4	为塑性变形，指岩体中的软弱层（带）的压缩和向临空方向或减压方向的塑性流动	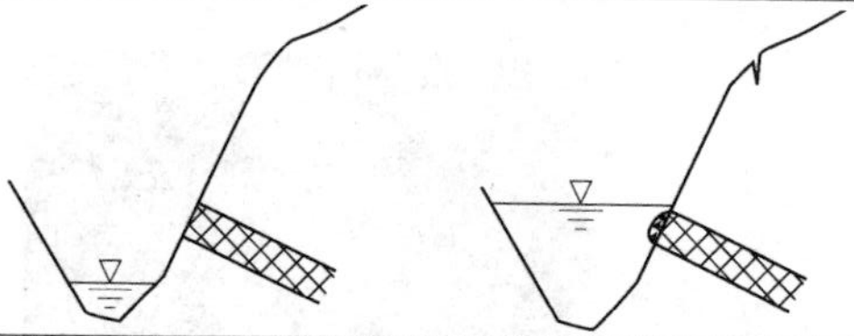
	沉降Ⅰ-5	为压缩变形，指松散地地基土体在库水等作用下发生压缩变形，导致地基发生沉降	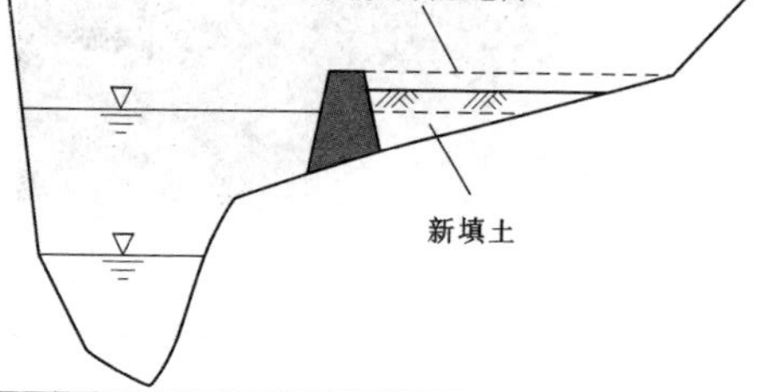

续表

演化阶段	失稳模式	主要特征	图示
破坏Ⅱ	冲蚀磨蚀ⅡA	在库水、风浪冲刷、地表水及其他外界营力的作用下，岸坡物质逐渐被冲刷、磨蚀，尔后被搬运带走，岸坡坡面发生缓慢后退	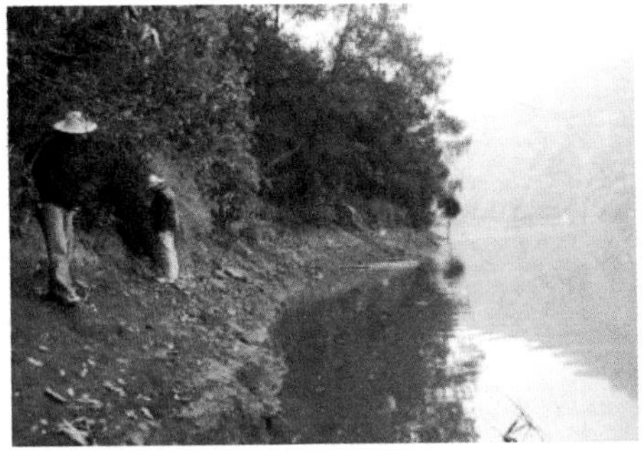
	崩塌ⅡB	岸坡岩体发育有不利于岩体稳定的节理裂隙时，坡体在库水、风浪冲刷、地表水和其他外部营力的作用下，发生的崩塌或崩落现象。一般发生在岩质岸坡的强风化或强卸荷裂隙带内，多具有突发性	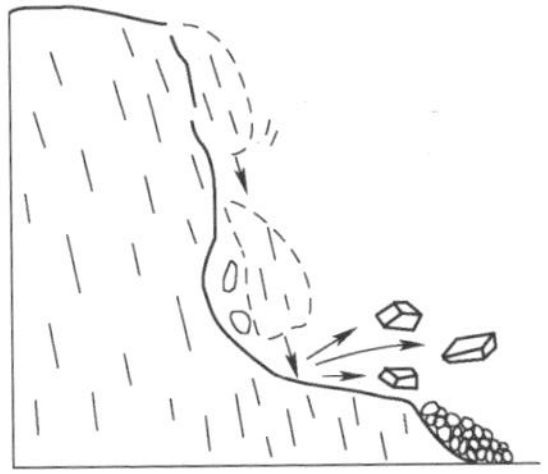
	坍塌ⅡC	岸坡坡脚或下部在库水等作用下被软化或被淘蚀，上部物质失去支撑产生局部下座或坍塌。多以张拉破坏为主，具有破坏面陡立、逐级后退的特点。一般发生在地形较陡的覆盖层岸坡内	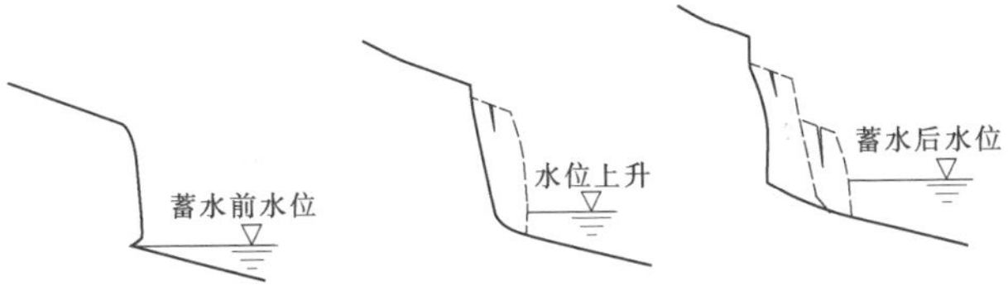

续表

演化阶段	失稳模式		主　要　特　征	图　示
破坏Ⅱ	滑坡ⅡD	滑坡复活ⅡD－1 局部复活ⅡD－1－1	蓄水前，稳定或基本稳定的滑坡堆积体，在库水等作用下发生复活产生滑移。按复活范围可分为局部复活与整体复活	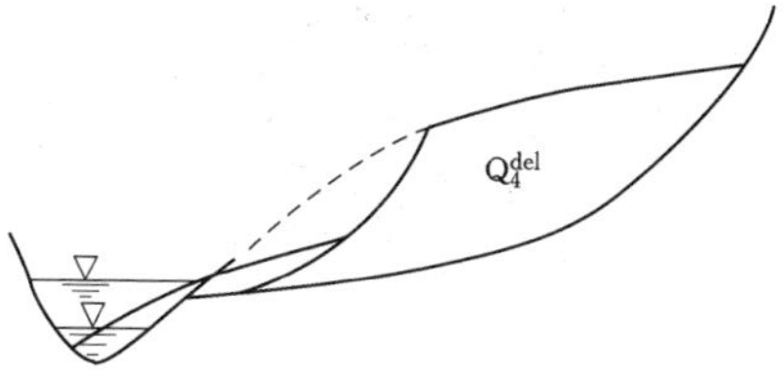
		滑坡复活ⅡD－1 整体复活ⅡD－1－2		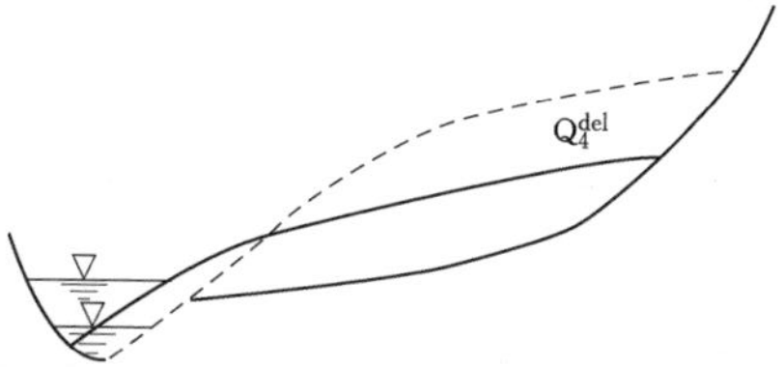
		新生滑坡ⅡD－2 松散覆盖层滑坡ⅡD－2－1	水库岸坡上覆盖层堆积体，在库水等作用下沿着破坏面发生滑移破坏。多见于坡形较陡崩坡积堆积体中。按破坏面的分布深度可分为：覆盖层表层滑坡、覆盖层深层滑坡（左图）、沿基覆界面滑坡（右图）等	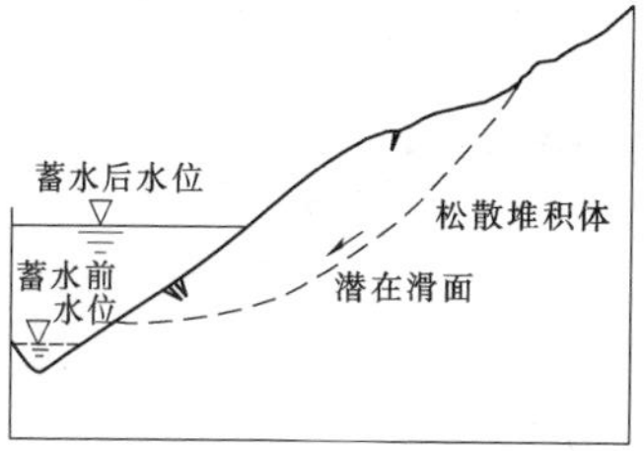 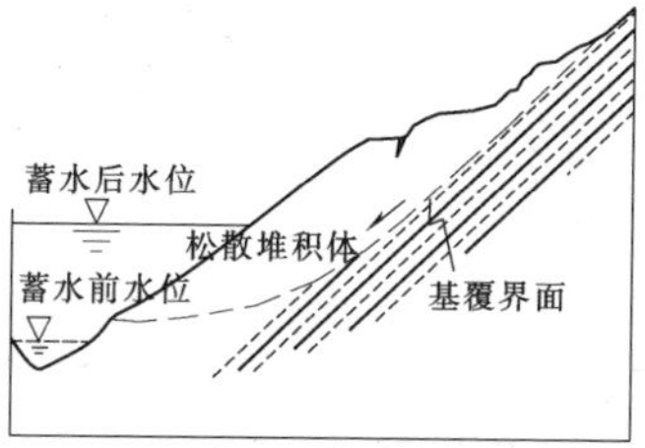
		新生滑坡ⅡD－2 表层胶结的覆盖层滑坡ⅡD－2－2	在某些易溶岩（如石灰岩）地层构成的山体坡脚下，覆盖层表层有时会分布胶结盖层。在库水等作用下，胶结盖层突然破坏而导致覆盖层突发滑移失稳（覆盖层的破坏面一般接近其天然休止角）。极易引起灾害事件	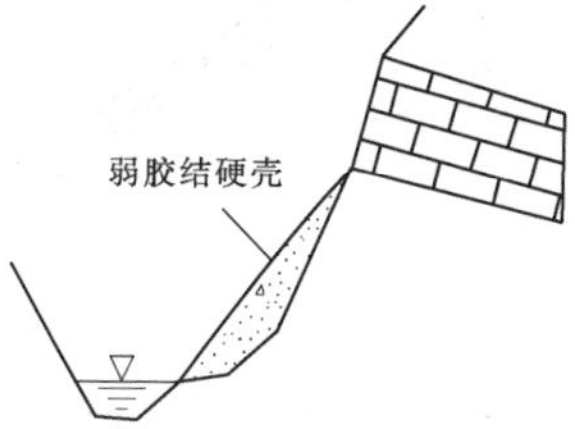 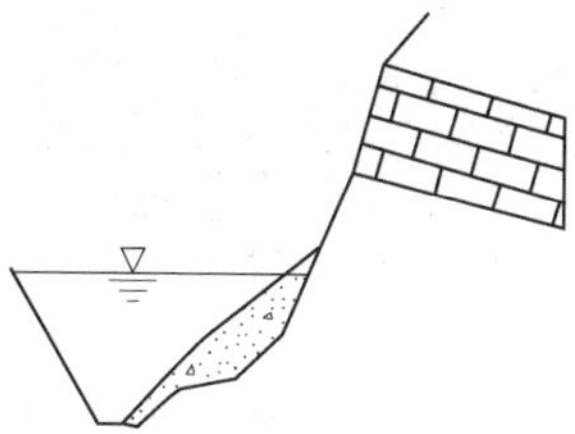

续表

演化阶段	失稳模式			主要特征	图示	
破坏Ⅱ	滑坡 ⅡD	新生 滑坡 ⅡD－2	基岩 滑坡 ⅡD－2－3	基岩岸坡在库水等因素作用下，沿软弱岩带或特定结构面组合发生滑移失稳。按滑面形态可分为平直滑面型（左图）和弧形滑面型（右图）	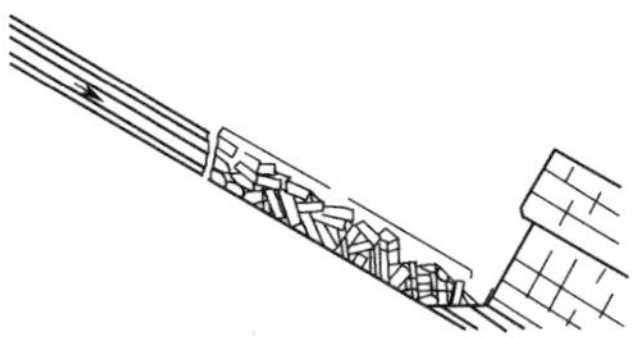	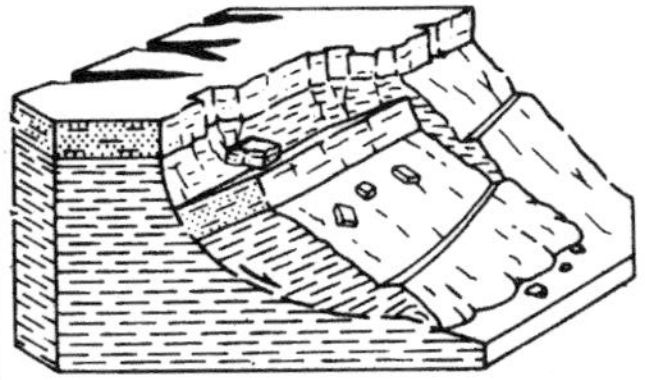
破坏Ⅱ	扩离ⅡE			岸坡岩土体因下伏平缓产状的软弱层塑性破坏或流动引起的破坏，软弱层上覆岩土体或作整体或被解体为系列块体，向坡前临空方向“漂移”。下伏塑性流动状态的软岩可因块体自重压缩而被挤入被解体的块体之间，造成块体“东倒西歪”，这是它区别于一般滑坡的重要特征	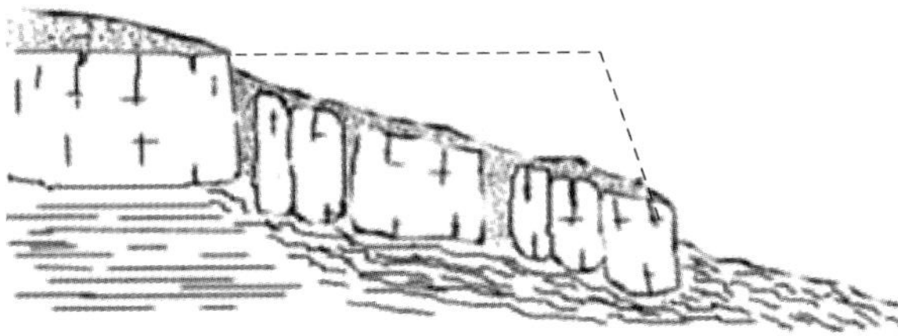	
	塌陷ⅡF			在库水等作用下，天然或人为开采形成的地下空洞发生塌陷引起的地表变形破坏	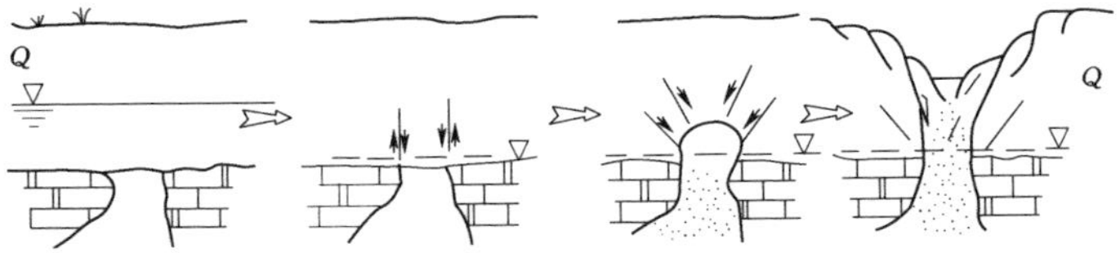	
	流土ⅡG			在库水等作用下岸坡土体吸水饱和后，在重力作用下沿坡向下发生的塑性流动变形现象，一般规模较小	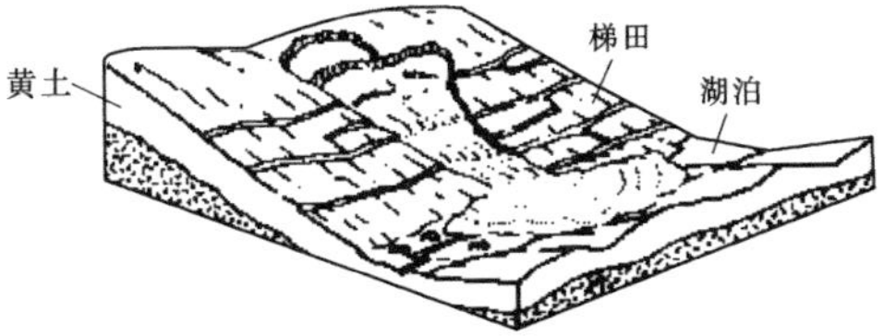 土溜（流）	

表 5.23　　　　　　　　　　　　库岸变形破坏模式与演化类型对照

演化阶段	变形破坏模式			演化速度	演化类型
变形Ⅰ	拉裂Ⅰ-1			慢速	渐变型
	弯曲Ⅰ-2				
	蠕变Ⅰ-3				
	塑流Ⅰ-4				
	沉降Ⅰ-5				
破坏Ⅱ	冲蚀磨蚀ⅡA			慢速	渐变型
	崩塌ⅡB			快速	灾变型
	塌岸ⅡC			快速	灾变型
	滑坡ⅡD	滑坡复活ⅡD-1	局部复活 ⅡD-1-1	慢速或快速	渐变型或灾变型
			整体复活 ⅡD-1-2	慢速或快速	渐变型或灾变型
		新生滑坡ⅡD-2	松散覆盖层滑坡 ⅡD-2-1	慢速或快速	渐变型或灾变型
			表层胶结的覆盖层滑坡 ⅡD-2-2	以快速为主	以灾变型为主
			基岩滑坡 ⅡD-2-3	慢速或快速	渐变型或灾变型
	扩离ⅡE			慢速	渐变型
	塌陷ⅡF			以快速为主	以灾变型为主
	流土ⅡG			慢速或快速	渐变型或灾变型

2）灾变可能性分析：①灾变条件判断。在无变形迹象、监测资料时，可从斜坡灾变的约束（利滑）机制、诱发因素、能量储存状况及运动型式等方面进行判断。②定性评价。基于宏观迹象或异常变形现场，可对塌岸灾变的可能性做出定性评价（表 5.4、表5.5）；③定量判断。根据位移监测曲线相对切线角或位移速率可对塌岸灾变做出评价（表5.9）。

3）灾变影响评价：①影响范围。直接影响范围可采用水库影响区界定资料；间接影响范围或威胁范围可采用分析方法确定（滑坡涌浪、堰塞范围分析）。②影响对象。影响范围内的承灾体。③影响程度。通过易损性分析确定。

4）灾变危害程度评价：①灾变危害程度是由灾变可能性和灾变影响联合决定的，可通过风险计算或定性估计来确定。②风险计算。财产风险与生命风险计算公式分别见式（5.16）和式（5.17）。③定性估计。采用矩阵法评价，见表 5.18～表 5.21。

5）灾变预警：①时空范围。空间范围与直接影响范围、间接影响范围相对应；②预警等级。分为警示、警戒、警报三级（表 5.24）；灾变预警均为临滑预警，暂未考虑时间因素，但塌岸灾变多与库水位升降有关，因此在这些阶段应加强分析，及时开展塌岸灾变调查分析与预警。③防治对策。对应预警等级可分别采取警示提醒、警戒管制、搬迁避让等措施（表 5.24）；应视具体影响对象重要性以及社会承受力等综合确定。

表 5.24   塌岸灾变预警方案表

风险等级	四级		三级	二级	一级
危害程度	轻微的	较轻的	中度的	重大的	灾难性的
预警等级	警示		警戒	警报	
对策措施	提醒		管制	避让	

5.4 典型工程应用

5.4.1 工程简介

　　干海子滑坡是溪洛渡水电站库区近坝库段的一个大型古滑坡，位于金沙江右岸云南省永善县务基镇白胜村，距坝河道里程 13.4 ～14.3km。

　　干海子滑坡体（图 5.19）后缘为干海子平台，高程 640.00～650.00m，长约 600m，宽 200～300m，总体以 3°～5°倾角向坡内反倾。平台下游侧有大量唐家湾座滑体的阳新灰岩孤块石分布；平台前缘临江斜坡较陡，坡度总体为 35°～40°，斜坡中部发育有"垮堵湾"次级滑坡。滑坡前缘堆积至金沙江右岸江边的漫滩上，高程约 390.00～400.00m（图 5.20）。滑坡体纵向长 850m，宽 750m，一般厚 55.66～166.04m，体积 4760 万 m³，滑坡形成是的主滑方向为 N25°W。

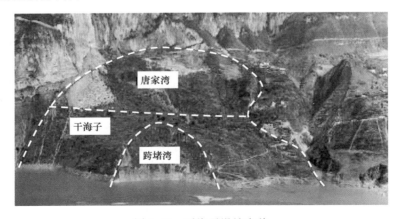

图 5.19 　干海子滑坡全貌

　　干海子滑坡为志留系软弱地层控制的切层基岩滑坡，其上的唐家湾座落体堆积于后缘滑坡缓台上，前缘在金沙江水流作用下局部失稳形成垮堵湾（图 5.20）。滑坡堆积体为基岩解体后形成的块碎石层。该滑坡滑带较平缓，倾坡外，高程 490.00m 以上倾角 5°～8°，长约 650m；高程 490.00m 以下倾角 17°～21°。滑带厚约 0.5～2.30m，由角砾、岩屑夹泥组成，原岩为志留系的泥页岩；下伏滑床基岩为志留系下统龙马溪组的泥页岩及粉砂岩。

　　溪洛渡水电站正常蓄水位为高程 600.00m，汛前限制水位高程 560.00m，死水位高程 540.00m。2013 年 5 月 4 日下闸蓄水，2014 年 9 月 28 日水库蓄水至 600.00m 正常蓄

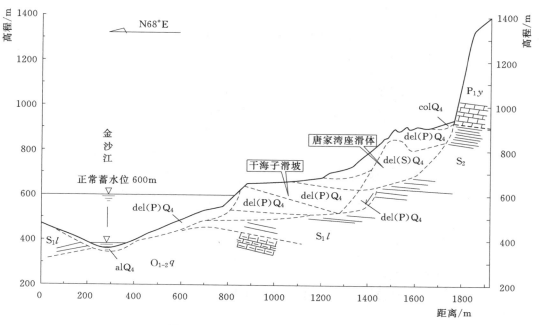

图 5.20　干海子滑坡工程地质剖面图

水位。水库蓄水过程中，干海子滑坡堆积体前缘出现变形拉裂。

5.4.2　变形破坏特征

（1）宏观特征。

蓄水前，干海子滑坡体（含唐家湾座滑体）未见整体变形迹象，前缘垮堵湾浅层因江水冲刷而发生局部的表层牵引变形。其他部位未见因滑坡堆积体变形引起的宏观变形迹象。

水库运行过程中，干海子滑坡堆积体前缘的垮堵湾临江部位发生局部垮塌。随着库水位变化，垮塌范围有所扩展，但总体范围较小：首次蓄水至高程 540.00m、560.00m 时，垮塌高度一般 30m 左右，局部可达 50m［图 5.21（a）］；蓄水至高程 580.00m 时，前缘垮塌范围明显扩大，垮堵湾的上下游凸向金沙江的尖嘴部位变形开裂、下座明显［图

（a）水位高程 540.00m

（b）水位高程 580.00m

图 5.21　前缘垮塌迹象

5.21（b）］；蓄水至高程 600.00m，垮堵湾部位坍岸高度增加至高程 630.00m，上下游凸向金沙江的尖嘴部位变形开裂、下座明显，已形成圈椅状裂缝（图 5.21）；水位下降至高程 560.00m 时，前缘垮塌较水位 600.00m 时无明显变化。

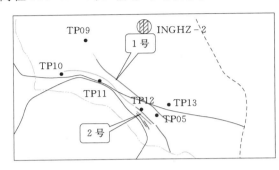

图 5.22　运行过程中滑坡裂缝分布及扩展图

伴随着垮堵湾垮塌的同时，干海子高程 650.00m 缓台前缘靠近垮堵湾附近（距离 30～50m）出现拉裂缝，且有所扩展（图 5.22），最终裂缝长度达 250～270m；裂缝展布与前缘垮堵湾临空方向一致，大致平行金沙江。1 号裂缝距离缓台前缘约 50m，主要出现在蓄水至高程 540.00m 阶段，蓄水至高程 560.00m 向下游略有扩展，往后则无明显变化；2 号裂缝距离缓台前缘约 30m，蓄水至高程 540.00m 阶段主要分布在上游局部，蓄水至高程 560.00m 时，向下游扩展明显，以后又向上游有所扩展。不同阶段裂缝宽度则无显著增大，1 号裂缝宽度一般 25～30cm；2 号裂缝宽度约 13～15cm。

（2）监测资料。

在干海子滑坡体的重点部位布置了 10 个外观变形观测墩，水库高程 580.00m 蓄水期间，为加强对滑坡体前缘变形情况的监测，增加了 3 个外观变形观测墩，监测成果如下。

水平合位移方向：各测点水平位移矢量方向为 N52°～79°W，且不同阶段基本稳定，反映出干海子滑坡体的变形方向指向金沙江河谷，而不是滑坡形成时期的原主滑方向（N25°W），说明水库运行是引起堆积体变形的主导因素。

累积位移：截至 2015 年 5 月 6 日，各测点 X 方向（上下游）的最大累积位移变化量为 604.9mm（TP5）；Y 方向（左右岸）的最大累积位移变化量为 917.25mm（TP10）；Z 方向（竖直向）的最大累积位移变化量为 679.3mm（TP5）。

水平位移累计量和沉降量的变化规律：①前缘变形明显大于中后部——滑坡体前缘"垮堵湾"附近（TP5、TP10）的累计位移量明显大于滑坡体主体部位、后缘；②前缘变形与水库运行密切相关——前缘位移量在库水位变化（上升或下降）期间的增量较其余时段大，位移量变化与水位变化相关性较明显；中后部位移量变化与水位变化之间的相关性不明显（图 5.23）；③前缘部位，在蓄水初期以及初次水位变化期间往往会发生较大变形；前缘点蓄水初期的变形量较大，占变形量的 1/3 左右。

日位移速率：指向河谷水平方向位移——前缘已发生裂缝的部位平均变形速率约 0.69～3.25mm/d，最大可达 7.2mm/d；而干海子滑坡主体及后缘平均变形速率 0.38～0.92mm/d，最大 1.49mm/d。沉降变形——滑坡前缘平均 0.87～1.68mm/d，最大 2.12mm/d；其余测点平均沉降速率一般 0.2～0.4mm/d。水平位移速率和沉降速率的变化规律：①水平位移速率和沉降速率最大值基本上都出现在水库蓄水初期（图 5.24）；②库水位相同时段，前缘位移速率普遍大于后缘；③库水位变化期间，坡体（尤其是坡体前缘）的变形速率一般较大。

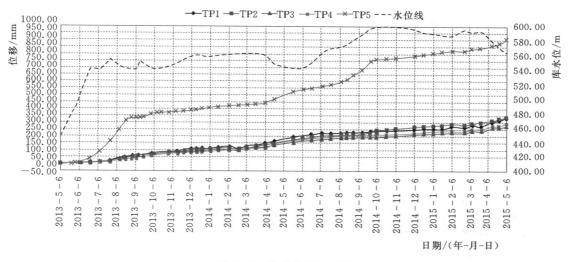

图 5.23　地表位移监测图

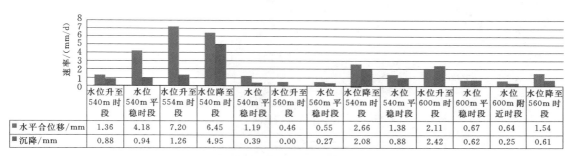

图 5.24　TP5 日平均位移速率变化图

由滑坡堆积体的前缘垮塌现象、宏观变形迹象、变形监测资料可以看出，水库运行期间，受库水位升降扰动，干海子滑坡堆积体出现了一定响应——即垮塌、变形等。并呈现如下特点：

1）垮堵湾外侧迎水面因地形较陡，发生局部垮塌；水库运行过程中，垮塌范围有所扩大，但未达到高程 650.00m 缓台。

2）滑坡堆积体发生变形响应，水平位移总体方向指向临空方向（金沙江），而不是干海子滑坡的原滑动方向，反映出变形主要受水库运行影响。

3）变形主要集中在缓台前缘约 50m 范围内（1 号裂缝外侧），与库水位变化相关性明显，以里则变形量少且与库水位变化无明显相关性。

4）水库运行期，高程 650.00m 缓台前缘的 1 号、2 号拉裂缝长度有所扩展，反映出堆积体前缘有逐步解体可能；根据堆积体成因与物质组成分析，失稳方式以逐步解体、坍塌为主，不太可能出现一次性剧滑。

5）在蓄水初期以及初次水位变化期间往往会发生较大变形，其他阶段变形量及变形速率减小明显。

207

5.4.3 灾变模式

岸坡结构：古滑坡堆积体。

可能的破坏模式有：整体复活、局部复核或坍岸。经不同运行水位、不同工况下，极限平衡计算表明（图5.25），蓄水与暴雨工况下，干海子滑坡堆积体整体稳定性系数为1.14～1.15，基本稳定一稳定；拉裂缝以外，稳定性系数1.02，处于临界滑动阶段，欠稳定。

破坏模式：综合宏观变形迹象、监测资料以及计算分析成果，干海子滑坡的破坏模式为局部复活。

5.4.4 灾变可能性

（1）宏观判断。通过对潜在破坏坡体及其破坏面形态、地表变形迹象等，可对其灾变可能性做出宏观判断。

干海子滑坡堆积体（图5.20）主体厚度在160～200m，主滑带平缓（角度5°～8°）、长度大（约650m），前后缘高差约160m（后缘唐家湾座滑体与前缘剪出口的高差在365m

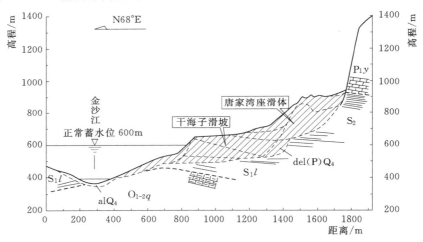

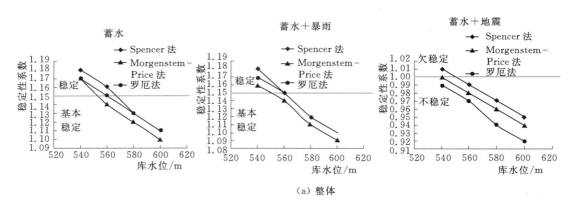

（a）整体

图5.25（一） 滑坡稳定性分析模型与成果

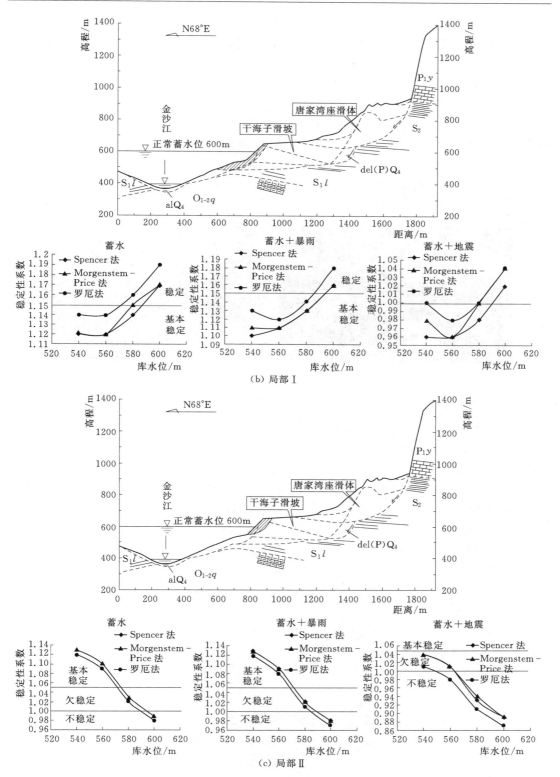

图 5.25（二）　滑坡稳定性分析模型与成果

左右，但其主要堆积在相对单独的滑床上，对干海子滑坡堆积体的加载作用相对有限）。可见，干海子滑坡堆积体主体堆积厚度较大，但滑带缓、长度大，滑坡堆积体整体复活且突发失稳的可能性低。

拉裂缝以外的坡体存在局部垮塌的可能性，综合滑坡体前缘堆积体形态，可确定可能的剪出口为高程 490.00m、高程 550.00m［图 5.26（a）、（b）］。其中剪出口高程 550.00m 时，外侧坡面角度 45°，滑面形态为弧形，突发失稳的可能性较大；但考虑到滑坡堆积体结构松散，一次性整体滑塌的可能性较低。剪出口高程 490.00m 时，高程 550.00m 以上坡面角度 45°、以下 20°，滑面形态为折线形，且前段约 100m 近水平，为阻滑段。相比剪出口高程 550.00m 而言，突发破坏的可能性低，稳定性计算成果也反映出类似规律。

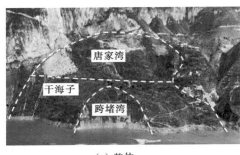

(a) 整体   (b) 上游侧

图 5.26 滑坡主要裂缝展布

水库运行过程中，干海子滑坡堆积体前缘垮堵湾部位局部发生垮塌。高程 650.00m 缓台外侧（据台缘 50m 左右）出现两条拉裂缝（图 5.26）。根据两条主要拉裂缝的展布特征可知：截至 2015 年 5 月，主要变形部位的后缘拉裂缝发育完备，上下游侧边界有逐渐贯通的趋势（图 5.27）。堆积体主体则未见明显的宏观变形迹象。

据此判断，干海子滑坡堆积体整体发生破坏的可能性低，拉裂缝以外坡体发生破坏的可能性为中等。

（2）定量评价。由图 5.28 可见，不同阶段坡体前缘 TP05 点的最大平均位移 6.45～7.2mm/d，对应的相对切线角约 81°～82°，坡体前缘破坏的可能性中等；坡体中后部的 TP04 和 TP01 点的平均速率则低于 1.5mm/d，对应的相对切线角在 56°以下，坡体整体破坏的可能性低。

综合宏观变形迹象、位移速率与位移曲线相对切线角分析，干海子滑坡堆积体总体破坏的可能性小，前缘拉裂缝以外部位破坏的可能性中等。

5.4.5 灾变影响

（1）直接影响。

1）影响范围：堆积体前缘拉裂缝范围以外坡体（图 5.22）。

2）影响对象：可研阶段已经界定为影响区，现为荒地。偶有放牧人员、羊群出现在该区域。

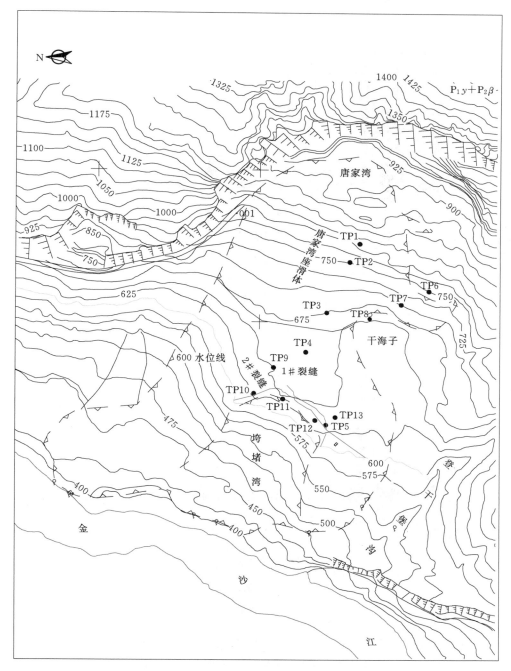

图 5.27　拉裂缝分布图

3）影响程度：一旦发生灾变破坏，对破坏坡体上出现的人员、羊群及建筑物等的影响将是灾难性的。

（2）间接影响。间接影响的范围、对象、程度等与坡体破坏后的运动特征密切相关，

典型测点各阶段水平向合位移变形速率对比

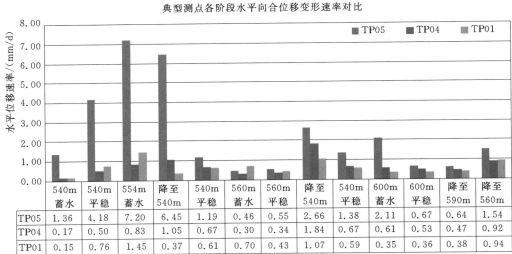

	540m 蓄水	540m 平稳	554m 蓄水	降至 540m	540m 平稳	560m 蓄水	560m 平稳	降至 540m	540m 平稳	600m 蓄水	600m 平稳	降至 590m	降至 560m
TP05	1.36	4.18	7.20	6.45	1.19	0.46	0.55	2.66	1.38	2.11	0.67	0.64	1.54
TP04	0.17	0.50	0.83	1.05	0.67	0.30	0.34	1.84	0.67	0.61	0.53	0.47	0.92
TP01	0.15	0.76	1.45	0.37	0.61	0.70	0.43	1.07	0.59	0.35	0.36	0.38	0.94

（a）水平位移

典型测点各阶段沉降变形速率对比

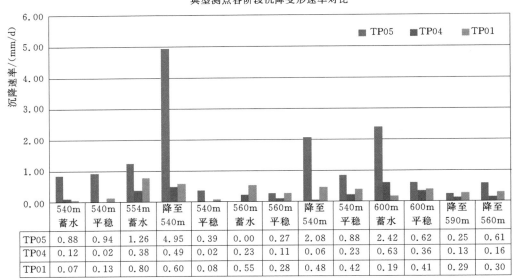

	540m 蓄水	540m 平稳	554m 蓄水	降至 540m	540m 平稳	560m 蓄水	560m 平稳	降至 540m	540m 平稳	600m 蓄水	600m 平稳	降至 590m	降至 560m
TP05	0.88	0.94	1.26	4.95	0.39	0.00	0.27	2.08	0.88	2.42	0.62	0.25	0.61
TP04	0.12	0.02	0.38	0.49	0.02	0.23	0.11	0.06	0.23	0.63	0.36	0.13	0.16
TP01	0.07	0.13	0.80	0.60	0.08	0.55	0.28	0.48	0.42	0.19	0.41	0.29	0.30

（b）沉降

图 5.28　运行期坡体变形速率

可通过破坏坡体与堆积区之间高差（势能）、流通区特征分析来综合确定。

根据典型工程地质剖面（图 5.20）可知：潜在的最远堆积区为金沙江河床，原始河床高程 360.00m，与局部破坏时剪出口的高差分别为 190m 与 130m；流通段岸坡的平均角度 20°、长度分别为 500m 与 300m；潜在的流通路径主要在库水位以下。考虑到拉裂缝以外坡体一次垮塌的体积不超过 40 万 m³，不可能堵江，因此重点分析涌浪引起的次生灾害。

1）涌浪计算成果：假定 1 号拉裂缝以外的坡体（体积约 40 万 m³）一次垮塌，进行涌浪预测。滑速计算采用美国土木工程师协会（ASCE）推荐方法，涌浪计算采用潘家铮法。根据剪出口高程不同，确定两种计算模式（图 5.29）：其中模式Ⅰ的剪出口高程 550.00m；模式Ⅱ的剪出口高程 490.00m。

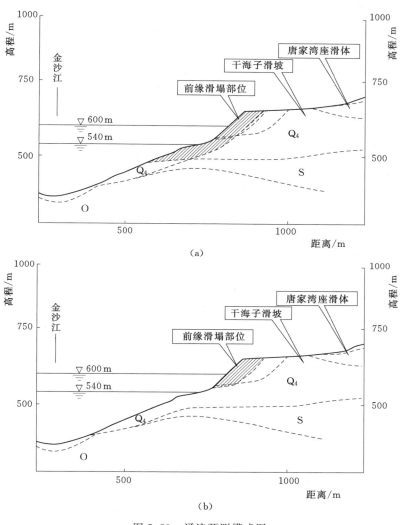

图 5.29　涌浪预测模式图

2）结果表明（表 5.25）：①干海子滑坡前缘一次性垮塌产生的涌浪传播至对岸的最大浪高不超过 11m，影响高程不超过 604.50m；②涌浪传播至坝址区的最大浪高不超过 3m，影响高程不超过 600.50m；③不同模式、水位下入水点的初始涌浪均较大，为 17～31m，达到对岸的最大浪高也有 4～11m，需加强干海子附近及对岸水边及水上管理、管制。

5.4.6　灾变危险性及预警

岸坡失稳后引发的地质灾害风险评价结果见表 5.26。由于岸坡上的居民已实施应急搬迁，不会产生直接危害；对库内行驶的船只在某期限内不易发生但有可能发生危险性事

表 5.25 涌 浪 分 析 成 果

计算模式	水位/m	滑速/(m/s)	涌浪高度/高程/m		
			本岸	对岸	坝址
I	540	3.91	17.31/557.13	10.95/550.95	2.90/542.90
	560、580、600	滑块重心位于库水位以下，不做计算			
II	540	17.98	19.01/559.01	3.80/543.80	0.39/540.39
	560	15.11	29.88/589.88	5.69/565.69	0.61/560.61
	580	11.90	30.80/610.80	5.68/585.68	0.63/580.63
	600	7.44	22.91/622.91	4.36/604.36	0.47/600.47

件，而严重度是危险的，属三级风险。大坝远离岸坡，几乎不可能发生危险性事件，严重度轻微，属四级风险；同样，耕地和左岸省道及附近居民也为四级。其他影响对象均为极少或不可能发生危险性事件，严重度是临界—轻微，属三级风险。预警等级以警示为主。

表 5.26 危害性评价及预警成果表

危害对象	严重度等级（S）	可能性等级（P）	风险评价指数	风险等级	预警及对策
岸坡上人员	II	D	10	三级	警示、提醒
耕地	IV	D	19	四级	警示
大坝	IV	E	20	四级	警示
船只	II	D	10	三级	警戒
对岸居民	IV	E	20	四级	警示

第6章 库岸防护研究

水电水利工程在水库蓄水后，库岸或多或少会发生塌岸、滑坡、浸没等变形破坏影响。部分库岸变形破坏需进行防护处理。水库库岸防护工程类型可划分为堤防工程、护岸工程和垫高防护工程等。库岸防护工程措施主要包括抗滑桩、挡土墙、护坡等。本章主要针对上述3种库岸防护工程措施进行阐述。

6.1 库岸防护措施及适宜性

6.1.1 工程措施

库岸防护工程设计思路主要包括削坡减载、反压、支挡、锚固、排水等。防护工程措施主要包括抗滑桩、挡土墙、护坡等。其中，每种防护工程措施根据具体结构型式、组合型式、受力状态和约束条件的不同，又可分成若干类型。

6.1.1.1 抗滑桩

抗滑桩是一种在滑坡整治中用于承受侧向荷载，防止滑坡体发生滑动变形和破坏的抗滑支挡结构。一般设置于滑坡的中前缘部位，大多数完全埋置于地下，有时露出地面。桩底须埋置在滑动面以下一定深度的稳定地层中。抗滑桩在水库库岸防护工程中应用较广，其优点如下：

（1）抗滑能力强，圬工数量小，在滑坡推力大、滑动带深的情况下，能够克服一般抗滑挡土墙难以处理的问题。

（2）桩位灵活，可以设在滑坡体中最有利于抗滑的部位，可以单独使用，也可与其他建筑物配合使用。

（3）配筋合理，可以沿桩长根据弯矩大小合理地布置钢筋，如钢筋混凝土抗滑桩，则优于管形桩、打入桩。

（4）施工方便，设备简单，采用混凝土或少筋混凝土护壁，安全可靠。

（5）间隔开挖桩孔，不易恶化滑坡状态，有利于抢修工程。

（6）通过开挖桩孔，可直接揭露校核地质情况，进而修正原设计方案，使其更符合实际地质条件。

（7）施工影响范围小，对外界干扰小。

对于抗滑桩类型划分，根据桩体的组合型式不同，可分为单桩、排架桩、刚架桩等；根据桩头的约束条件，可分为普通抗滑桩、锚拉抗滑桩、锚索抗滑桩等；根据桩的受力状态，可分为全埋式桩、悬臂桩和埋入式桩；根据桩身刚度与桩周岩土体强度对比及桩身变形，可分为刚性桩和弹性桩；根据成桩工艺可分为钻孔桩和人工挖孔桩；根据桩身截面形式可分为圆形桩、管桩、方形桩、矩形桩等；根据桩身材质，可分为木桩、钢管桩、钢筋混凝土桩等。

抗滑桩按桩身的制作方法可以分为灌注桩、预制桩和搅拌桩。

6.1.1.2　挡土墙

挡土墙是一种常见的挡土支护结构，在水库库岸防护工程中广泛使用，如塌岸、滑坡、护坡等治理工程。主要用其支承土体和其他散粒材料（砂砾石、破碎岩石等）的侧向压力，以防止土坡或不稳定岩体破碎和向下滑动。

库岸防护工程多在有水条件下应用，应用范围广泛和运用条件复杂。库岸防护工程不但具有一般挡土墙的挡土作用，而且还具有岸边连接、挡水、侧向防渗等多种功能，其在运用和构造上具有以下特点：

（1）在多种水位条件下运用。在墙前后各种特征水位作用下，其作用于墙身的静水压力、土压力、基底扬压力、地基应力等都不相同，要求在设计洪水、校核洪水、完建和正常运用等各种情况下都应满足稳定和结构的强度要求。

（2）浸水挡土墙及水流对挡土墙的作用。库岸防护工程多在有水条件下应用，挡土墙浸水后，所受的影响如下：

1）填土料浸水后，因受水的浮力作用，土的重度降低，主动土压力将减少。

2）砂性土的内摩擦角受水的影响不大，一般可以认为浸水后不变，但黏性土浸水后其强度指标将会降低，从而增加主动土压力。

3）浸水挡土墙墙背和墙面受到静水压力作用，当墙前后水位一致时，两者相互平衡，而不一致有水位差时，则墙身受静水压力差的推力作用，形成基底扬压力作用。

4）墙外水位骤降，或者墙后暴雨下渗，在墙后填料内出现渗流时，填料还将受到渗透动水压力作用。

（3）侧向防渗要求及回填土料。为满足底板和侧向抗渗稳定性的要求，要求基础底部和侧向有足够的防渗长度。在满足防渗长度要求以外的挡土墙可设排水孔，其后设反滤，用以增加抗渗稳定性和降低墙后水位，进而起到减少静水压力的作用。

（4）构造特点。库岸防护工程在构造上具有如下特点：

1）墙身临水面多采用直立面、墙背多采用俯斜（重力式挡土墙）或近于直立（悬臂式挡土墙）。

2）墙前底板支撑结构。挡土墙为满足过流、防冲防陶或防渗要求，墙前多设有混凝土、钢筋混凝土刚性底板，这些墙前支撑结构有利于挡土墙的抗滑稳定。

3）墙顶高程和基础埋深。应考虑岸边连接、墙前水位、风浪爬高、安全超高等条件加以确定。基础埋深要考虑地基岩性等条件加以确定。墙前无可靠的防冲设施，还应根据流速大小考虑冲刷深度。

挡土墙的类型划分方法较多，可按结构型式、建筑材料、施工方法及所处环境条件等进行划分。按断面的几何形状及其受力特点，常见的挡土墙型式可分为：重力式挡土墙、半重力式挡土墙、衡重式挡土墙、悬臂式挡土墙、扶壁式挡土墙、锚定板式挡土墙、加筋土挡土墙、板桩式及地下连续墙等；按材料可分为：木质挡土墙、砖砌石挡土墙、混凝土挡土墙及钢筋混凝土挡土墙等。

6.1.1.3　护坡

护坡是为防止库岸受水流冲刷、浪蚀、侵蚀等在坡面上所做的各种铺砌、加固和栽植的统称。护坡工程措施主要包括浆砌片石护坡、干砌片石护坡、护面墙、混凝土预制块护坡、框格梁护坡、钢筋混凝土格构、抛石护坡和植被护坡等。

库岸护坡工程多在有水条件下应用，应用范围广泛。库岸护坡工程在运用和构造上具有以下特点：

（1）在多种水位条件下运用，水位变化较大，受水流冲刷淘蚀影响。

（2）库岸防护工程在构造上具有如下特点：

1）基础结构。为满足过流、防冲防淘要求，底部基础多设有混凝土、钢筋混凝土刚性底板，这些底部基础结构有利于护坡结构的稳定。

2）护坡顶高程和基础埋深。应考虑岸边连接、库水位、风浪爬高、安全超高等条件加以确定。基础埋深要考虑地基岩性等条件加以确定。底部基础无可靠的防冲设施，还应根据流速大小考虑冲刷深度。

6.1.2　工程适宜性

6.1.2.1　抗滑桩

水库库岸防护工程中，常用的抗滑桩的基本型式如图 6.1。

其中，（a）全埋式抗滑桩和（b）悬臂式抗滑桩使用最多，其适宜于塌岸变形岸坡、地形较陡岸坡以及滑坡体。（c）埋入式抗滑桩，适宜于滑坡体较厚且较密实的地形地质条件，只要滑坡不会形成新滑动面从桩顶剪出，桩可以不做到地面以节省坼工。（d）承台式抗滑桩，为使两排桩协调受力和变形，在桩头用承台连接，这样可使桩间土与桩共同受力。（e）椅式抗滑桩、（f）排架式抗滑桩、（g）钢架式抗滑桩，实际上都是钢架桩，都能够发挥两桩的共同作用，从而减少桩的埋深和坼工，节省造价，只是施工稍为麻烦，尤其是排架桩中部横梁施工不便，实际应用中不多。（h）为锚索式抗滑桩，即在桩头或桩的上部加若干束锚索锚固于滑动面以下的稳定地层中，等于在桩体上增加了一个或几个横向支点或抗力，减小了桩的弯矩和剪力，从而减小桩身截面和埋深。

施工应用中，应根据滑坡体的类型、规模和地形地质条件，以及滑床的岩土体性状、施工条件和工期要求来选择具体的桩型。

6.1.2.2　挡土墙

挡土墙作为一种支护结构，其类型是多种多样的，其适用范围，取决于支护结构物所处的地形地质条件、水文条件、建筑材料、工程用途、施工方法、技术经济条件及工程所

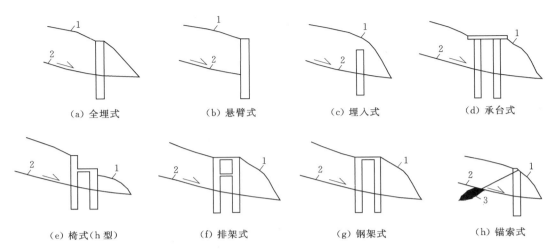

图 6.1　常用抗滑桩的基本型式

1—原地面；2—滑动面；3—锚索

在地的经验等因素。表 6.1 列出了各类常见挡土墙的特点及其适用性。

表 6.1　　　　　　　　　　　　常见挡土墙特点及其适用性

类型	结构型式示意	特点及适用性
重力式		1. 依靠墙自重承受土压力，保持平衡； 2. 一般用浆砌片石砌筑，缺乏石料地区或浸水地区可用混凝土； 3. 型式简单，取材容易，施工简便； 4. 当地基承载力低时，可在墙底设钢筋混凝土板，以减薄墙身，减少开挖量。 适用于墙高较低、地质条件较好的地区
半重力式		1. 采用混凝土灌注，在墙背设少量钢筋； 2. 墙趾展宽，或基底设置凸榫，以减薄墙身，节省圬工。 适宜于地基承载力较低，缺乏石料地区
衡重式		1. 利用衡重台上填土重和墙身自重维持稳定，地基应力分布均匀； 2. 材料用量上比重力式或半重力式少，基础开挖和回填方量少。 适宜于墙高较高，地基承载力较高，边坡陡峭空间小的地形地质条件
悬臂式	立臂 墙趾板　墙踵板	1. 采用钢筋混凝土，由立臂、墙趾板、墙踵板组成，断面尺寸小； 2. 墙过高，下部弯矩大，钢筋用量大。 适宜于石料缺乏，地基承载力低，浸水等地区

类型	结构型式示意	特点及适用性
扶壁式	扶臂 墙趾板 墙踵板	1. 由墙面板、墙趾板、墙踵板、扶壁组成； 2. 采用钢筋混凝土。 适宜于石料缺乏地区，墙高大于 6m，较悬臂式经济
锚定式	肋柱 锚杆 挡土板	由肋柱、挡土板、锚杆组成，靠锚杆的拉力保持墙体的稳定。 适宜于墙高大于 12m，为减少开挖量的挖方地区，以及石料缺乏地区
锚定板式	锚定板 拉杆	1. 结构特点与锚定式相似，区别在于拉杆的端部用锚定板固定于稳定区； 2. 填土压实时，杆易弯，产生次应力。 适宜于缺乏石料，大型填方工程
加筋土式	拉条	1. 由墙面板、拉条和填土组成，结构简单，施工方便； 2. 对地基承载力要求较低。 适宜于大型填方工程
板桩式	板桩	1. 深埋的桩柱间用挡土板挡住土体； 2. 可用钢筋混凝土桩、钢板桩、低墙或临时支撑可用木板桩； 3. 桩上端可自用，也可锚定。 适宜于墙高、土压力大，要求基础埋深，一般挡土墙无法满足的地形地质条件
地下连续墙	地下连续墙	1. 在地下挖狭长深槽内充满泥浆，浇筑水下钢筋混凝土墙； 2. 由地下墙段段组成，靠墙自身强度或靠横撑维持稳定。 适宜于大型地下开挖工程，较板状墙可得到更大的刚度、更大的深度

6.1.2.3 护坡

库岸护坡工程措施类型较多，主要包括浆砌片石护坡、干砌片石护坡、护面墙、混凝土预制块护坡、框格梁护坡、钢筋混凝土格构、抛石护坡、石笼护坡、土工袋护坡和植被护坡等。各类型的适用范围，取决于库岸所处的地形地质条件、水文条件、建筑材料、工程用途、施工方法及工程所在地的经验等因素。表 6.2 列出了各类常见护坡特点及其适用性。

表 6.2　　　　　　　　　　　　　常见护坡特点及其适用性

护坡类型	结构型式	适 宜 性		注意事项
		容许抗冲流速/(m/s)	地形地质条件	
浆砌片石护坡	厚 0.3～0.6m	4～8	主流冲刷及波浪作用强烈的库岸	有冻胀变形的岸坡，应设置垫层，有漂木、流冰时应当加厚
干砌片石护坡	单层干砌厚 0.25～0.35m 双层干砌厚：上层为 0.25～0.35m，下层为 0.25m	2～3	水流方向较平顺的库岸；不受主流冲刷的库岸边坡；无漂浮物的河段	应设置垫层
混凝土护面	厚 0.08～0.2m	4～8	主流冲刷及波浪作用强烈的库岸	有冻胀变形的岸坡，应设置垫层，有漂木、流冰时应当加厚
混凝土预制块护坡	预制块尺寸根据流速、波浪等计算，不宜小于 0.3m	4～8	水流方向较平顺，无严重局部冲刷的河段，已浸水的库岸	厚度不应小于预制块尺寸的 2 倍
抛石护坡	石块尺寸根据流速、波浪等计算，不宜小于 0.3m	8	水流方向较平顺，无严重局部冲刷的河段，已浸水的库岸	抛石厚度不应小于石块尺寸的 2 倍
石笼护坡	镀锌铁丝编制成箱型或圆形，笼内装石块	4～5	受洪水冲刷但无滚石的河段和大块石缺乏地区	
土工袋护坡	土工袋内可装一定细度模数的砂或砾石	1.5～2.5	水流方向较平顺的库岸；不受主流冲刷的库岸边坡	
植被护坡	铺草皮	1.2～1.8	水流方向与库岸近乎平行，不受各种洪水主流冲刷的浅滩地段的库岸防护	
	种植防水林、挂柳		有浅滩地段的冲刷库岸防护	

6.2　防护工程勘察与设计

6.2.1　勘察

6.2.1.1　抗滑桩

抗滑桩主要应用于滑坡治理工程中，抗滑桩的勘察离不开对滑坡体的宏观整体的勘察评价，抗滑桩的勘察则针对局部具体点位的勘察。本节结合滑坡的勘察，说明抗滑桩的勘察。

1. 地质调查测绘

滑坡地质调查测绘主要是调查滑坡的地形地貌、地层岩性、地质构造、水文地质条件及滑坡的变形迹象，判定滑坡的类型、性质、规模、范围、分区、分级、主滑方向，分析滑坡的形成条件和原因，目前的稳定状态和发展趋势。调查测绘是最重要、最基础的工作，通过这项工作可达到对滑坡基本定性认识，并提出进一步勘探方案。

踏勘阶段地形图的比例尺为1：5000～1：10000，详细勘察的地形图的比例尺为1：500～1：2000，断面图主要为每一滑动条块主滑断面的纵断面和与其垂直的横断面，比例尺为1：200～1：1000。地形图的范围横向应超过滑坡两侧100～200m，纵向应下至河（沟）底或开挖基面，向上应至滑坡可能发展范围以外或至稳定地层。图上应反映出滑坡的微地貌特征，如滑坡周界、裂缝、陡坎、洼地、平台、鼓丘、水塘、泉水、湿地和基岩露头等。

2. 勘察布置原则和技术要求

（1）勘探线布置：

1）勘探前应依据地表出露的边界结构面产状、滑坡范围内裂缝走向、分布特征等，进行剖面制图分析，推测可能的剖面形态，按最关键部位和最有利的角度布置勘探，查明、验证控制性边界。

2）勘探线的多少应根据勘察阶段的不同而有区别，踏勘阶段以物探和坑槽（井）探为主，预可行性研究阶段以地面调查为主，一般布置少量勘探；可研设计阶段布置较多勘探，勘探点要基本能控制平面和深部关键结构面。

3）结合防治方案布置。如采取抗滑桩治理方案，对抗滑桩的桩位布置勘探点。可沿抗滑桩轴线布置勘探剖面。

4）勘探线上钻探和坑、槽探点间距宜为50～100m，主勘探线上不能少于3个勘探点，其中，稳定性分析的块体内至少有3个勘探点。

5）勘探点应布置在重点勘察的部位，勘探点应限制在勘探线范围内，由于地质或其他原因偏离勘探线的，宜控制在10m范围内，对于必须查明的重大地质问题，可以单独布置勘探点而不受勘探线的限制。

6）主勘探线应布在关键部位，主勘探线是滑体最厚、最长，滑距最远，滑坡推力最大的断面，从滑壁最高点经滑体最高点与滑坡舌尖的连线，可以是直线，也可以是折线，纵贯整个坡体。主勘探线应满足主剖面图绘制、试验及稳定性评价的要求，宜布置适当的钻探、井探、槽探、洞探，大型以上规模的应保证控制性井探、硐探的数量。大型滑坡在主轴断面两侧布置平行主滑方向的辅助断面，以及与主滑方向大致垂直的横断面。主轴断面起点（滑坡后缘以上）应在稳定岩土体范围内20～50m。后缘边界以外稳定岩（土）体上至少有1个勘探点（图6.2）。复杂滑坡和多级滑坡应适当加密钻孔，以控制滑面形态的变化和剪出口的位置。在滑坡范围以外应有钻孔以便与滑坡地层相对比。

7）物探勘探线的布设仍以每一滑坡的主轴断面为主，平行和垂直主轴线布置若干条勘探线覆盖整个滑坡区。勘探线间距30m～50m，大型滑坡可适当增大。

（2）勘探深度。

钻孔深度应穿过最深一层滑动面进入稳定地层30m以上或抗滑桩底部。在滑坡的中前部应有1～2孔钻至当地最低侵蚀基准面（河沟底）或开挖面以下20～30m以避免漏掉最深层滑动面。若为堆积层滑坡，钻孔深入基岩的深度不小于当地所见大孤石直径的1.5

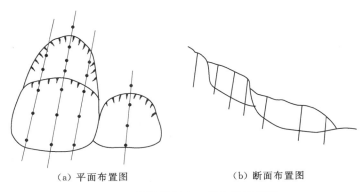

(a) 平面布置图　　　　　　　(b) 断面布置图

图 6.2　滑坡勘探点、线布置示意图

倍，以免把孤石误判为基岩。

3. 滑坡勘探的技术要求

（1）大型滑坡必要时布置平洞勘探，对查明滑面位置、性状、取样、试验都有利。滑坡控制性边界结构面性状的勘探查明，远比其位置的查明重要。侧滑面、底滑面的宽度、充填物（滑带土）的性状（物质成分、状态等）、夹泥与否及其连续性、滑面的起伏状况等是整体稳定性的关键控制因素。由于钻孔勘探的扰动作用、取样的难度等的影响，滑面性状勘探时钻孔勘探的效果一般较差。洞探不仅能直观地看到滑面处滑带物质性状、上下盘岩体的完整或破碎情况，而且能准确量测滑面产状、伴随的张剪、压剪、张拉等多种类型的变形伴生现象，为形成机制、失稳趋势的分析论证提供重要的依据。钻孔取样很难保证样品的原位性或原状性。取样应立足于勘探洞中取样。重要的滑坡、变形体控制界面上往往需要进行现场抗剪等试验，只能在探洞中进行，同时可以较方便地进行各种物探测试。

（2）勘探点间距应根据地质条件确定，当遇有软弱夹层或不利结构面时，应适当加密，勘探孔深度应穿过潜在滑动面并深入稳定层30m以上，除常规钻探外，可根据需要，采用洞探、坑槽探、探井及斜孔。

（3）施钻方法以容易发现软弱层和含水层，尽可能保持地层原状结构和提取足够的原状岩芯为原则。不应采用开水正循环钻进方法，因为它会冲掉薄的软弱夹层，且查不清地下水的分布。建议采用无泵反循环钻进，亦可采用风冷双筒岩芯管钻井。为少扰动岩芯，每回次进尺不超过0.3m，岩芯采取率不低于85%。

（4）钻进中应记录孔内异常情况，如缩孔、掉块、卡钻、漏水、套管变形、钻速快慢等，并标明位置，因为这些是可能的滑带位置。

（5）钻进中应分层封水，查明各层水的初见和稳定水位、含水层的位置和厚度，对出水量较大的含水层，特别是作用于滑动带的含水层应进行抽（或提）水试验，测定其涌水量，并配合物探测定其流向和流速，必要时作水力联系试验。

（6）应在现场逐层测定岩土的天然容重和含水量，点绘含水量随深度的变化曲线，有助于滑面的确定。

（7）岩芯鉴定中应特别注意各种裂面上有无擦痕。注意构造擦痕与滑坡擦痕的区分：前者较粗大，有刻痕，各条擦痕的长短、深浅、宽窄有差异，可出现在较坚硬的岩石上；后者细而密，深浅及分布均匀，多出现在软弱地层中，表面光滑。应保留滑面岩芯。

（8）钻孔中地下水观测，钻孔中发现地下水应分层测定初见水位和稳定水位，必要时作为水文观测，测定其随季节的变化。做不到分层测定时，也必须对混合水位进行测定，结合岩芯判定含水层的位置和厚度。井、孔中水温测量需采用缓变温度计。地下水观测同时应分析地下水与当地构造线和含水断裂带的关系，并与降水观测相结合，分析其补给来源。

（9）水文地质试验，滑坡区一般不采用注水试验和压水试验，以免影响滑坡的稳定。由于滑坡区地下水量不大，常不能满足抽水要求，故多采用提水试验。各孔的涌水量测定应分层封水，分层提水测定。水力联系的试验往往在终孔后对主要含水层进行。应注意滑坡地下水分布的规律性差，试验有时得不到理想结果，应作综合分析。

（10）对出露地表的泉水要测定其流量、水温的变化，对钻孔和探井中的地下水要进行抽（提）水试验测定其涌水量及水位、水温的变化。同时采集水样进行化学分析。

4. 岩土试验

滑坡岩土试验主要针对滑带土的物理力学性质研究。试验方法包括室内试验和原位试验，具体方法可参照有关规范和手册。滑体和滑带土的物理力学参数对计算滑坡的稳定性至关重要，其物理力学指标主要包括比重、天然容重、饱水容重、泊松比、天然含水量、饱和含水量，液限、塑限、塑性指数、颗粒组成，以及天然和饱和状态下的黏聚力和内摩擦角。

6.2.1.2　挡土墙

挡土墙主要应用于边坡治理工程中，在库岸防护工程中，针对挡土墙的勘察离不开对库岸边坡的宏观整体的勘察评价，挡土墙方案的勘察则主要针对其地基的地质条件和稳定性进行勘察评价。本节对库岸边坡的勘察不再说明，主要对库岸防护工程中挡土墙方案的具体勘察进行描述。

挡土墙工程的主要勘察内容：

（1）勘察挡土墙地基土的类型、比重、天然容重、饱和容重、密实度、泊松比、天然含水量、饱和含水量、液塑限、黏聚力、内摩擦角等。

（2）勘察挡土墙地基范围内特殊土的分布和性状。

（3）勘探点的布置应根据相关规程规范进行确定，勘探深度应该根据承载力、沉降、滑塌等可能影响的范围确定，确定抗剪强度参数的范围深度约为 $1.5H$（H 为从基础底面至墙背填土顶面的高度），而求沉降参数的深度范围宜为 $3.0H$，如果遇到软弱地层或可能发生滑塌破坏尚须扩大调查范围。

（4）勘察挡土墙地基土的承载能力和变形参数，确定基础与地基土间的基底摩阻系数。

（5）勘察地基土体和水的腐蚀性。

（6）当挡土墙浸水时，勘察库水和洪水流量、水位、水深、流速、冲刷等。

（7）勘察挡土墙工程所需的天然建筑材料的地质储量和质量，运距和开采条件等。

（8）勘察挡土墙的施工条件。

6.2.1.3　护坡

1. 护坡工程的主要勘察内容

（1）勘察防护区地形地貌单元与微地貌类型、特征；附近埋藏的古河道、古冲沟、渊、潭、塘等的性状、位置、分布范围。

（2）勘察防护区第四纪沉积物的分布、厚度、层次结构、物质组成、成因类型等，特别是防护工程范围内的地质结构，湿陷性黄土、软土、膨胀土、分散性土、粉细砂等的分布范围。

（3）勘察基岩的地层岩性、结构面发育特征、断层破碎带、裂隙密集带的产状、规模、充填与胶结情况，岩土接触面的起伏变化情况等。

（4）勘察物理地质现象的发育特征；岩体风化卸荷；查明易风化、易软化岩层的分布；岩溶发育特征。

（5）勘察岩土体的渗透特征、地下水类型、补排关系，

（6）勘察地表水、地下水和土体的腐蚀性。

（7）勘察各岩土层的物理力学性质。

（8）勘察天然建筑材料的地质储量和质量。

2. 勘察方法

（1）工程地质测绘应符合下列规定：

1）护岸工程地质测绘宽度宜为堤线或岸线两侧各 100～200m；当遇特殊地质现象时，可根据需要扩大。

2）工程地质测绘比例尺宜采用 1：1000～1：2000。

（2）勘探布置应符合下列规定：

1）勘探纵剖面宜沿选定方案轴线布置。勘探点间距宜为 500～200m，地质条件复杂地段应适当加密勘探点。

2）横剖面宜垂直纵剖面布置，间距宜为轴线纵剖面上勘探点间距的 1 倍，横剖面上勘探点间距宜为 20～100m，不宜少于 3 个勘探点。地质条件复杂或者地貌变化较大的地段应适当加密。

3）钻孔深度宜为基础高的 1.5～2.0 倍。

（3）现场测试及水文地质试验应符合下列要求：

1）应在覆盖层内开展标准贯入试验和动力触探试验。

2）宜在覆盖层内开展渗透试验、钻孔注水试验或抽水试验，在基岩内开展钻孔压水试验。

（4）岩土试验应符合下列规定：

1）岩土试验主要针对挡土墙地基的物理力学性质。试验方法包括室内试验和原位试验，具体方法可参照有关规范和手册。岩土体物理力学指标主要包括比重、天然容重、饱水容重、泊松比、天然含水量、饱和含水量，液限、塑限、塑性指数、颗粒组成，以及天然和饱和状态下的黏聚力和内摩擦角。

2）各主要土层累计有效试验组数不宜少于 6 组，各岩土层取样应具有代表性。

6.2.2　设计

6.2.2.1　抗滑桩

1. 抗滑桩设计的基本内容和一般要求

（1）基本内容：

1）确定抗滑桩由于滑坡体位移所承受的滑坡推力及弯矩值。

2）根据地质和施工条件，选取抗滑桩的型式，如采取机械成孔或人工挖孔，状体采用钢筋混凝土或钢材等。

3）确定抗滑桩的桩距，即选取合理的桩距，桩距过大，土体可能从桩间挤出，桩距过小，则桩数增加，投资增大，工期延长。

4）根据地质条件及滑坡推力确定抗滑桩截面尺寸、桩长，并对所选的抗滑桩进行内力、锚固深度计算，选择合适的锚固深度，锚固深度过浅，则桩容易被推倒、拔出或与滑动体一起滑动，过深则施工困难，工期较长。

5）进行桩体设计，即对抗滑桩进行配筋计算，确定配筋型式。

6）反算加抗滑桩后的边坡抗滑稳定安全系数，并对经抗滑桩处理后的边坡稳定性进行评价分析。

7）确定施工方案。

（2）一般要求：

1）坡体稳定。设桩后能够提供滑坡体的稳定性，抗滑稳定安全系数应达到规范要求；避免滑坡体不越过桩顶和不从桩间挤出；不产生新的深层滑动。

2）桩身稳定。桩身有足够的强度和稳定性。桩的断面和配筋合理，能满足桩身内力和变形的要求。

3）桩周稳定。桩周的地基抗力在容许范围内，抗滑桩及滑坡体的变形在容许范围内。

4）安全经济。抗滑桩的间距、尺寸、埋深等应适当，保证安全，方便施工，工程量最小。

5）环境协调。

2. 抗滑桩设计的一般步骤

（1）首先查清滑坡的原因、性质、范围、厚度，分析滑坡的稳定状态、发展趋势。

（2）根据滑坡地质剖面及滑动面处岩、土的抗剪强度指标，计算滑坡推力。

（3）根据地形、地质及施工条件等确定桩的型式、布设位置及范围。

（4）根据滑坡推力大小、地形及地质条件，拟定桩长、锚固深度、桩截面尺寸及桩间距。

（5）确定桩的计算宽度（限于圆桩），并根据滑坡体的地质条件，选定地基参数，如承载力，变形模型等。

（6）根据选定的地基参数及桩的截面型式、尺寸，计算桩的变形系数、计算锚固深度，据此判断按刚性桩或弹性桩来设计。

（7）根据桩底的边界条件采用相应的公式计算桩身各截面的变位、内力及侧壁应力等，并计算最大剪力、弯矩及其部位。

（8）校核地基强度。若桩身作用于地基的弹性应力超过或者小于地层的容许值较多时，则应调整桩的埋深、桩的截面尺寸或桩的间距。

（9）根据计算结果，绘制桩身的剪力和弯矩图，并进行配筋设计。

（10）确定施工方案。

6.2.2.2 挡土墙

1. 挡土墙设计的基本要求

为合理地设计挡土墙，应满足以下两项基本要求：

（1）合理选择挡土墙的结构型式。

挡土墙的结构型式应根据方案的总体布置要求、墙的高度、地形地质条件、当地材料和施工条件等经过技术经济比较确定。

（2）合理的断面设计。

为合理的断面设计，在挡土墙设计中，应考虑以下条件：

1）填土及地基强度指标的合理选取。

2）根据挡土墙的结构型式、填土性质、施工开挖边坡等条件选用合理的土压力计算公式。

3）根据正常运用、设计、校核、施工和建成等情况进行荷载计算和组合，并在稳定和强度验算中根据有关规范要求，确定合理的稳定和强度安全系数。

2. 挡土墙设计的基本内容

（1）挡土墙的稳定性验算。

挡土墙的稳定性验算包括以下内容：

1）抗滑稳定验算。

2）抗倾稳定验算。

3）地基应力验算和应力大小比或偏心距控制。

（2）挡土墙的结构设计。

对于混凝土、浆砌石挡土墙应进行截面压应力、拉应力及剪应力验算，对钢筋混凝土挡土墙各部分应进行强度验算和配筋计算。

（3）挡土墙的西部构造设计。

挡土墙的西部构造设计主要包括合理分缝及止水、排水设计等。

3. 挡土墙设计的一般步骤

挡土墙设计一般按以下步骤进行：

（1）收集有关设计必需的资料，如建筑物等级、设计标准、水位、地基及填土物理力学指标等。

（2）根据总体建筑物对岸坡连接、挡土、水流、防渗排水等要求进行平面和立面布置。

（3）挡土墙结构型式的选择。根据挡土墙的运用、布置、墙高、地基岩土层结构、当地材料及施工条件，通过技术经济比较后选择挡土墙的结构型式。

（4）选择典型部位的设计断面。库岸防护工程挡土墙不同部位其墙高、水位等条件不同，设计中通常在翼墙全长范围内选择几个有代表性断面进行设计。

（5）初拟断面尺寸。为进行挡土墙设计，首先应根据建筑物总体要求及水位、填土和地基强度指标等条件，参考已有工程经验，初拟断面轮廓尺寸及各部位结构尺寸。

（6）根据正常运行、设计、校核、施工及建成的各种情况分别进行外荷载计算，然后计算各种荷载组合情况下的水平力、垂直力及对前趾端点产生的力矩。

（7）挡土墙的稳定验算。根据上述计算结果，对各种设计情况分别进行抗滑、抗倾稳定和地基应力验算，要求稳定安全系数、地基应力等满足设计要求。如不能满足上述要求，应改变断面轮廓尺寸或采用增加稳定措施，重新进行稳定验算，直到满足要求为止。

（8）断面强度验算和配筋计算。

选择最不利的设计和荷载组合情况对各部分截面强度进行验算或配筋计算。

对混凝土、砌体结构挡土墙选择一、二截面进行强度验算，当不满足要求时应改变初拟尺寸重新进行稳定和强度验算。对钢筋混凝土挡土墙应对各部分进行结构内力计算，并选择控制截面进行强度验算和配筋计算，同时还要进行裂缝宽度验算。如初拟尺寸不满足要求，应改变局部结构尺寸，直到满足要求为止。由于钢筋混凝土挡土墙局部尺寸改变，对总体稳定性影响不大，故可不必重新进行稳定验算。

（9）细部结构设计。细部结构设计包括合理设置温度和沉降缝、止水、排水和反滤等设计。

6.2.2.3　护坡

1. 护坡的基本设计原则

库岸防护工程护坡设计一般分为直接防护、间接防护和改变河道。直接防护主要对库岸边坡进行护坡工程措施处理。间接防护为改变水流方向（改变冲刷部位），形成新的河轴线。

（1）在山区狭窄河谷地段的库岸边坡，宜优先考虑设置直接防护。

（2）在平原及山区的宽阔河床水流易改变方向的地段，为减低冲刷流速及改变冲刷部位，可采用间接防护。设计时应根据河道的演变规律和防护要求；规划好导治线，注意不使农田、村庄、道路和下游路基的冲刷加剧。

（3）冲刷防护工程应尽量减少侵占过流断面，以免加剧水流冲刷。遇有水流直冲，威胁建筑物安全时，除作好冲刷防护外，必要时可考虑局部改移河道。

（4）当防护地段很长，河道水流性质变化较大的地段，可采用不同的防护类型，合理布置进行设计，但应注意衔接平顺。

（5）冲刷防护工程应加强基础处理。基础冲刷深度可根据河流水文及河床地质条件进行计算，并应结合实际冲刷调查资料综合确定（可考虑为侵蚀基准面）。一般防护基础应埋置于冲刷深度以下不小于 1m，或嵌入基岩内。

（6）防护高度需考虑设计水位、壅水高度＋波浪侵蚀高度＋安全超高等。

2. 护面墙

护面墙包括实体式护面墙、孔窗式护面墙和拱式护面墙。

（1）实体式护面墙的厚度。

护面墙的厚度视墙高而定（见表 6.3）。一般采用厚度 0.4～0.6m。底宽 d 可按边坡地形坡度、墙的高度、坡体的含水量和基础允许承载力大小等条件来确定。一般情况，底宽 d 为顶宽 b 加墙高 H 的 $(1/10～1/20)$，即 $d=b+(1/10～1/20)H$。

表 6.3 护面墙的厚度参考值

护面墙高度 H/m	边坡坡比	护面墙厚度/m	
		顶宽 b	底宽 d
≤2	1：0.5	0.4	0.1
≤6	＞1：0.5	0.4	0.4＋H/10
6＜H≤10	1：0.5～1：0.75	0.4	0.4＋H/20
10＜H≤15	1：0.75～1：1	0.6	0.6＋H/20

（2）护面墙墙身坡度。

护面墙墙背坡度与边坡坡度一致。等截面护面墙墙面坡度 m 与墙背坡度 n 相同，而变截面护面墙墙面坡度 m 与墙背坡度 n 应满足 $n＝m+1/20$ （$n＝0.5$）或 $n＝m+1/10$ （$n＝0.5～0.75$）。

（3）沿墙身长度每隔 10m 应设置 2cm 宽的伸缩缝（或沉降缝）一道，用沥青麻（竹）筋填塞，深入 10～20cm，心部可空着。墙身设排水孔，孔口大小一般为 6cm×6cm 或 10cm×10cm 。在墙身下部或边坡渗水较多处，加密排水孔。排水孔的墙内端部，应用碎石和砂作为反滤层。

（4）护面墙的基础应设置于可靠的地基上。其埋置深度应在当地土壤的冰冻线以下 0.25m。其基础承载力应满足要求，如基岩的承载力不够，应采用适当的加强措施。个别软弱地段，可采用拱跨过。如所防护的挖方边坡岩石较完整时，拱内可以干砌片石填塞，作为排水孔。墙底一般做成倾斜的反坡。

（5）为了增加墙的稳定性，视断面上基岩的地质条件，每 5～10m 高为一级，并设不小于 1m 宽的平台，墙背每 3～6m 高设一耳墙，其宽 0.5～1.0m。对于防护松散层的护面墙，最好在夹层的底部土层中，留出宽度不小于 1.0m 的边坡平台，并进行加固，以增加护面墙的稳定性。

（6）孔窗式护面墙，库岸边坡坡度小于 1：0.75 时可以采用。孔窗通常为半圆拱形，高 2.5～3.5m，宽 2.0～3.0m，圆拱半径 1.0～1.5m。孔窗内采用干砌片石或捶面。

（7）拱式护面墙，库岸边坡下部岩层较完整而上部需要防护时采用。拱跨较大者（5m 以上）采用 C15 混凝土拱圈，拱圈厚度根据拱上护面墙的高度而定；当拱跨较小者，拱圈可采用 M10 浆砌片石，拱的高度视边坡下部完整岩层的高度而定。

3．干砌片石护坡

（1）凡库岸边坡因雨、雾冲刷，发生坡面水流、泥流，或有严重剥落的软质岩层边坡，可采用干砌片石防护。

（2）用于防护沿库岸受水流冲刷等有影响的部位。一般应用于边坡坡比为 1：1.5～1：2.0 的岸坡防护。

（3）干砌片石防护，一般有单层铺砌、双层铺砌和编格内铺石等几种形式，可根据具体情况选用。

（4）铺砌层的底部应设置垫层，垫层材料一般常用碎石、砾石或砂砾混合物等。垫层的作用为防止水流将铺石下面的坡体内的细颗粒土带出冲走；增加铺石防护的弹性。将冲蚀库岸的波浪、流水、流冰等的动压力，以及漂浮物的撞击压力，分布在较大面积上，从而增强对各种冲击力的抵抗作用，使其不宜损坏。垫层厚度一般为 $0.1～0.2m$。

（5）所用石料应是未风化的坚硬岩石，其重度一般不小于 $20kN/m^3$。

（6）护坡坡脚应修筑墼石铺砌式基础。一般情况下，基础埋置深度为 $1.5h$（h 为护坡厚度）。在基础较深时，可设计为石堆或 M5 浆砌片石基础。沿库岸受水流冲刷的基础，应埋置在冲刷线以下 $0.5～1.0m$ 处或采用石砌深基础。当不能将基础设置于冲刷线以下时，则必须采取适当措施。

（7）铺石护坡顶的高程，应为计算水位高程加壅水高度、波浪爬高和安全超高。

（8）如岸坡长期浸水，而又缺乏大石块时，可用编格内铺石防护。

4. 浆砌片石护坡

（1）库岸边坡缓于 $1:1$ 的土质边坡或岩石边坡的坡面采用干砌片石不适宜或效果不好的各种易风化的岩石边坡和土质边坡均可采用浆砌片石护坡。

（2）当水流流速较大，波浪作用较强，以及可能有流冰、漂浮物等冲击作用时，可采用浆砌片石防护并结合其他防护加固措施。

（3）浆砌片石防护与浸水挡土墙或护面墙等综合使用，以防护不同岩层和不同位置的边坡，可收到较好的效果。

（4）对于严重潮湿或严重冻害的土质边坡，在未进行排水措施前，则不宜采用浆砌防护。

（5）浆砌片石护坡的厚度一般为 $0.3～0.5m$，用于冲刷防护时，最小厚度一般不小于 $0.35m$，护坡底面应设置 $0.10～0.20m$ 后的碎石或砂砾石垫层。

（6）受水流冲刷的边坡的浆砌片石护坡基础埋置深度，应在冲刷线以下 $0.50～1.0m$，否则应有防止坡脚被冲刷的措施。

（7）浆砌片石护坡每段长 $10～15m$，应与护面墙一样设置伸缩缝，缝宽约 $2cm$，缝内塞填沥青麻筋或沥青木板等材料。在基底土质有变化处，还应设置沉降缝。可考虑将伸缩缝与沉降缝合并设置。

（8）护坡的中下部应设置排水孔，以排泄护坡背面的积水及减小渗透压力。排水孔的孔径，可用 $10cm×10cm$ 的矩形孔或直径为 $10cm$ 的圆形孔，其间距为 $2～3m$。排水孔后 $0.5m$ 的范围内应设置反滤层。

（9）填方边坡采用浆砌片石护坡，应在填土沉降完成或夯实后施工。

5. 混凝土预制块护坡

（1）在选择设计冲刷防护类型时，有些地区缺乏块、片石料，常采用混凝土预制块防护库岸边坡。它比浆砌片石护坡能抵抗较大的流速和波浪冲击，其容许流速在 $4～8m/s$ 以上，而容许波浪高可达 $2m$ 以上。它还能抵抗较强的冰压力。

（2）混凝土预制块护坡必须设置砂砾石或碎石垫层。

（3）混凝土预制块板，一般地区采用 C15 混凝土，在严寒地区可提高到 C20 混凝土。为了提高混凝土的耐久性和防渗性，应按不同水泥成分加入适量的增塑剂。

（4）混凝土块板可预制成边长不小于 $1m$，其最小厚度大于 $6cm$ 的不同大小的方块，也可预制成六边形，并配置一定的构造钢筋。相邻块间不联结，靠紧铺设即可，砌缝宽 $0.5～1.5cm$，并可沥青麻筋或沥青木板塞填。为了减小水流或波浪对预制块的冲击与上浮力，在预制块板内可留出整齐排列的孔眼，孔眼尺寸应小于靠近块板的垫层颗粒的粒径。

（5）混凝土板护坡下应按反滤层要求设置砂砾石或碎石垫层，其一般厚度为：干燥边坡厚度 10～15cm；较湿边坡采用 20～30cm；潮湿边坡采用 30～40cm。

（6）为增加边坡的稳定性，一般应在坡脚设置混凝土或浆砌石护脚。

6. 抛石护坡

（1）抛石护坡主要用于防护受水流冲刷和淘刷的边坡和坡脚，及挡土墙、护坡的基础等。

（2）抛石垛的边坡坡度，视水深、流速和波浪情况而定，不应陡于所抛石料浸水后的天然休止角。

（3）抛石边坡坡比见表 6.4。石料粒径一般不小于 0.3～0.5m。

表 6.4　　　　　　　　　　　　　　抛 石 边 坡 坡 比

水文条件	采用边坡坡比	水文条件	采用边坡坡比
水浅、流速较小	1:1.25～1:2	水深大于 6m，在急流中施工	缓于 1:2
渗水 2～6m，流速较大，波浪汹涌	1:2～1:3		

（4）在流速大、波浪高及水深大三种情况兼有时，应采用较大粒径的石块。抛石粒径与水深和流速关系见表 6.5。

表 6.5　　　　　　　　　　　抛石粒径与水深和流速关系

抛石粒径 /cm	水 深/m				
	0.4	1.0	2.0	3.0	5.0
	允许流速/(m/s)				
15	2.70	3.00	3.40	3.70	4.00
20	3.15	3.45	3.90	4.20	4.50
30	3.50	3.95	4.25	4.45	5.00
40	4.30	4.45	4.80	5.05	
50		4.85	5.00	5.40	

（5）抛石厚度一般为粒径的 3～4 倍，用大粒径时，至少不得大于粒径的 2 倍。为了使洪水下降后填筑体迅速干燥，减少边坡填土被冲刷淘走的数量，应在抛石背后设置反滤层。

6.3　典型工程实例

6.3.1　库岸抗滑桩防护工程实例

6.3.1.1　岸坡稳定性分析及岸坡治理措施

1. 岸坡地质条件

集镇位于大渡河左岸 Ⅱ、Ⅲ 级阶地平台上，高程 715.00～740.00m，相对高差约

25m，呈台阶型展布，占地面积约 0.5km²，集镇前缘为大渡河陡峻岸坡，后缘为高山，坡体陡峻，岩石裸露。铁路从集镇中部地下约 30m 深度位置穿过，国道从集镇中部通过。

根据地质调查和钻探揭示，工程区附近在后坡高程 720.00m 出露的地层为震旦系上统（Zb）白云岩，该层在上游铁路桥一带低高程有出露。工程区范围覆盖层主要为大渡河 I 级阶地的漂石、卵石、混合土卵石、砂层和坡积的碎石土层。

集镇所在Ⅲ级阶地平台高程 75.00～80.00m，蓄水前护岸段大渡河水位为 645.00～650.00m 左右，电站蓄水后，20 年一遇洪水在该段水库回水位为 662.05～663.92m，水位抬高 14～17m，水文地质条件有一定的改变，但由于水位抬高相对于整个岸坡的高度较为有限，仅在坡脚有所抬高。根据地勘资料分析，在集镇岸坡上分布有一层粉土层，粉土层抗剪指标较低，集镇可能沿该层滑动，但该粉土层的高程高出该段 20 年一遇洪水回水水位 662.05～663.92m 6～13m，水库蓄水对其影响不大。因此根据现场实际计算了 3 条潜在的滑动面，潜在滑面 1、2 均高于库水位；潜在滑面 3 剪出口位于库水位以下。

2. 集镇临河侧岸坡稳定性分析及处理措施

（1）计算目的。

由于集镇临河侧天然岸坡较陡，可能存在局部稳定问题，因此对该部位进行稳定性分析计算。在分析计算的基础上对岸坡采取相应的措施进行处理，以满足规范要求。

（2）边坡分级及设计安全系数。

根据《水电水利工程边坡设计规范》（DL/T 5353—2006），集镇边坡属于电站库区边坡，为 B 类水库边坡。安全系数见表 6.6。

表 6.6　　　　　　　　　　　工程区规范边坡安全系数

级别	B 类水库边坡		
	持久状况	短暂状况	偶然状况
Ⅲ级	1.10～1.0	1.05～1.00	1.00

（3）计算剖面选取。

集镇稳定性分析共布置了 4 条勘探剖面，其中 I—I 剖面、Ⅱ—Ⅱ剖面从勘探揭示的地质条件表明，该部位未发现连续分布的软弱层（粉土质砾层），整体稳定性高于Ⅲ—Ⅲ剖面和Ⅳ—Ⅳ剖面，因此主要对Ⅲ—Ⅲ剖面和Ⅳ—Ⅳ剖面位置进行稳定性分析，Ⅲ—Ⅲ剖面揭示的软弱层较Ⅳ—Ⅳ剖面厚度大，因此选择Ⅲ—Ⅲ剖面作为代表性剖面进行稳定性计算，剖面计算模型如图 6.3。

（4）计算工况选取。

针对蓄水后可能遇到的情况进行计算，考虑正常蓄水、水位骤降、暴雨、正常蓄水＋地震四种工况进行计算。考虑到水库蓄水后，库水浸泡的主要为砂卵石层，渗透系数较大，透水性较强，因此，水位骤降工况，坡内外水头差按 1.0m 考虑。

（5）计算参数选取。

计算参数是在现场调查基础上，结合室内试验，边坡稳定性计算参数详见表 6.7。

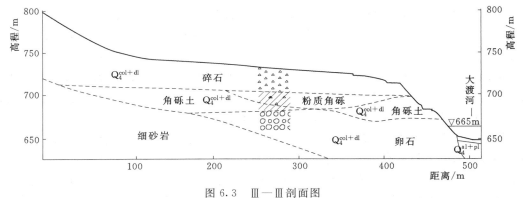

图 6.3　Ⅲ—Ⅲ剖面图

表 6.7　　　　　　　　　　　集镇场地土物理力学性质指标计算采用值表

代号指标		粉土质砾	角砾土	卵石（稍密）	碎石（稍密）	压脚	备注
重度 γ/(kN/m³)		19	20	22	22	23	
天然	黏聚力 C/kPa	30	30	0	8	0	
	内摩擦角 φ/(°)	20	24	35	36	36	
饱和	黏聚力 C/kPa	18	15	—	—		
	内摩擦角 φ/(°)	18	18	33	34		

（6）计算内容：

1）天然情况下岸坡稳定性分析；

2）水库蓄水后边坡稳定计算分析。

（7）计算方法和公式：

1）计算方法。边坡稳定计算采用基于刚体极限平衡原理，适用于圆弧滑裂面的计及条块间作用力的简化毕肖普法（或采用适用于非圆弧滑裂面的满足力和力矩平衡的摩根斯顿-普赖斯方法）。

简化毕肖普法的表达式为

$$K=\frac{\sum\{[(W\pm V)\sec\alpha-ub\sec\alpha]\tan\varphi'+C'b\sec\alpha\}[1/(1+\tan\alpha\tan\varphi'/K)]}{\sum[(W\pm V)\sin\alpha+M_c/R]}$$

式中：W 为土条质量；V 为土条垂直向地震惯性力；u 为作用于土条底面的孔隙压力；α 为条块重力线与通过此条块底面中点的半径之间的夹角；b 为土条宽度；C'、φ' 为土条底面的有效应力抗剪强度指标；M_c 为水平地震惯性力对圆心的力矩；R 为圆弧半径。

2）计算程序。计算程序采用陈祖煜院士编写的"土石坝边坡稳定计算程序STAB2008"。

（8）计算成果。

稳定计算对每种工况进行了全断面最危险滑弧进行搜索，求最小安全系数。

天然情况下岸坡稳定性分析：在计算剖面位置，转运站公路高程以下，由于部分路基垮塌，目前已经实施了 4 排锚索，$P=50\text{t}$，但锚索展布范围有限，因此在计算该段安全系数时，按照计入 4 排锚索和未计入 4 排锚索两种边界条件均进行了计算。相关计算成果见表 6.8～表 6.10，如图 6.4、图 6.5 所示。

表 6.8　　　　　　　　　　岸坡天然稳定性（计入公路锚索）计算成果

计入公路锚索情况	计算值 K	允许值 $[K]$
天然情况转运站公路以上岸坡	0.965	1.05
天然情况转运站公路以下岸坡	1.207	1.05
全段岸坡	1.007	1.05

表 6.9　　　　　　　　　　岸坡天然稳定性（不计入公路锚索）计算成果

不计入公路锚索情况	计算值 K	允许值 $[K]$
天然情况转运站公路以上岸坡	0.965	1.05
天然情况转运站公路以下岸坡	1.021	1.05
全段岸坡	0.973	1.05

表 6.10　　　　　　　　蓄水后未采取工程措施处理前的边坡稳定性计算成果

工　况	计算值 K 公路以上	计算值 K 公路以下	计算值 K 全段岸坡	允许值 $[K]$
正常蓄水位（坡前水位 663.60m）	0.967	0.962	0.929	1.05
水位骤降	0.967	0.961	0.928	1.05
正常蓄水位＋暴雨	0.963	0.960	0.913	1.05
正常蓄水位＋地震 $0.15g$	0.912	0.879	0.859	1.0

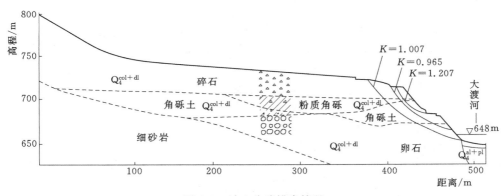

图 6.4　计入公路锚索情况

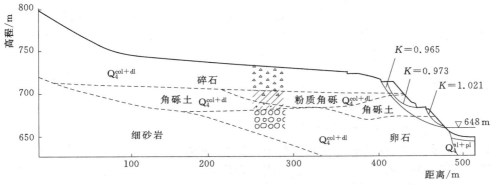

图 6.5　不计入公路锚索情况

蓄水后未采取工程措施处理前的边坡稳定性分析：

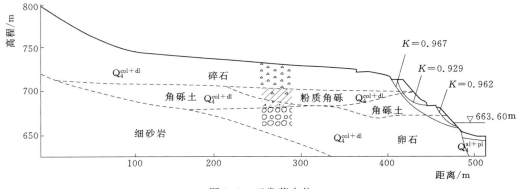

图 6.6　正常蓄水位

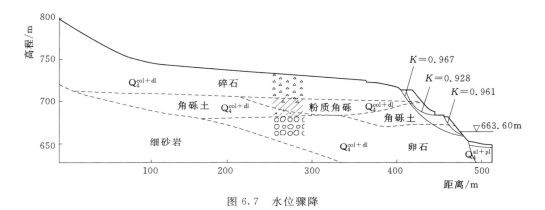

图 6.7　水位骤降

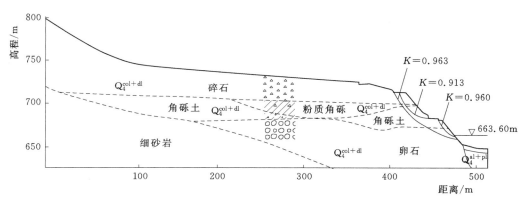

图 6.8　正常蓄水位＋暴雨

（9）岸坡稳定性分析及主要结论。

1）岸坡现状稳定性分析。集镇临河侧岸坡较为陡峻，经过岸坡稳定计算，在已经实施了 4 排公路锚索的岸坡段，全段岸坡稳定安全系数为 1.007，转运站公路以上岸坡安全系数0.965，转运站公路以下岸坡安全系数 1.207；未实施了 4 排公路锚索的岸坡段，全段岸坡稳

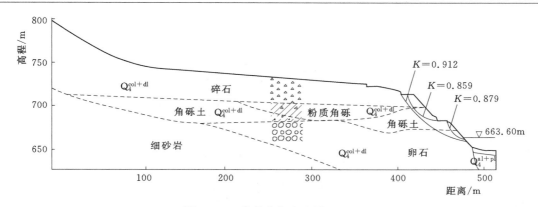

图 6.9　正常蓄水位＋地震 0.15g

定安全系数为 0.973，转运站公路以上岸坡安全系数 0.965，转运站公路以下岸坡安全系数 1.021；在雨季部分岸坡已出现局部垮塌现象，该段岸坡目前处于临界稳定状态。

2）水库蓄水后岸坡稳定性分析。根据计算成果表明，蓄水前后转运站公路以上岸坡安全系数基本相同，转运站公路以下岸坡安全系数有所降低，整个岸坡安全系数略有降低，在各工况下岸坡稳定安全系数均不能满足规范要求。

3）岸坡稳定性分析结论。集镇临河侧岸坡较为陡峻，目前在雨季部分岸坡已出现局部垮塌现象。根据本阶段的地勘资料对集镇临河侧边坡稳定进行了分析计算，计算基于刚体极限平衡原理，适用于圆弧滑裂面的计及条块间作用力的简化毕肖普法。计算成果表明，集镇临河侧高程较高的边坡局部稳定性不能满足规范要求，局部可能会出现滑塌，需要进行加固处理。

6.3.1.2　岸坡治理方案设计

1. 处理方案初拟

集镇临河侧岸坡较为陡峻，大部分岸坡坡比接近 1∶1，现状临界稳定，在水库蓄水后，岸坡稳定不满足规范要求。根据地形地质条件，初拟了三个处理方案：

方案一：削坡＋4 排锚索（削坡宽度根据稳定计算分析确定为 29m）；

方案二：削坡 20m＋锚索（锚索数量根据稳定计算分析确定为 14 排）；

方案三：抗滑桩＋锚索。

2. 处理后岸坡稳定分析

（1）方案一：考虑削坡 29m＋4 排公路边坡锚索（表 6.11），图示如图 6.10～图 6.13 所示。

表 6.11　　　　　　　　　　方案一处理后边坡稳定性计算成果

工　况	计算值 K 公路以上岸坡	计算值 K 公路以下岸坡	计算值 K 全段岸坡	允许值 $[K]$
正常蓄水位（坡前水位 663.60m）	1.213	1.099	1.123	1.05
水位骤降	1.212	1.096	1.120	1.05
正常蓄水位＋暴雨	1.212	1.085	1.100	1.05
正常蓄水位＋地震 0.15g	1.120	1.005	1.002	1.0

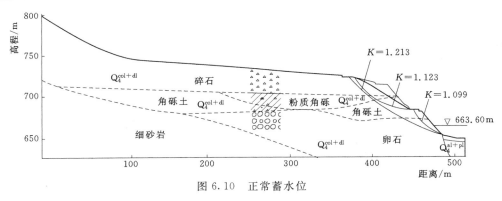

图 6.10　正常蓄水位

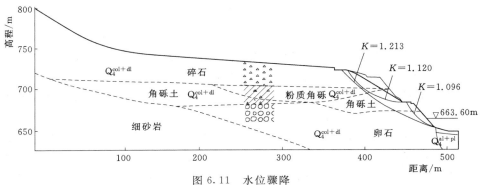

图 6.11　水位骤降

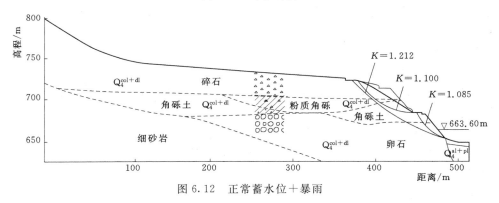

图 6.12　正常蓄水位＋暴雨

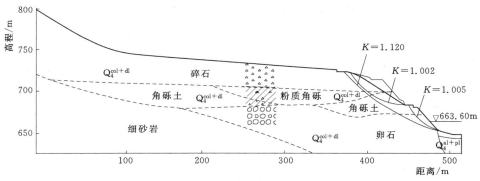

图 6.13　正常蓄水位＋地震 0.15g

（2）方案二：削坡 20.0m＋公路加固锚索＋新增 10 排锚索（表 6.12），如图 6.14～6.17 所示。

表 6.12　　　　　　　　　方案二处理后边坡稳定性计算成果

工　况	计算值 K 公路以上	计算值 K 公路以下	计算值 K 全段岸坡	允许值 $[K]$
正常蓄水位（坡前水位 663.60m）	1.144	1.245	1.130	1.05
水位骤降	1.144	1.241	1.131	1.05
正常蓄水位＋暴雨	1.144	1.226	1.107	1.05
正常蓄水位＋地震 0.15g	1.062	1.131	1.001	1.0

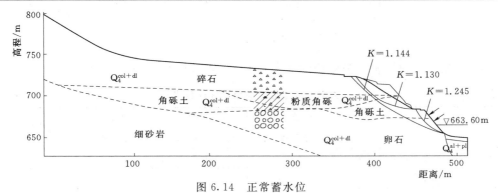

图 6.14　正常蓄水位

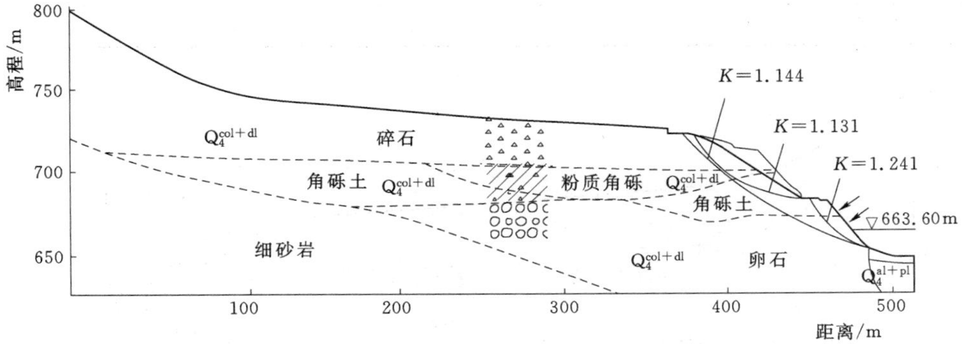

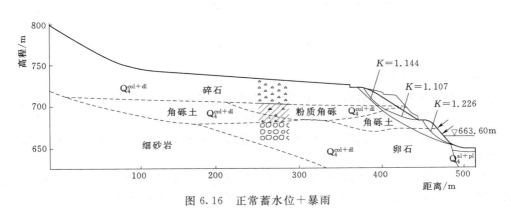

图 6.15　水位骤降

图 6.16　正常蓄水位＋暴雨

237

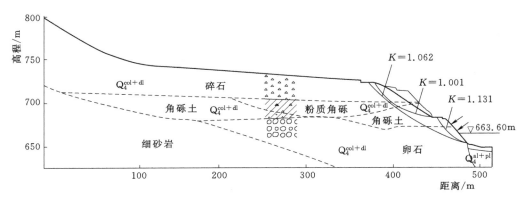

图 6.17　正常蓄水位＋地震 0.15g

（3）方案三：抗滑桩＋公路锚索（表 6.13），如图 6.18～图 6.21 所示。

表 6.13　　　　　　　　　方案三处理后边坡稳定性计算成果

工　况	计算值 K	计算值 K	计算值 K	允许值［K］
	桩前越顶验算	公路以上局部岸坡	全段岸坡	
正常蓄水位（坡前水位 663.60m）	1.061	1.088	1.134	1.05
水位骤降	1.061	1.088	1.125	1.05
正常蓄水位＋暴雨	1.048	1.053	1.114	1.05
正常蓄水位＋地震 0.15g	1.003	1.021	1.039	1.0

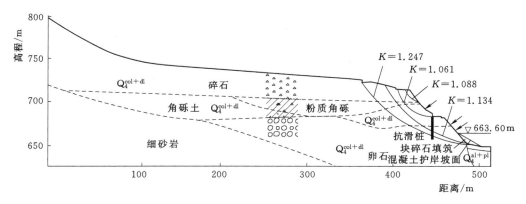

图 6.18　正常蓄水位

3. 处理方案初步比选

分别采用三个方案处理后岸坡稳定基本能满足规范要求。经过计算，方案一削坡处理宽度为 29m，锚索布置为 4 排；方案二削坡宽度 20m，锚索布置为 14 排；方案三采用 2.5m×3m 的抗滑桩，桩长 25m，在转运站公路以上布置 3 排锚索，在转运站公路以下布置 4 排锚索。

方案一、方案二均要求对坡顶进行削坡，集镇房屋部分临近坡顶外缘，削坡均需要进行居民搬迁，实施难度较大。方案三不需要进行居民搬迁，但该方案工程投资较大，但实

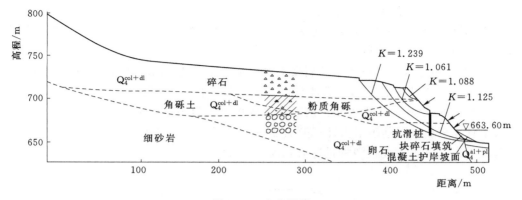

图 6.19　水位骤降

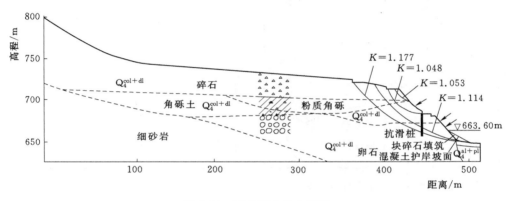

图 6.20　正常蓄水位＋暴雨

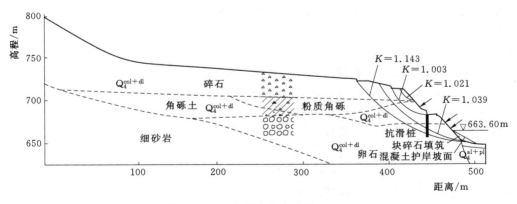

图 6.21　正常蓄水位＋地震 0.15g

施难度相对较小。因此本阶段采用方案三作为岸坡治理的推荐方案。

4. 推荐方案

方案三采用抗滑桩＋锚索方案对岸坡进行治理。

（1）抗滑桩布置及设计。抗滑桩初步采用人工挖孔成桩，成桩断面尺寸 2.5m×

239

3.0m，桩长 25m，采用 C30 混凝土浇筑，抗滑桩沿转运站公路内侧布置，桩心距 7.0m。

考虑到铁路交通工程中抗滑桩使用较普遍，因此抗滑桩按照《铁路路基支挡结构设计规范》（J127—2006）进行设计。

1）剩余下滑力计算。桩后岸坡剩余下滑力及桩前岸坡阻滑力通过理正软件进行计算。计算方法按照规范规定的传递系数法计。经过计算，桩后下滑力水平向分力为 2349kN，计算简图如图 6.22 所示，考虑到桩前滑块主要提供阻滑力，可适当考虑，因此对桩前滑块进行了计算分析，桩前阻滑力计算简图如图 6.23 所示，考虑计入①、④条块的阻滑力，水平分离力 430kN，因此抗滑桩设计荷载为 1919kN。

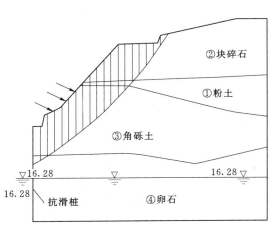

图 6.22　桩后剩余下滑力计算简图

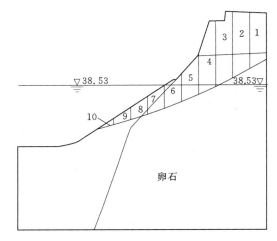

图 6.23　桩前阻滑力计算简图

2）抗滑桩设计。

由于抗滑桩布置于覆盖层中，因此抗滑桩采用地基系数法中的 M 法计算，经计算，抗滑桩断面尺寸为 2.5m×3m（宽×高），桩长 25.0m，桩心距 7.0m，能满足抗弯、抗剪要求。

对锚固段地基横向容许承载力进行了复核：根据《铁路路基支挡结构设计规范》（TB 10025—2006）地层为土层时，滑动面以下深度为滑动面以下桩长 $h_2/3$ 和 h_2 处的横向压应力小于或等于地基的横向容许承载力。

地基横向容许承载力按下式计算：

$$[\sigma_H]=\frac{4}{\cos\varphi}[(\gamma_1 h_1+\gamma_2 y)\tan\varphi+C]$$

式中：γ_1 为滑动面以上土体的重度，kN/m^3；γ_2 为滑动面以下土体的重度，kN/m^3；φ 为滑动面以下土体的内摩擦角，（°）；C 为滑动面以下土体的黏聚力，kPa；h_1 为设桩处滑动面至顶面的距离，m；h_2 为设桩处滑动面至桩底的距离，m；y 为滑动面至计算点的距离，m。

经计算：

$$[\sigma_{\frac{h_2}{3}}]=\frac{4}{\cos 33°}[(21\times 12.8+23.5\times 4.07)\tan 33°]=1128.8(kPa)$$

$$\sigma_{\frac{h2}{3}} = 355(\text{kPa}) \leqslant [\sigma_{\frac{h2}{3}}]$$

$$\sigma_{h2} = 279(\text{kPa}) \leqslant [\sigma_{h2}]$$

桩侧横向应力小于地基横向容许承载力，满足规范要求。

（2）锚索布置。根据岸坡稳定计算分析，转运站公路以上岸坡外侧局部稳定安全系数不满足规范要求，布置抗滑桩后，局部岸坡可能从桩顶滑出，因此需要对该段岸坡进行适当的支护，拟采用 $P = 80\text{t}$ 的锚索（设计时考虑 20％ 的应力损失）进行支护，锚索间距 5.0m，共 3 排。转运站公路以下岸坡在水库蓄水后局部稳定安全系数也不满足规范要求，因此需要对该段岸坡也需要进行支护，拟采用 $P = 80\text{t}$ 的锚索（设计时考虑 20％ 的应力损失）进行支护，锚索间距 5.0m，共 4 排。由于该段基岩埋深较大，锚头无法深入基岩，锚头按深入压缩模量较大、承载力较高的砂卵石层，计算锚固段长度不约为 20m，锚墩基础置于覆盖层坡面上，锚墩基础设 0.8m×0.8m 的混凝土基座，锚索之间采用 0.4m×0.4m 的框格梁进行连接，使锚索预应力较为均匀的施加与岸坡上。由于锚索采用覆盖层锚索，单根锚索预应力较小，技施阶段应根据施工情况，进行锚索拉拔试验，根据试验成果，适当增大单根锚索的预应力，以减少锚索数量。

（3）坡面治理。对转运站公路以上岸坡进行坡面治理：对坡面挂网喷混凝土，混凝土厚度 10cm；在坡面布置 $L = 3\text{m}$ 的 $\phi25$ 土锚筋，锚筋间排距 2.5m；在坡面布置反滤排水孔，间排距 2.5m；在坡顶及坡面布置纵横截、排水沟，加强坡面排水，避免岸坡局部小规模掉块垮塌，引起牵引式的滑塌。

6.3.2　库岸挡土墙和护岸防护工程实例

6.3.2.1　设计标准和基本资料

（1）城市等别及防洪标准。

1）城市等别。集镇人口小于 10 万人，按《城市防洪工程设计规范》（CJJ 50—92），集镇等别应为四等，混凝土挡墙及护坡为主要建筑物，建筑物级别为 4 级。

2）防洪标准。集镇为一般城镇，根据《防洪标准》（GB 50201—94）和《城市防洪工程设计规范》（CJJ 50—92）城市的等级和防洪标准规定，集镇等别为四等，防洪标准（洪水重现期）范围为 50～20 年。本工程保护范围内城镇房屋均在 20 年洪水以上，护岸工程主要是保护边坡不被冲刷。经综合研究，集镇护岸工程防洪标准（洪水重现期）取 20 年，防洪标准及相应流量见表 6.14。

表 6.14　　　　　　　　　　　建筑物防洪标准及洪水流量

项　　目	设　计　洪　水	
	重现期/a	流量/(m³/s)
集镇护岸工程	20	6600.0

（2）设计基本资料。

1）地震设计资料。场地区 50 年超越概率 10％ 的地震动峰值加速度为 0.15g，相应地震基本烈度为Ⅶ度，地震动反应谱特征周期为 0.45s。

2）挡墙设计标准。根据《城市防洪工程设计规范》（CJJ 50—92）的规定，挡墙抗滑、抗倾稳定安全系数应满足表 6.15 和表 6.16 的要求。

表 6.15 挡墙非岩基抗滑稳定安全系数

荷载组合	建 筑 级 别			
	1	2	3	4
基本荷载组合	1.30	1.25	1.20	1.15
特殊荷载组合	1.15	1.1	1.05	1.05

表 6.16 抗倾覆稳定安全系数

荷载组合	建 筑 级 别			
	1	2	3	4
基本荷载组合	1.50	1.50	1.30	1.30
特殊荷载组合	1.30	1.30	1.20	1.20

6.3.2.2 堤线布置原则

根据现场地形、地质条件，以设计堤脚为堤线，其布置的基本原则是：

（1）设计的堤脚基础基本位于枯期水位以上，尽量不占现有河道过水断面。

（2）本段护岸工程上游与缓坡地面平顺衔接以利于行洪，下游与油库改建工程的护岸相连接。

（3）将原折线形地面进行圆滑处理和局部调整，使水流顺畅和减轻洪水对河堤的不利冲刷。

（4）防护工程起点设计水位为 663.57m，考虑安全超高 0.4m 和波浪爬高 1.0m，护岸工程顶高程确定为 665.00m。

6.3.2.3 工程布置及主要建筑物

（1）挡墙布置。

根据本段河流的工程地质的分析成果，对本段库岸拟采用贴坡防冲和防淘刷的护岸处理措施。防护范围：从大桥下游约 250m 处开始至油库出油平台防护段止，总长 725m。

根据库区汛期回水计算成果，在 $p=5\%$ 时，在大桥处其回水位为 663.92m，在油库处其回水位为 662.05m。护岸工程位于下游 250m 至油库之间，根据库区汛期回水计算成果内插，防护工程起点设计水位为 663.57m，考虑安全超高 0.4m 和波浪爬高 1.0m，护岸工程顶高程确定为 665.00m。

拟对这部分库岸采用 C15 混凝土护坡至高程 665.00m，护坡顶轴线长度 725.0m。为防止水流淘刷墙脚，在贴坡基脚布置混凝土防冲挡墙，挡墙高 1.5～3.0m，挡墙底宽 1.8～3.0m，挡墙顶宽 0.5m；为防止挡墙基础被淘刷变形，在混凝土挡墙外侧铺设一层钢筋石笼，钢筋石笼底宽 1.0m，高 0.5m；挡墙上部与 C15 混凝土护坡相连接，护坡坡比采用 1:1.5，护坡厚度 0.3m。基脚挡墙建基面高程分别为：

1）桩号 0+000.00～0+035.00m 段：基脚挡墙建基面高程为 651.00m。

2）桩号 0+038～0+315.00m 段：基脚挡墙建基面高程为 650.00m。

3）桩号 0+318.00～0+375.00m 段：基脚挡墙建基面高程为 649.00m。

4）桩号 0+384.00～0+505.50m 段：基脚挡墙建基面高程为 646.00m。

5）桩号 0+510.00～0+595.00m 段：基脚挡墙建基面高程为 647.50m。

6）桩号 0+595.00～0+650.00m 段：为原瀑布沟转运站公路大桥下，已建有挡墙，并对坡面进行了浆砌块石的保护。根据现场实际情况，该段维持原有护坡不变。

7）桩号 0+650.00～0+725.00m 段：在原临河挡墙顶设 2.0m 宽的马道，马道以上采用 1∶1.5 的护坡，护坡与原公路边坡相接。该段后坡较陡，对坡脚进行压坡处理，护坡至高程 670.00m。

8）在桩号 0+725.00m 下游采用 10m 长的渐变段进行过渡，下游接油库护岸。

护岸工程护坡分别采用 1∶1.5 的坡比，挡墙高度 1.5～3.0m。

在岸坡较陡的部位填筑块碎石后进行混凝土护坡，土石填筑过程中严禁抛填，土石摊铺厚度 30cm，必须分层压实。土石填筑料采用块碎石料：块碎石料小于 0.075mm 颗粒含量小于 2.5%，小于 5mm 颗粒含量小于 25%，最大粒径不大于 250mm，颗粒级配连续，土石填筑标准采用填筑干密度控制，控制填筑干密度采用 2.1g/cm³，相对密度大于 0.8，孔隙率小于 25%；填筑标准可根据现场生产试验，经现场设代同意后作适当调整。为便于施工，当个别部位填筑面宽度不足 1m 时，采用干砌块石进行砌筑。

在防护段边坡上公路外侧已建有涵管出口，出口高程一般高于护岸顶高程，但涵管出口排出的水对边坡会造成冲蚀，因此这些出口部位，需要进行适当的防护。在涵管出口布置混凝土排水沟，排水沟与涵管相接，排水沟混凝土厚度采用 40cm，排水沟两侧坡比均采用 1∶1.5，排水沟至护坡顶面截至，沟水通过混凝土板散水，排水沟尺寸根据涵管管径现场确定。

护坡混凝土上设置平压排水孔，孔径 8cm，间排距 3m×3m，梅花型布置，排水孔内侧设置 20cm 长排水管，管头包反滤土工布，排水孔孔斜均为 1∶10。为防止护坡混凝土板产生裂缝，在混凝土板底层配置钢筋网，钢筋网采用 $\phi6@15cm$。护坡混凝土水平方向不设沉降缝，垂直方向每隔 10～15m 设置沉降缝，缝宽 2cm，采用沥青木板填缝。

（2）边坡稳定分析。为防止水流淘刷，对库高程 665.00m 以下边坡进行护坡处理。护坡坡度 1∶1.5，在原边坡基础上进行填筑，相当于对原边坡增加了大面积的坡脚压坡，对原边坡的整体稳定有利，根据地质资料对高程 665.00m 以下边坡进行抗滑稳定计算。

1）计算方法。边坡稳定计算采用基于刚体极限平衡原理，适用于圆弧滑裂面的计及条块间作用力的简化毕肖普法（或采用适用于非圆弧滑裂面的满足力和力矩平衡的摩根斯顿-普赖斯方法）。

简化毕肖普法的表达式为

$$K = \frac{\sum\{[(W\pm V)\sec\alpha - ub\sec\alpha]\tan\varphi' + C'b\sec\alpha\}[1/(1+\tan\alpha\tan\varphi'/K)]}{\sum[(W\pm V)\sin\alpha + M_c/R]}$$

式中：W 为土条质量；V 为土条质量；u 为作用于土条底面的孔隙压力；α 为条块重力线与通过此条块底面中点的半径之间的夹角；b 为土条宽度；C'、φ' 为土条底面的有效应力抗剪强度指标；M_c 为水平地震惯性力对圆心的力矩；R 为圆弧半径。

2）计算程序。计算程序采用陈祖煜编写的"土石坝边坡稳定计算程序 STAB2008"。

3）计算剖面选取。选取横 3、横 7 工程地质剖面作为典型剖面计算，如图 6.24、图

6.25 所示。

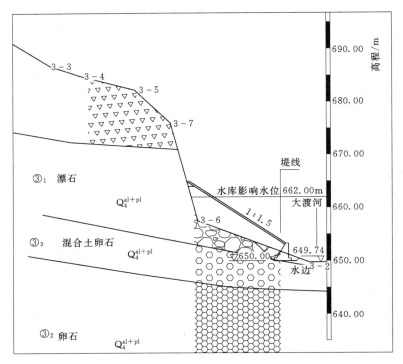

图 6.24　护岸横 3 典型计算剖面

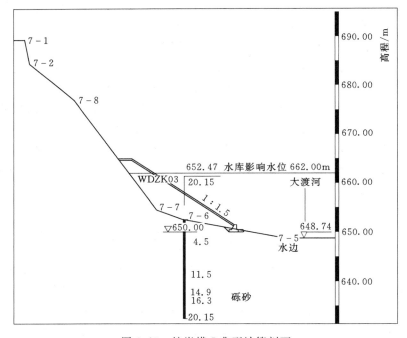

图 6.25　护岸横 7 典型计算剖面

4）计算参数。场地区 50 年超越概率 10% 的地震动峰值加速度为 0.15g，相应地震基本烈度为 Ⅷ 度，地震动反应谱特征周期为 0.45s。

基础覆盖层的计算参数取地质建议指标，填筑料计算参数参照试验成果，根据工程经验类比确定。挡墙基础抗滑稳定计算参数见表 6.17。

5）计算工况：①正常蓄水位（坡前水位 663.30m）；②水位骤降（考虑水位差为 1.0m）；③正常蓄水位＋地震 0.15g。

表 6.17　　　　　　　　　　　　边坡抗滑稳定计算参数

材料名称	$\varphi/(°)$	$C/(t/m^2)$	天然容重 /(t/m³)	饱和容重 /(t/m³)
卵石	32.5	0	2.3	2.45
混合卵石	27.5	0	2.0	2.15
漂石	35	0	2.35	2.5
碎石	35	0	2.25	2.4
粉细砂	16	0	1.9	2.05
填筑料	35	0	2.17	2.30

6）计算成果。护岸横 3 与横 7 剖面计算结果见表 6.18，危险滑面位置分别如图 6.26 和图 6.27 所示，从计算结果可见，2 个典型剖面的安全系数满足规范要求。

表 6.18　　　　　　　　护岸横 3 与横 7 剖面稳定计算安全系数

工况	横 3 剖面	横 7 剖面	允许值 [K]
正常蓄水位	1.129	1.202	1.05
水位骤降	1.082	1.179	1.05
正常蓄水位＋地震 0.15g	1.056	1.068	1.0

（3）挡墙稳定计算。根据《城市防洪工程设计规范》（CJJ 50—92）的规定，对挡土墙进行了抗滑稳定性计算和抗倾覆稳定计算。

1）根据《建筑边坡工程技术规范》（GB 50330—2002）的规定，采用规范提供的公式进行挡墙抗滑、抗倾稳定计算。

抗滑稳定计算：

$$\frac{(G_n+E_{an})\mu}{E_{at}-G_t}\geqslant[K]$$
$$G_n=G\cos\alpha_0$$
$$E_t=G\sin\alpha_0$$
$$E_{at}=E_a\sin(\alpha-\alpha_0-\delta)$$
$$E_{an}=E_a\cos(\alpha-\alpha_0-\delta)$$

式中：G 为挡墙每延米自重，kN/m；E_a 为每延米主动岩土压力合力，kN/m；α_0 为挡墙基底倾角；α 为挡墙墙背倾角；δ 为岩土对挡墙墙背摩擦角；μ 为岩土对挡墙基底的摩擦系数；[K] 为抗滑稳定允许安全系数。

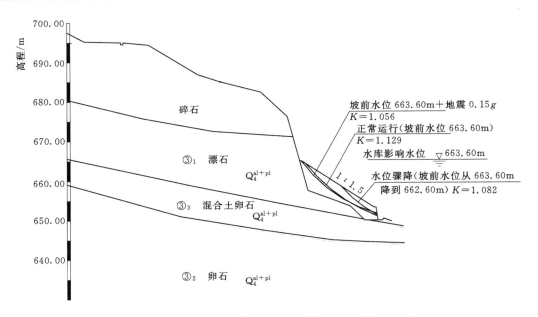

图 6.26 护岸横 3 剖面危险滑面示意图

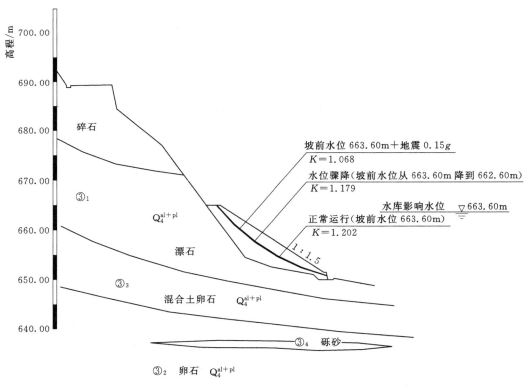

图 6.27 护岸横 7 剖面危险滑面示意图

抗倾稳定计算：

$$\frac{Gx_0 + E_{az}x_f}{E_{ax}z_f} \geqslant [K]$$

$$E_{an} = E_a \sin(\alpha - \delta)$$

$$E_{az} = E_a \cos(\alpha - \delta)$$

$$x_f = b - z\cot\alpha$$

$$z_f = z - b\tan\alpha_0$$

式中：z 为岩土压力作用点至墙踵的高度，m；x_0 为挡墙重心至墙址的水平距离，m；b 为基底的水平投影宽度，m；$[K]$ 为抗倾覆稳定允许安全系数。

2）确定各计算情况下的荷载组合见表 6.19。

表 6.19　　　　　　　　　　荷　载　组　合　表

荷载组合	计算情况	荷　载								
		自重	车辆人行荷载	土压力	水重	静水压力	扬压力	动水压力	动土压力	地震作用
基本 组合	1. 完建期	√	√	√	—	—	—	—	—	—
	2. 正常使用	√	√	√	√	√	√	—	—	—
特殊组合	3. 地震工况	√	—	√	√	√	√	√	√	√
	4. 骤降工况	√	—	√	√	√	√	—	—	—

3）挡土墙抗滑稳定、抗倾覆稳定、挡墙结构强度采用北京理正岩土软件进行计算。

挡土墙主要计算参数如下（图 6.28）：

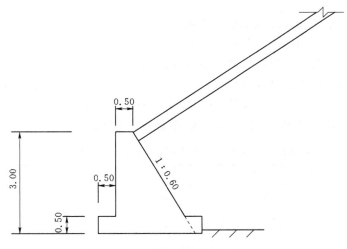

图 6.28　挡墙计算断面图（单位：m）

挡土墙类型：一般挡土墙

墙后填土内摩擦角：35.0°；

墙后填土黏聚力：0.0kPa；

墙后填土容重：21.7kN/m³；

地基土容重：20.0kN/m³；

地基土类型：混合土卵石地基；

地基土内摩擦角：27.5°；

土压力计算方法：库仑土压力。

4）计算成果。通过计算，在各种工况下挡墙抗滑稳定、抗倾覆稳定、基底应力最大值与最小值之比均满足规范要求，计算成果见表6.20。

表6.20　　　　　　　　　　挡墙稳定计算成果表

建筑物	计算工况	抗滑稳定安全系数		抗倾覆稳定安全系数		基底应力/MPa			
		计算值 K	允许值 $[K]$	计算值 K	允许值 $[K]$	墙踵 σ_{min}	墙趾 σ_{max}	$\sigma_{平}$	η
挡土墙	施工完建	1.354	1.15	4.262	1.30	0.084	0.094	0.089	1.12
	正常挡水	1.394	1.15	2.783	1.30	0.048	0.052	0.050	1.08
	正常＋地震0.15g	1.071	1.05	2.474	1.20	0.046	0.062	0.054	1.35

（4）挡墙贴壁冲刷计算。依据《堤防工程设计规范》（GB 50286—98）附录的公式，对护岸基脚挡墙基础进行冲刷深度计算。计算式如下：

$$h_B - h_p = \left(\frac{V_{cp}}{V_{允}}\right)^n - 1$$

式中：h_B 为局部冲刷深度，m，从水面算起；h_p 为冲刷处的水深，m，以近似设计水位最大深度代替；V_{cp} 为平均流速，m/s；$V_{允}$ 为河床面上允许不冲流速，m/s；n 为与防护岸坡在平面上的形状有关，一般取 $n = \frac{1}{4}$。

平均流速根据水文计算成果取值（见表6.21），采用20年一遇洪水汛期天然情况下的平均流速5.74m/s。河床面上的允许不冲流速，根据电站模型试验的成果及河床覆盖层级配曲线，采用经验公式估算，计算得不冲流速1.15m/s。

经计算，护坡基脚挡墙贴壁冲坑深度 $h_B - h_p = 0.5$m。设计护坡基脚挡墙埋深均大于1.0m，在基脚挡墙外侧布置了一层钢筋石笼，并将基坑开挖料进行回填，对基脚挡墙基础进行保护。根据计算结果，采用的工程措施能够满足基脚挡墙满足贴壁抗冲要求。

表6.21　　　　　　　水库部分断面流速统计（汛期流量 $Q_{5\%} = 7890\text{m}^3/\text{s}$）

断面	距坝	流量	天然情况		淤积30年回水		备　注
	km	m³/s	水位 m	流速 m/s	水位 m	流速 m/s	
9	8.750	7890.0	654.84	4.81	662.21	2.86	流速是根据回水水面线计算成果统计
10	9.630	7890.0	657.46	5.23	662.92	3.31	
11	10.345	7890.0	660.31	5.74	663.92	4.13	

第7章 结论与展望

7.1 结论

在水电工程大量库岸边坡稳定问题工程实践的基础上，系统归纳总结高山峡谷区大型水库岸坡变形破坏机理与防治技术。本书主要通过现场调查、机理分析、物理及数值模拟以及现场实践等手段，重点围绕高陡岸坡倾倒破坏演化机理、地震作用下反倾岸坡变形破坏机理、胶结硬壳覆盖层岸坡破坏机理、库岸灾变预警及防护等方面进行阐述，取得的主要结论如下。

1. 岸坡倾倒破坏演化机理研究

通过倾倒变形体的发展演化特征，研究倾倒变形体发育的坡体结构特征、变形破坏、破坏机制及稳定性，并对倾倒变形体岸坡的危害性进行分析。

2. 地震工况下层状反倾库岸变形破坏机理研究

（1）通过原位工作、资料收集及分析，探讨了反倾边坡的地质演化过程，分析了反倾边坡的类型，总结了反倾边坡的工程地质特征。

（2）通过地震区反倾边坡变形破坏考察、反倾结构边坡相似材料试验及大型振动台试验，结合边坡原位地震动监测，研究了反倾边坡的地震动响应规律，总结了地震作用下反倾边坡的破坏特征和模式。经过研究发现，在地震作用下反倾边坡的加速度放大系数具有随坡高而增大，且越接近坡顶放大越明显的非线性高程效应及越接近坡表放大越强烈的非线性趋表效应。地震作用下反倾边坡的变形破坏模式为：地震诱发→坡顶结构面张开→坡体浅表层结构面张开→浅表层结构面张开数量增加、张开范围向深处发展，且坡体中出现块体剪断现象→边坡中、上部及表层岩体结构松动，坡体内出现顺坡向弧形贯通裂缝→在地震强动力作用下，弧形裂缝内岩体发生溃散性破坏。同时，边坡变形破坏具有分层分带、后缘陡张裂缝以及滑坡"一跨到底"的三大特征。

（3）通过理论推导，提出了地震作用下反倾边坡稳定性分析的极限平衡方法，并给出了适合反倾边坡稳定性分析的数值模拟方法。基于 Goodman－Bray 的静力极限平衡方法，考虑块体底部连通率以及动力加速度，推导了适合地震动力作用下的反倾边坡极限平衡方法，并利用离散元方法（UDEC）和耦合离散元-有限元方法（FDEM），分别对动力作用下边坡的稳定性和破坏过程进行了模拟，两种方法均能较好地模拟地震作用下不同结构岩质边坡的稳定性和变形破坏过程。

（4）通过数值模拟对地震作用下边坡的防控措施进行了尝试性研究。数值模拟结果表明，并不是锚杆的长度越长、锚杆密度越大，对边坡的加固效果越好。在相同锚杆密度的条件下，短锚杆对坡面的 PGA 控制效果更加突出，因而短锚杆是一种更为经济有效的选择方案；在相同锚杆长度的条件下，并不是锚杆布置的密度越大，对坡面加速度的放大作用遏制的越好，而是存在一种最优的加固密度，而且最优加固密度随着边坡高度的变化而变化，目前的研究结果表明，最优加固密度随着边坡高度的增加不是单纯的呈线性变化的，而是达到一个阈值后就没有明显变化了。

（5）对典型反倾边坡工程进行了分析。将地震作用下反倾边坡稳定性分析的极限平衡方法在震动台试验中进行了应用，与震动台试验的实际结果进行对比，结果表明，计算结果能很好地反映地震作用下反倾边坡的破坏过程，说明提出的极限平衡方法是有效的；同时，对狮子坪水电站二古溪反倾边坡进行了研究，分析了其工程地质条件、变形破坏特征及成因机制。

3. 硬壳覆盖层岸坡变形破坏机理研究

从岸坡结构特点、变形破坏特点、扰动因素等分析此类岸坡变形破坏机理，针对其破坏突发性特点分析了其灾害效应。

4. 库岸灾变预警研究

结合库岸边坡的特点，根据塌岸灾变预警的主要目标——通过调查分析库岸变形破坏现象，分析其灾变可能性及影响程度，并根据影响程度做出预警，为管理单位提供决策支持，以实现防灾减灾目标，梳理出了库岸灾变的预警思路，并据此制定了各环节的具体实施方案。

（1）塌岸灾变可能性判别——针对水库岸坡工作精度偏低的特点，提出了塌岸灾变可能性的宏观判别法，即依据边界裂缝的完备性、前兆异常现象等来判别灾变的可能性大小。岸坡变形点边界裂缝圈闭、边界完备时，破坏可能性高；出现异常前兆时，岸坡即将破坏。提出了滑坡灾变预警的标准切线法，克服了变形曲线切线角法、改进切线角法存在的不确定性问题；建立了基于相对切线角的塌岸灾变可能性判别标准，即相对切线角 85°以上时灾变可能性高。

（2）塌岸灾变影响评估——岸坡变形破坏演化阶段与灾变影响类型密切相关，变形阶段、破坏阶段会导致直接影响，即一次灾害，而破坏后的运动阶段则产生间接影响，即二次灾害。直接影响范围、对象以及影响程度，可通过水库影响区界定、实物指标调查确定；间接影响范围、对象以及影响程度，则需要专门分析，一般重点分析涌浪灾害、堵江灾害。灾害的影响程度可采用承灾体的易损性来表述。

（3）塌岸灾变预警——构建了以塌岸灾变危害性为指标的预警方案。塌岸灾变的危害性通过灾变可能性与灾变影响综合确定，采用风险评价指数矩阵法（RAC 法）评估。当评估为一级或二级风险时，预警等级为警报，建议采取避让等措施。

　　5. 库岸防护研究

　　水库库岸防护研究章节主要分析了库岸防护工程措施及其适宜性，库岸防护工程勘察和设计原则及要求，以及列举了 2 个典型防护工程实例。

　　库岸防护工程措施主要包括抗滑桩、挡土墙、护坡等。本书主要针对上述 3 种库岸防护工程措施进行研究。对于每种防护工程措施根据具体结构形式、组合形式、受力状态和约束条件等不同，又进行了细分。

　　对于抗滑桩类型划分，根据桩体的组合形式不同，可分为单桩、排架桩、刚架桩等；根据桩头的约束条件，可分为普通抗滑桩、锚拉抗滑桩、锚索抗滑桩等；根据桩的受力状态，可分为全埋式桩、悬臂式桩和埋入式桩；根据桩身刚度与桩周岩土体强度对比及桩身变形，可分为刚性桩和弹性桩；根据成桩工艺可分为钻孔桩和人工挖孔桩；根据桩身截面形式可分为圆形桩、管桩、方形桩、矩形桩等；根据桩身材质，可分为木桩、钢管桩、钢筋混凝土桩等。抗滑桩按桩身的制作方法可以分为灌注桩、预制桩和搅拌桩。

　　挡土墙的类型划分方法较多，可按结构型式、建筑材料、施工方法及所处环境条件等进行划分。按断面的几何形状及其受力特点，常见的挡土墙型式可分为：重力式挡土墙、半重力式挡土墙、衡重式挡土墙、悬臂式挡土墙、扶壁式挡土墙、锚定板式挡土墙、加筋土挡土墙、板桩式及地下连续墙等；按材料可分为：木质挡土墙、砖砌石挡土墙、混凝土挡土墙及钢筋混凝土挡土墙等。

　　护坡工程措施主要包括浆砌片石护坡、干砌片石护坡、护面墙、混凝土预制块护坡、框格梁护坡、钢筋混凝土格构、抛石护坡和植被护坡等。

　　对于每种防护类型的库岸防护工程措施，根据其在库岸防护工程中的运用，分析了其在结构和构造上的特点，及其优缺点。

　　对于库岸防护工程勘察，针对每种防护措施，分析了其勘察内容、方法、原则和技术要求。对于库岸防护工程设计，针对每种防护措施，分析了设计基本内容、设计步骤和一般要求等。

7.2　展望

　　本书是在大量水电工程实践的基础上，系统总结水库岸坡变形问题，提出库岸灾变的预警研究及库岸防护等，但由于水库库岸变形调查及勘察成果的不足，导致库岸边坡的变形机理等方面的研究存在限制。另外，在监测预警等方面，利用监测成果来判断岸坡失稳等存在标准不统一等，有待积累更多工程实践。因而，高山峡谷区水库库岸边坡破坏机理与防治的未来研究方向及展望主要体现在以下几个方面：

　　（1）对水库岸坡，建立系统的、规范的勘察技术及方法。

　　（2）对水库岸坡间接危害，进一步完善涌浪及堵江分析方法，提高为其防治及预警提供可靠的预测值。

　　（3）进一步完善库岸灾变的预警体系。

参 考 文 献

［1］ Freitas M H，Watters R J. Some field examples of toppling failure ［J］. Geotechnique. 1973. 23 （4）：495－514.

［2］ Goodman R E，Bray J W. Toppling of slopes. Proceedings of the Specialty Conference on Rock Engineering for Foundations and Slopes ASCE/Boulder ［J］. Colorado. 1976：201－234.

［3］ Goodman R E. Methods of geological engineering in discontinuous rocks ［M］. Minnesota：West Publishing Co.，1976.

［4］ 王思敬. 金川露天矿边坡变形机制及过程 ［J］. 岩土工程学报，1981 （1）：76－83.

［5］ Zanbank C. Design charts for rock slopes susceptible to toppling. Journal of Geotechnical Engineering ［J］，ASCE. 1983. 109 （8）：1039－1062.

［6］ Aydan O，Kawamoto T. The stability of slopes and underground opening against flexural toppling and their stabilization ［J］. Rock mechanics and Rock engineering. 1992，25 （3）：143－165.

［7］ Hu X Q Cruden D M. Topples on underdip slopes in the Highwood Pass，Alberta，Canada ［J］. Quarterly Journal of Engineering Geology and Hydrogeology，1994，27 （1）：57－68.

［8］ 张倬元，王士天，王兰生，黄润秋，许强，陶连金. 工程地质分析原理 ［M］. 北京：地震出版社，2009.

［9］ Chen Z Y. Recent developments in slope stability analysis. Proceedings of the 8th International Congress on Rock Mechanics ［J］. Keynote Lecture. 1995 （3）：1041－1048.

［10］ 陈祖煜，张建红，汪小刚. 岩石边坡倾倒稳定分析的简化方法 ［J］. 岩土工程学报，1996，18 （6）：92－95.

［11］ 陈祖煜，汪小刚，杨健，等. 岩质边坡稳定性分析——原理·方法·程序 ［M］. 北京：中国水利水电出版社，2005.

［12］ 汪小刚，贾志欣. 岩质边坡倾倒破坏的稳定分析方法 ［J］. 水利学报，1996 （3）：7－12.

［13］ 汪小刚，张建红. 用离心模型研究岩石边坡的倾倒破坏 ［J］. 岩土工程学报，1996，18 （5）：14－21.

［14］ 王存玉，王思敬. 边坡模型振动试验研究 ［M］//中国科学院地质研究所. 岩体工程地质力学问题 （七）. 北京：科学出版社，1987.

［15］ 王存玉. 地震条件下二滩水库岸坡稳定性研究 ［M］//中国科学院地质研究所. 岩体工程地质力学问题 （八）. 北京：科学出版社，1987.

［16］ 侯伟龙. 陡倾层状岩质边坡的大型振动台物理模拟试验研究 ［D］. 成都理工大学，2011.

［17］ 杨国香，叶海林，伍法权，祁生文. 反倾层状结构岩质边坡动力响应特性及破坏机制振动台模型试验研究 ［J］. 岩石力学与工程学报，2012，31 （11），2214－2221.

［18］ 黄润秋. 层状岩体斜坡强震动力响应的振动台试验 ［J］. 岩石力学与工程学报，2013，32 （5），865－875.

［19］ 刘传正. 论地质灾害应急响应科技支撑 ［J］. 水文地质工程地质，2009，36 （4）：2－3.

［20］ 何满潮，韩雪，张斌，陶志刚. 滑坡地质灾害远程实时监测预报技术与工程应用 ［J］. 黑龙江科技学院学报，2012，22 （4）：337－342.

［21］ 唐亚明. 基于单体和区域尺度的黄土滑坡监测预警方法与实例 ［J］. 灾害学，2015 （4）：91－95，106.

[22] 许旭堂，简文彬. 滑坡对降雨的动态响应及其监测预警研究 [J]. 工程地质学报，2015（2）：203－210.

[23] 许强，裴向军，黄润秋，等. 汶川地震大型滑坡研究 [M]. 北京：科学出版社，2009.

[24] 张勇慧，李红旭，盛谦，乌凯，李志勇，岳志平. 基于表面位移的公路滑坡监测预警研究 [J]. 岩土力学，2010，31（11）：3671－3677.

[25] 熊晋，王建松，廖小平，高和斌. 超高密度电法在山区公路滑坡勘探中的应用 [J]. 铁道建筑，2013（8）：97－100.

[26] 陈贺，李亚军，房锐，李果. 滑坡深部位移监测新技术及预警预报研究 [J]. 岩石力学与工程学报，2015，S2.

[27] 吴树仁，金逸民，石菊松，张永双，韩金良，何峰，董诚. 滑坡预警判据初步研究——以三峡库区为例 [J]. 吉林大学学报（地球科学版），2004，34（4）：596－600.

[28] 吴树仁，王涛，石菊松，石玲，辛鹏. 工程滑坡防治关键问题初论 [J]. 地质通报，2013，32（12），1871－1880.

[29] 李聪，姜清辉，周创兵，漆祖芳. 考虑变形机制的边坡稳定预测模型 [J]. 岩土力学，2011，S1：545－550.

[30] 许强，汤明高，徐开祥，黄学斌. 滑坡时空演化规律及预警预报研究 [J]. 岩石力学与工程学报，2008，27（6）：1104－1112.

[31] 张振华，冯夏庭，周辉，张传庆，崔强. 基于设计安全系数及破坏模式的边坡开挖过程动态变形监测预警方法研究 [J]. 岩土力学，2009，30（3）：603－612.

[32] 谭万鹏，郑颖人，陈卫兵. 动态、多手段、全过程滑坡预警预报研究 [J]. 四川建筑科学研究，2010，36（1）：106－111.

[33] 宫清华，黄光庆. 基于气象-地形-水文-地质-人文耦合的滑坡灾害空间预警研究 [J]. 灾害学，2013，28（3）：20－23.

[34] 李元松，段鑫，李洋. 公路边坡安全模糊综合预警方法 [J]. 武汉工程大学学报，2014，36（3）：28－32.

[35] 秦荣. 库水位升降作用下边坡稳定性及预警分析研究 [D]. 成都：西南石油大学，2015.

[36] 孙玉科，李建国. 岩质边坡稳定性的工程地质研究 [J]. 地质科学，1965（4）：330－352.

[37] Ter－Stepanian G. Creep of a clay during shear and its theological model [J]. Geotechnique，1975，25（2）：229－320.

[38] Bray J W，Goodman R E. The theory of base friction models l [J]. International Journal of Rock Mechanics and Mining Science &.Geomechanics Abstract. 1981（18）：453－468

[39] Finlay P J. The risk assessment of slopes [D]. Sydney，Australia：University of New South Wales，1996.

[40] 董艳秋，纪凯，黄衍顺. 波浪中船舶横摇稳性的研究 [J]. 船舶力学，1999（2）：1－6.

[41] 殷坤龙. 滑坡灾害分析 [M]. 北京：科学出版社，2010.

[42] 吴树仁. 滑坡风险评估理论与技术 [M]. 北京：科学出版社，2012.

[43] 唐亚明. 黄土滑坡风险评价与检测预警 [M]. 北京：科学出版社，2014.